U0332339

中华人民共和国住房和城乡建设部

海绵城市建设工程投资估算指标

ZYA1－02（01）－2018

中国计划出版社

北　京

图书在版编目（CIP）数据

海绵城市建设工程投资估算指标 : ZYA1-02(01)-2018 / 重庆市市政设计研究院主编. -- 北京 : 中国计划出版社, 2018.12
ISBN 978-7-5182-0988-0

Ⅰ. ①海… Ⅱ. ①重… Ⅲ. ①城市建设－建设工程－工程造价－估算－中国 Ⅳ. ①TU984

中国版本图书馆CIP数据核字(2018)第289192号

海绵城市建设工程投资估算指标
ZYA1-02(01)-2018
重庆市市政设计研究院　主编

中国计划出版社出版发行
网址：www. jhpress. com
地址：北京市西城区木樨地北里甲 11 号国宏大厦 C 座 3 层
邮政编码：100038　电话：(010)63906433(发行部)
北京市科星印刷有限责任公司印刷

880mm × 1230mm　1/16　18.75 印张　571 千字
2018 年 12 月第 1 版　2018 年 12 月第 1 次印刷
印数 1—4000 册

ISBN 978-7-5182-0988-0
定价：105.00 元

主编部门： 中华人民共和国住房和城乡建设部

批准部门： 中华人民共和国住房和城乡建设部

施行日期： 2 0 1 8 年 1 2 月 1 日

住房城乡建设部关于印发
海绵城市建设工程投资估算指标的通知

建标〔2018〕86号

各省、自治区住房城乡建设厅,直辖市建委,国务院有关部门:

为贯彻落实中央城市工作会议精神,服务海绵城市建设,满足工程计价需要,我部组织编制了《海绵城市建设工程投资估算指标》(编号为ZYA1－02(01)－2018),现印发给你们,自2018年12月1日起执行。执行中遇到的问题和有关建议请及时反馈我部标准定额司。

《海绵城市建设工程投资估算指标》由我部标准定额研究所组织中国计划出版社出版发行。

中华人民共和国住房和城乡建设部

2018年8月28日

总 说 明

一、为合理确定和有效控制海绵城市建设工程投资，满足编制投资估算的需要，提高工程投资效益，制定《海绵城市建设工程投资估算指标》（以下简称本指标）。

二、本指标适用于新建、扩建和改建的低影响开发设计（LID）海绵城市建设工程。

三、本指标是海绵城市建设工程项目建议书、可行性研究报告阶段编制投资估算的依据；是多方案比选、优化设计、合理确定投资的基础；是开展项目评价、控制初步设计概算、推行限额设计的参考。

四、本指标分为综合指标和分项指标。综合指标以专业单项工程划分，反映每单项工程投资指标估算价格，可适用于项目建议书与可行性研究阶段编制投资估算；分项指标以单位工程或扩大分部分项工程划分，反映每单位工程或扩大分部分项工程投资指标估算价格，可适用于建设条件及设计深度较为明确时编制投资估算。

五、本指标是根据国家海绵城市建设工程现行设计标准、标准图集及海绵城市建设试点城市规范、图集、典型工程相关技术经济资料为依据进行编制。编制依据如下：

1.《海绵城市专项规划编制暂行规定》（建规〔2016〕50 号）；

2.《海绵城市建设技术指南——低影响开发雨水系统构建（试行）》（建城函〔2014〕275 号）；

3.《市政工程投资估算编制办法》（建标〔2007〕164 号）；

4.《市政工程投资估算指标》（《第一册　道路工程》HGZ 47-101-2007、《第四册　排水工程》HGZ 47-104-2007《第六册　隧道工程》HGZ 47-106-2007）；

5.《建筑安装工程费用项目组成》（建标〔2013〕44 号）；

6.《海绵城市建设工程造价计价方式和方法研究》（住建部 2016 年研究课题）；

7.《市政工程消耗量定额》ZYA 1-31-2015、《通用安装工程消耗量定额》TY 02-31-2015、《房屋建筑与装饰工程消耗量定额》TY 01-31-2015；

8.《埋地矩形雨水管道及附属构筑物（混凝土模块砌体）》（09SMS202-1）、《埋地矩形雨水管道及其附属构筑物（砖、石砌体）》（10SMS202-2）、《城市道路与开放空间低影响开发雨水设施》（15MR105）、《城市道路——透水人行道铺设》（16MR204）、《城市道路——环保型道路路面》（15MR205）、《建筑与小区雨水利用工程技术规范》（GB 50400—2006）、《环境景观滨水工程》（10J012-4）、《种植屋面建筑构造》（14J206）、《环境景观——室外工程细部构造》（15J012-1）；

9.《重庆市悦来新城低影响开发设施标准设计图集（试行）》、陕西省《西咸新区海绵城市低影响开发技术图集（试行）》《南宁市海绵城市建设技术——低影响开发雨水控制与利用工程设计标准图集（试行）》《城市建设技术——雨水控制与利用工程》（皖 2015Z102）、《迁安市海绵城市建设技术——低影响开发雨水控制与利用工程设计标准图集》《厦门市海绵城市建设技术标准图集》及其他地方海绵城市相关专业标准图集；

10. 地方海绵城市建设工程相关技术规程及施工规范；

11. 试点城市典型工程技术经济资料。

六、本指标包括综合指标和分项指标两章，每章均包括土石方工程、管网工程、雨水调蓄工程、铺装工程和环境绿化工程。

七、综合指标包括建筑安装工程费、设备购置费、工程建设其他费用、基本预备费，根据《国家计委关于加强对基本建设大中型项目概算中“价差预备费”管理有关问题的通知》（计投资〔1999〕1340 号），不计取价差预备费；分项指标包括建筑安装工程费和设备购置费。

（一）建筑安装工程费由人工费、材料费、机械费、措施费、综合费组成。

1. 措施费包括安全文明施工费、夜间施工费、非夜间施工照明费、二次搬运费、冬雨季施工费、已完工程及设备保护费，未包括地上、地下设施及建筑物的临时保护设施费，发生时另行计算。大型机械设备进出场及安装拆除、混凝土和钢筋混凝土模板及支架、脚手架等技术措施项目费已计入人工费、材料费、机械费中。

2. 综合费包括企业管理费、利润、规费和税金。

（二）设备购置费由设备原价和设备运杂费组成。设备运杂费指除设备原价以外的设备采购、运输、包装及仓库保管等方面支出费用的总和。

（三）工程建设其他费用包括技术咨询费用、工程建设管理费、其他费用，不包括建设用地费用。

1. 技术咨询费用：项目论证费用、研究试验费、工程勘察设计费、施工图审查费、环境影响评价费、招标代理费、工程造价咨询服务费、工程建设监理费、专利及专有技术使用费、引进技术和引进设备其他费、其他技术咨询费用等。

2. 工程建设管理费：项目建设管理费、行政事业性收费。

3. 其他费用：场地准备及临时设施费、工程保险费等。

八、本指标的建筑安装工程措施费及综合费、工程建设其他费用及基本预备费，其费率是根据国家与北京市现行相关规定收费标准综合测算后取定的。具体费率见下表：

建筑安装工程措施费及综合费费率

序号	项目	措施费		综合费	
		基数	费率（%）	基数	费率（%）
1	土石方工程	人工费＋材料费＋机械费	2.53~4.29	人工费＋材料费＋机械费＋措施费	26.80~48.73
2	管网工程		5.03~6.29		40.61~43.00
3	雨水调蓄工程		5.36~6.32		30.54~36.88
4	铺装工程		6.41~6.62		31.47~45.22
5	环境绿化工程		2.04~6.36		25.68~43.00

工程建设其他费用及基本预备费费率

序号	项目	工程建设其他费用		基本预备费	
		基数	费率（%）	基数	费率（%）
1	土石方工程	建筑安装工程费＋设备购置费	13.00	建筑安装工程费＋设备购置费＋工程建设其他费用	8.00
2	管网工程				
3	雨水调蓄工程				
4	铺装工程				
5	环境绿化工程				

九、本指标人工及除税材料、机械台班价格采用北京市发布的 2017 年 6 月《北京工程造价信息》价格，未发布的相关材料、机械台班、设备（国产设备）按除税市场价格确定。

十、本指标计算程序见下表。

综合指标计算程序

序号	项目	取费基数及计算式
	指标基价	一＋二＋三＋四
一	建筑安装工程费	（一）＋（二）
（一）	直接费	1+2

续表

序号	项　目	取费基数及计算式
	指标基价	一＋二＋三＋四
1	人材机合计	1.1+1.2+1.3
1.1	人工费	—
1.2	材料费	—
1.3	机械费	—
2	措施费	1× 措施费费率
(二)	综合费	(一)× 综合费费率
二	设备购置费	原价＋运杂费
三	工程建设其他费用	(一＋二)× 工程建设其他费用费率
四	基本预备费	(一＋二＋三)× 基本预备费费率

分项指标计算程序

序号	项　目	取费基数及计算式
	指标基价	一＋二
一	建筑安装工程费	(一)+(二)
(一)	直接费	1+2
1	人材机合计	1.1+1.2+1.3
1.1	人工费	—
1.2	材料费	—
1.3	机械费	—
2	措施费	1× 措施费费率
(二)	综合费	(一)× 综合费费率
二	设备购置费	原价＋运杂费

十一、本指标使用时应根据规定计算程序进行计算，并按以下方法进行调整：

(一)本分项指标的人工、材料、机械台班消耗量除各章说明允许调整外，不做调整。当拟建工程与本综合指标的项目特征及工程内容不一致时，可按附录一“综合指标套用分项指标明细表”及分项指标进行调整。

(二)人工及除税材料、机械台班、设备价格可按工程所在地编制期工程造价管理部门发布的相应信息价格(价格指数)或市场价格(未发布信息价格的)确定。

(三)本指标费率可参照指标确定，也可按各级建设行政主管部门发布的费率调整。

(四)指标调整方法：

1. 建筑安装工程费的调整。

(1)人工费调整：

$$\text{调整后的人工费} = \text{指标人工工日数} \times \text{调整后的人工单价}$$

(2)材料费调整：

$$\text{调整后的主要材料费} = \text{指标主要材料消耗量} \times \text{调整后的材料价格}$$

$$\text{调整后的其他材料费} = \text{指标其他材料费} \times \frac{\text{调整后的主要材料费}}{\text{指标材料费小计} - \text{指标其他材料费}}$$

（3）机械费调整：

$$调整后的主要机械费 = 指标主要台班消耗量 \times 调整后的机械台班价格$$

$$调整后的其他机械费 = 指标其他机械费 \times \frac{调整后的主要机械费}{指标机械费小计 - 指标其他机械费}$$

（4）措施费调整：

$$调整后的措施费 =（调整后的人工费 + 调整后的材料费 + 调整后的机械费）\times 调整后的措施费率$$

（5）直接费调整：

$$调整后的直接费 = 调整后的人工费 + 调整后的材料费 + 调整后的机械费 + 调整后的措施费$$

（6）综合费调整：

$$调整后的综合费 = 调整后的直接费 \times 调整后的综合费率$$

（7）建筑安装工程费调整：

$$调整后的建筑安装工程费 = 调整后的直接费 + 调整后的综合费$$

2. 设备购置费调整。

$$调整后的设备购置费 = 指标设备数量 \times 调整后的设备单价$$

3. 工程建设其他费用调整。

$$调整后的工程建设其他费用 =（调整后的建筑安装工程费 + 调整后的设备购置费）\times 工程建设其他费用费率$$

4. 基本预备费调整。

$$调整后的基本预备费 =（调整后的建筑安装工程费 + 调整后的设备购置费 + 调整后的工程建设其他费用）\times 基本预备费费率$$

5. 指标基价调整。

$$调整后的指标基价 = 调整后的建筑安装工程费 + 调整后的设备购置费 + 调整后的工程建设其他费用 + 调整后的基本预备费$$

十二、本指标中注有“××以内”或“××以下”者，均包括“××”本身；注有“××以外”或“××以上”者，则不包括“××”本身。

十三、本指标的“工作内容”中已说明了主要施工工序，次要工序虽未说明，但均已包括在指标项目内。

十四、鉴于海绵城市建设工程涉及的专业项目内容较多，本指标主要编制了常用子目，使用本指标若有缺项时，可参考当地市政等同类指标或定额，若没有同类指标或定额参考，可根据项目实际情况补充编制缺项指标。

十五、本总说明未尽事宜详见各章说明。

目　录

附 录

1 综合指标

说 明

一、土石方工程：

1. 本节适用于竖向布置的土石方工程。

2. 机械土方、机械爆破石方、机械非爆破石方、人工土方、人工石方包括土石方的开挖、回填、运输，其中回填按60%考虑，外运按40%考虑，外运土石方运距按20km计算。如实际情况不同时，可按本节相应回填、外运综合指标进行调整。

3. 人工土方、人工石方已考虑双（单）轮车100m场内运输。

4. 土方类别综合考虑，石方类别按软质岩、较硬岩、坚硬岩比例为4∶5∶1综合考虑。

5. 本指标未考虑现场障碍物清除、土石方边坡支护、地下常水位以下的施工降水措施，发生时另行计算。

6. 本指标未考虑湿陷性黄土区、永久性冻土和地质情况十分复杂等地区的特殊要求，若遇此情况综合指标可以调整。

7. 本指标未包含弃渣费用。

二、管网工程：

1. 本节适用于室外排水工程。

2. 汇水面积为雨水管渠汇集降雨的流域面积，汇水面积以“hm^2”作为计量单位。本指标开槽埋管是根据上海地区案例编制，其他地区可根据降雨量、地形地貌条件及设计规范进行调整。

3. 排水管道工程中若汇水面积与本指标不同时，采用内插法计算。

4. 顶管工作井、接收井配置见下表。

顶管工作井、接收井配置表

序号	顶管规格（mm）	工作井规格（m）	工作井数量（座/100m）	接收井规格（m）	接收井数量（座/100m）
1	D800~1000	D=3.5，H=6	2	D=3，H=6	1
2	D1200~1500	D=4，H=8	2	D=3，H=8	1
3	D1650及以上	D=5，H=10	2	D=3.5，H=10	2

5. 本指标已考虑余方外运20km。

6. 本指标未考虑地下常水位以下的施工降水措施，发生时另行计算。

三、雨水调蓄工程：

1. 本节适用于雨水调蓄工程。

2. 本指标分为玻璃钢成品池、钢筋混凝土预制拼装池、成品集水樽、钢筋混凝土水池、砌筑水池、模块调蓄池、雨水湿地、湿塘、调节塘、渗透塘、雨水泵房、深层隧道。

3. 本指标已对土石方的土石比进行了综合，使用时不做调整。

4. 本指标工作内容中包含的土石方外运，是按余方外运20km考虑的，未包含弃渣费用。

5. 本指标渗透塘、雨水湿地、湿塘、调节塘土石方按局部开挖考虑，不做调整。

6. 若池体有效容积与本指标不同时，采用内插法计算。

7. 深层隧道（$D\leqslant6$m）指标适用于各类风化泥岩、泥灰岩、粉砂岩、碎裂岩等地层。深层隧道（$D\leqslant10$m）指标适用于沿海地区的细颗粒软弱冲积土层，包括黏土、亚黏土、淤泥质亚黏土、淤泥质黏土、亚砂土、粉砂土、细砂土、人工填土和人工冲填土层等软土地层。

8. 隧道盾构长度按 1000m 起考虑。

9. 盾构工作井（旋挖灌注桩加旋喷桩支护）22.1m 以上采用 ϕ1000@1150 灌注桩（旋喷桩止水）+4 道内支撑；22.1m 以下采用土钉锚喷支护。盾构工作井（地下连续墙围护）为圆形工作井 + 特深地墙围护 + 明挖逆作内衬，墙深约 110m、墙厚 1.5m，特深地下连续墙采用铣槽机成槽（铣接头）；基坑加固采用 MJS 旋喷加固与高压旋喷桩加固相结合方法，盾构进出洞口加固采用 MJS 旋喷加固与冻结法相结合的方法。

10. 入流竖井（$D \leq 10$m，$h \leq 40$m，入流规模 12m^3/s）围护结构采用 ϕ800@900 钻孔灌注桩（ϕ500@350 旋喷桩止水）+4 道内支撑。入流竖井（$D \leq 18$m，$h \leq 60$m，入流规模 45m^3/s）、入流竖井（$D \leq 18$m，$h \leq 60$m，入流规模 65m^3/s）综合设施功能包括：流量控制、预处理、入流竖井、除臭、隧道清淤通道、隧道冲洗、放空泵房及其他配套设施等；基坑采用地下连续墙围护形式，采用铣槽机成槽（铣接头），围护墙深约 64~72m，厚度为 0.8~1.2m；基坑加固采用 MJS 旋喷加固与高压旋喷桩加固相结合方法，综合设施桩基为钻孔灌注桩。

11. 本指标未考虑湿陷性黄土区、地震设防、永久性冻土和地质情况十分复杂等地区的特殊要求及地基加固费用。

四、铺装工程：

1. 本节适用于道路及附属铺装工程。

2. 八车道和六车道车行道包含基层、面层、路缘石、人行道、绿化、中间分隔带、渗管等，四车道和二车道车行道指标内容包含基层、面层、路缘石、人行道、绿化、渗管等。

3. 广场和步行道包含基层、面层、路缘石等。

4. 道路横断面尺寸详见下表：

横断面尺寸（m）

道路等级	车道数	机动车道	非机动车道	人行道	分隔带
主干道	8	8 × 3.75	2 × 3.5	2 × 3	2 × 2+4
	6	8 × 3.5	—	2 × 3	3
次干道	4	4 × 3.5	—	2 × 3.5	—
支路	2	2 × 3.5	—	2 × 4	—

5. 本指标做法及材料组成按下表综合考虑，如与设计不同时，按分项指标相应项目进行调整或主材换算。

路面结构层厚度（cm）

行驶类别	总厚度	面　层	基　层
主干道	78	18cm 透水沥青混凝土	45cm 水泥稳定碎石基层 +15cm 级配碎石
	78	18cm 彩色透水沥青混凝土	45cm 水泥稳定碎石基层 +15cm 级配碎石
	58	28cm 透水混凝土	30cm 碎石
	66	16cm 透水沥青混凝土	25cm 4% 水泥稳定级配碎石底基层 +25cm 5% 水泥稳定级配碎石底基层 +0.6cm 改性乳化沥青稀浆封层
	66	16cm 彩色透水沥青混凝土	25cm 4% 水泥稳定级配碎石底基层 +25cm 5% 水泥稳定级配碎石底基层 +0.6cm 改性乳化沥青稀浆封层
	54	24cm 透水混凝土	30cm 碎石
次干道	57	12cm 透水沥青混凝土	25cm 4% 水泥稳定级配碎石底基层 +20cm 5% 水泥稳定级配碎石底基层 +0.6cm 改性乳化沥青稀浆封层

续表

行驶类别	总厚度	面层	基层
次干道	57	12cm 彩色透水沥青混凝土	25cm 4% 水泥稳定级配碎石底基层 +20cm 5% 水泥稳定级配碎石底基层 +0.6cm 改性乳化沥青稀浆封层
	50	20cm 透水混凝土	30cm 碎石
支路	38	8cm 透水沥青混凝土	15cm 4% 水泥稳定级配碎石底基层 +15cm 5% 水泥稳定级配碎石底基层 +0.6cm 改性乳化沥青稀浆封层
	38	8cm 彩色透水沥青混凝土	15cm 4% 水泥稳定级配碎石底基层 +15cm 5% 水泥稳定级配碎石底基层 +0.6cm 改性乳化沥青稀浆封层
	38	18cm 透水混凝土	20cm 碎石
广场	41	6cm 透水沥青混凝土	15cm C25 透水混凝土 +20cm 砾石
	11	6cm 彩色透水沥青混凝土	15cm C25 透水混凝土 +20cm 砾石
	48	18cm 透水混凝土	30cm 砂石
	51	3cm 彩色强固透水混凝土	15cm 无砂大孔混凝土 C25+3cm 粗砂 +30cm 砂石
	33	8cm 混凝土透水砖	15cm 水泥级配碎石 +10cm 级配碎石
	34.5	5.5cm 陶瓷透水砖	19cm 透水混凝土 +10cm 级配碎石
	51	8cm 混凝土预制祖草砖	30cm 砂石 +10cm 无砂大孔混凝土 C20+3cm 粗砂
步行道	31	6cm 透水沥青混凝土	10cm C25 透水混凝土 +15cm 砾石
	31	6cm 彩色透水沥青混凝土	10cm C25 透水混凝土 +15cm 砾石
	21	6cm 透水混凝土	15cm 砂石
	26	3cm 彩色强固透水混凝土	5cm 无砂大孔混凝土 C25+3cm 粗砂 +15cm 砂石
	36	6cm 混凝土透水砖	30cm 砂石
	28.5	5.5cm 陶瓷透水砖	3cm 粗砂 + 透水无纺布 +20cm 透水级配碎石
	26	6cm 透水栌草砖	5cm 中砂 +15cm 透水级配碎石
	48	8cm 砂基透水砖	透水土工布 +20cm 无砂大孔混凝土 C20+20cm 透水级配碎石
	21	6cm C20 细石混凝土嵌卵石	15cm 灰土

6. 车行道中间分隔带按成片栽植小灌木考虑，套用分项指标“成片栽植”项目。

7. 车行道两侧的行道树按间距 5m 考虑，八车道和六车道行道树按法桐（胸径：10~12cm）编制，四车道和二车道行道树按法桐（胸径：8~8.9cm）编制。

8. 混凝土面层包含养生费用。

五、环境绿化工程：

1. 本节适用于具有一定空间条件的建筑小区、公园、广场、城市绿地、滨水带、绿色屋顶等区域。

2. 平式种植容器按成品考虑，已包含种植土和植物。

3. 下沉式绿地每 100m^2 范围内设置一个溢流井，消能渠按围绕下沉式绿地一圈设置，种植土厚度按 300mm 考虑，未包括孤植乔木、灌木栽植。下沉式绿地（可渗透型）碎石厚度按 200mm、砂厚度按 100mm 考虑。

4. 下沉式绿化分隔带的种植土厚度按 500mm 考虑，未包括孤植乔木、灌木栽植。

5. 植被缓冲带按 2m 宽考虑，种植土厚度按 300mm 考虑，消能渠按沿植被缓冲带单面设置，未包括排渗管。

6. 自然驳岸按水生植物（2m宽）+ 块石（1m宽 ×0.5m高）+ 草皮护岸（3m宽）组合考虑。

7. 生物有机材料生态驳岸按单排木桩 + 草皮护岸（2m宽）+ 干砌石材（0.5m宽 ×0.6m高）组合考虑。

8. 结合工程材料生态驳岸按四级石笼（4m宽 ×4m高）+ 生态混凝土护岸（4m宽）+ 草皮护岸（11m宽）+ 硅砂透水砖人行道（两梯，2m宽 +3m宽）组合考虑。

9. 驳岸未包括与驳岸相连部分的水底铺装、围堰、桩基及地基处理。

10. 本节指标中涉及土石方外运的项目，均已包含 20km 的运距。

11. 植物养护包括规范要求的施工期养护及一年内的成活养护。

工程量计算规则

一、土石方工程：

1. 机械土方、机械爆破石方(非控制爆破开挖)、机械非爆破石方、人工土方、人工石方按设计图示天然密实体积(自然方)以"m^3"计算。

2. 机械回填土方按设计图示体积以"m^3"计算。

3. 机械运输土方、石方按以下公式计算：土石方余方 = 挖方 − 回填方，余方为正则为外运，余方为负则为借方内运。

二、管网工程：

1. 开槽埋管按设计汇水面积以"hm^2"计算。

2. 顶管按设计顶进长度以"m"计算，不扣除接收井和工作井所占的长度。

三、雨水调蓄工程：

1. 玻璃钢成品池、钢筋混凝土预制拼装池、成品集水樽、钢筋混凝土水池、砌筑水池、模块调蓄池按设计图示数量以"座"计算。

2. 雨水湿地按设计图示水平投影面积以"m^2"计算。

3. 湿塘、调节塘、渗透塘按设计图示调蓄水位的水域面积以"m^2"计算。

4. 盾构掘进按设计图示掘进长度以"m"计算。

5. 盾构工作井、入流竖井按设计图示数量以"座"计算。

6. 雨水泵房按设计图示数量以"座"计算。

四、铺装工程：

1. 车行道按机动车道中心线长度乘以车行道宽度(不包括中间分隔带)的面积以"m^2"计算，非机动车道、人行道、中间分隔带不计算面积。

2. 广场、步行道按设计图示面积以"m^2"计算。

五、环境绿化工程：

1. 种植屋面按设计图示水平投影面积以"m^2"计算。

2. 下沉式绿地按设计图示绿化地面水平投影面积以"m^2"计算。

3. 下沉式绿化分隔带按设计图示绿化地面水平投影面积以"m^2"计算。

4. 植被缓冲带按设计图示水平投影面积以"m^2"计算。

5. 护(驳)岸按设计图示长度以"m"计算。

1.1 土石方工程

工作内容：1. 机械土方：排地表水，土方开挖，土方运输、回填。

2. 机械爆破石方：排地表水，布置孔位、钻孔、测孔，装药、爆破，石方运输、回填。

3. 机械非爆破石方：排地表水，凿石，石方运输、回填。

单位：1000m^3

指标编号				1Z-001		1Z-002		1Z-003	
指标名称				机械土方		机械爆破石方		机械非爆破石方	
项目			单位	指标	费用占比（%）	指标	费用占比（%）	指标	费用占比（%）
指标基价			元	47841.57	100.00	82780.54	100.00	133624.53	100.00
一、建筑安装工程费			元	39201.55	81.94	67830.67	81.94	109492.41	81.94
1. 建筑工程费			元	39201.55	81.94	67830.67	81.94	109492.41	81.94
2. 安装工程费			元	—	—	—	—	—	—
二、设备购置费			元	—	—	—	—	—	—
三、工程建设其他费用			元	5096.20	10.65	8817.99	10.65	14234.01	10.65
四、基本预备费			元	3543.82	7.41	6131.89	7.41	9898.11	7.41
建筑安装工程费									
直接费	人工费	普工	工日	8.00	—	55.72	—	26.41	—
		人工费小计	元	669.44	1.40	4663.02	5.63	2210.36	1.65
	材料费	硝铵 2#	kg	—	—	335.63	—	—	—
		电雷管	个	—	—	589.52	—	—	—
		水	m^3	13.80	—	74.37	—	17.40	—
		其他材料费	元	—	—	1415.78	—	1069.20	—
		材料费小计	元	116.06	0.24	3973.28	4.80	1215.53	0.91
	机械费	履带式单斗液压挖掘机 1m^3	台班	—	—	1.68	—	1.68	—
		履带式单斗机械挖掘机 1.5m^3	台班	1.98	—	—	—	—	—
		轮胎式装载机 3m^3	台班	0.64	—	—	—	—	—
		履带式液压岩石破碎机（大）	台班	—	—	—	—	39.00	—
		自卸汽车 15t	台班	19.52	—	—	—	24.32	—
		钢轮振动压路机 15t	台班	2.36	—	3.30	—	3.30	—
		内燃空气压缩机 9m^3/min	台班	—	—	5.70	—	—	—
		其他机械费	元	705.77	—	3882.92	—	1225.68	—
		机械费小计	元	28525.55	59.63	39682.58	47.94	77361.81	57.89
	措施费		元	1591.57	3.33	4792.47	5.79	5613.93	4.20
	小计		元	30902.62	64.59	53111.35	64.16	86401.63	64.66
综合费			元	8298.93	17.35	14719.32	17.78	23090.78	17.28
合计			元	39201.55	—	67830.67	—	109492.41	—

工作内容：1. 人工土方：排地表水，土方开挖，土方运输、回填。

2. 人工石方：排地表水，石方凿打，石方运输、回填。

单位：1000m³

<table>
<tr><td colspan="4">指 标 编 号</td><td colspan="2">1Z-004</td><td colspan="2">1Z-005</td></tr>
<tr><td colspan="4">指 标 名 称</td><td colspan="2">人工土方</td><td colspan="2">人工石方</td></tr>
<tr><td colspan="3">项 目</td><td>单位</td><td>指标</td><td>费用占比（%）</td><td>指标</td><td>费用占比（%）</td></tr>
<tr><td colspan="3">指标基价</td><td>元</td><td>172309.38</td><td>100.00</td><td>216664.87</td><td>100.00</td></tr>
<tr><td colspan="3">一、建筑安装工程费</td><td>元</td><td>141190.90</td><td>81.94</td><td>177535.95</td><td>81.94</td></tr>
<tr><td colspan="3">1. 建筑工程费</td><td>元</td><td>141190.90</td><td>81.94</td><td>177535.95</td><td>81.94</td></tr>
<tr><td colspan="3">2. 安装工程费</td><td>元</td><td>—</td><td>—</td><td>—</td><td>—</td></tr>
<tr><td colspan="3">二、设备购置费</td><td>元</td><td>—</td><td>—</td><td>—</td><td>—</td></tr>
<tr><td colspan="3">三、工程建设其他费用</td><td>元</td><td>18354.82</td><td>10.65</td><td>23079.67</td><td>10.65</td></tr>
<tr><td colspan="3">四、基本预备费</td><td>元</td><td>12763.66</td><td>7.41</td><td>16049.25</td><td>7.41</td></tr>
<tr><td colspan="8">建筑安装工程费</td></tr>
<tr><td rowspan="13">直接费</td><td rowspan="2">人工费</td><td>普工</td><td>工日</td><td>807.81</td><td>—</td><td>1067.56</td><td>—</td></tr>
<tr><td>人工费小计</td><td>元</td><td>67597.88</td><td>39.23</td><td>89333.62</td><td>41.23</td></tr>
<tr><td rowspan="3">材料费</td><td>水</td><td>m³</td><td>14.10</td><td>—</td><td>14.10</td><td>—</td></tr>
<tr><td>其他材料费</td><td>元</td><td>—</td><td>—</td><td>—</td><td>—</td></tr>
<tr><td>材料费小计</td><td>元</td><td>118.58</td><td>0.07</td><td>118.58</td><td>0.05</td></tr>
<tr><td rowspan="6">机械费</td><td>履带式单斗液压挖掘机 1m³</td><td>台班</td><td>—</td><td>—</td><td>1.68</td><td>—</td></tr>
<tr><td>履带式推土机 90kW</td><td>台班</td><td>—</td><td>—</td><td>0.50</td><td>—</td></tr>
<tr><td>自卸汽车 15t</td><td>台班</td><td>19.52</td><td>—</td><td>24.32</td><td>—</td></tr>
<tr><td>轮胎式装载机 3m³</td><td>台班</td><td>0.64</td><td>—</td><td></td><td>—</td></tr>
<tr><td>其他机械费</td><td>元</td><td>88.31</td><td>—</td><td>87.39</td><td>—</td></tr>
<tr><td>机械费小计</td><td>元</td><td>21938.73</td><td>12.73</td><td>29045.02</td><td>13.41</td></tr>
<tr><td colspan="2">措施费</td><td>元</td><td>10768.28</td><td>6.25</td><td>6057.98</td><td>2.80</td></tr>
<tr><td colspan="2">小计</td><td>元</td><td>100423.47</td><td>58.28</td><td>124555.20</td><td>57.49</td></tr>
<tr><td colspan="3">综合费</td><td>元</td><td>40767.43</td><td>23.66</td><td>52980.75</td><td>24.45</td></tr>
<tr><td colspan="3">合计</td><td>元</td><td>141190.90</td><td>—</td><td>177535.95</td><td>—</td></tr>
</table>

工作内容： 1. 机械回填土方：土方回填、压实。
2. 机械运输：土、石方运输。

单位：1000m³

指标编号				1Z-006		1Z-007		1Z-008	
指标名称				机械回填土方		机械运输土方每增减 1km		机械运输石方每增减 1km	
项目			单位	指标	费用占比（%）	指标	费用占比（%）	指标	费用占比（%）
指标基价			元	9947.81	100.00	3758.96	100.00	4442.42	100.00
一、建筑安装工程费			元	8151.27	81.94	3080.11	81.94	3640.13	81.94
1. 建筑工程费			元	8151.27	81.94	3080.11	81.94	3640.13	81.94
2. 安装工程费			元	—	—	—	—	—	—
二、设备购置费			元	—	—	—	—	—	—
三、工程建设其他费用			元	1059.67	10.65	400.41	10.65	473.22	10.65
四、基本预备费			元	736.87	7.41	278.44	7.41	329.07	7.41
建筑安装工程费									
直接费	人工费	普工	工日	4.00	—	—	—	—	—
		人工费小计	元	334.72	3.36	—	—	—	—
	材料费	水	m^3	15.00	—	—	—	—	—
		其他材料费	元	—	—	—	—	—	—
		材料费小计	元	126.15	1.27	—	—	—	—
	机械费	自卸汽车 15t	台班	—	—	2.20	—	2.60	—
		钢轮振动压路机 15t	台班	3.93	—	—	—	—	—
		其他机械费	元	699.75	—	—	—	—	—
		机械费小计	元	5750.94	57.81	2369.11	63.03	2799.86	63.03
	措施费		元	157.16	1.58	59.94	1.59	70.84	1.59
	小计		元	6368.97	64.02	2429.05	64.62	2870.70	64.62
综合费			元	1782.30	17.92	651.06	17.32	769.43	17.32
合计			元	8151.27	—	3080.11	—	3640.13	—

1.2 管网工程

1.2.1 开槽埋管

工作内容：沟槽土石方开挖、回填、外运；管道基础铺筑；管道铺设；检查井砌筑；雨水口安装。

单位：hm^2

指标编号				2Z-001		2Z-002		2Z-003	
指标名称				塑料管道					
				汇水面积 $50hm^2$		汇水面积 $100hm^2$		汇水面积 $200hm^2$	
项目			单位	指标	费用占比（%）	指标	费用占比（%）	指标	费用占比（%）
指标基价			元	183808.32	100.00	131423.39	100.00	82078.67	100.00
一、建筑安装工程费			元	150613.18	81.94	107688.78	81.94	67255.55	81.94
1. 建筑工程费			元	150613.18	81.94	107688.78	81.94	67255.55	81.94
2. 安装工程费			元	—	—	—	—	—	—
二、设备购置费			元	—	—	—	—	—	—
三、工程建设其他费用			元	19579.71	10.65	13999.54	10.65	8743.22	10.65
四、基本预备费			元	13615.43	7.41	9735.07	7.41	6079.90	7.41
建筑安装工程费									
直接费	人工费	普工	工日	199.85	—	142.87	—	91.10	—
		一般技工	工日	56.55	—	40.46	—	25.67	—
		高级技工	工日	2.57	—	1.84	—	1.18	—
		人工费小计	元	24499.41	13.33	17518.19	13.33	11148.06	13.58
	材料费	HDPE 双壁波纹管 *DN*300	m	32.02	—	22.87	—	16.34	—
		HDPE 双壁波纹管 *DN*500	m	8.68	—	6.20	—	3.76	—
		HDPE 双壁波纹管 *DN*800	m	3.62	—	2.58	—	1.57	—
		HDPE 双壁波纹管 *DN*1200	m	6.36	—	4.54	—	2.76	—
		HDPE 双壁波纹管 *DN*1600	m	17.92	—	12.81	—	7.77	—
		钢筋	kg	25.15	—	18.29	—	12.96	—
		预拌混凝土 C10	m^3	0.53	—	0.39	—	0.27	—
		预拌混凝土 C25	m^3	0.18	—	0.13	—	0.09	—
		级配砂石	t	315.89	—	225.69	—	141.48	—
		砾石 40	m^3	21.61	—	15.44	—	9.69	—
		砂子 中砂	m^3	9.09	—	6.49	—	4.08	—
		标准砖 240×115×53	千块	1.91	—	1.38	—	0.93	—
		铸铁井盖、井座 ϕ800 重型	套	0.66	—	0.48	—	0.34	—
		水	m^3	59.33	—	42.41	—	26.13	—
		其他材料费	元	3030.83	—	2175.25	—	1386.44	—
		材料费小计	元	72463.76	39.42	51814.21	39.43	32184.62	39.21
	机械费	履带式单斗液压挖掘机 $1m^3$	台班	1.00	—	0.71	—	0.46	—
		履带式推土机 75kW	台班	0.10	—	0.07	—	0.05	—
		轮胎式装载机 $1.5m^3$	台班	0.40	—	0.29	—	0.17	—
		自卸汽车 10t	台班	8.86	—	6.33	—	3.84	—
		汽车式起重机 16t	台班	0.30	—	0.21	—	0.13	—
		其他机械费	元	892.83	—	638.17	—	413.70	—
		机械费小计	元	9783.21	5.32	6990.82	5.32	4301.14	5.24
	措施费		元	5889.88	3.20	4211.56	3.20	2626.56	3.20
	小计		元	112636.26	61.28	80534.78	61.28	50260.38	61.23
综合费			元	37976.92	20.66	27154.00	20.66	16995.17	20.71
合计			元	150613.18	—	107688.78	—	67255.55	—

工作内容：沟槽土石方开挖、回填、外运；管道基础铺筑；管道铺设；检查井砌筑；雨水口安装。

单位：hm^2

指标编号				2Z-004		2Z-005		2Z-006	
指标名称				钢筋混凝土管道					
				汇水面积 $50hm^2$		汇水面积 $100hm^2$		汇水面积 $200hm^2$	
项目			单位	指标	费用占比（%）	指标	费用占比（%）	指标	费用占比（%）
指标基价			元	375770.94	100.00	268371.13	100.00	191625.63	100.00
一、建筑安装工程费			元	307908.02	81.94	219904.24	81.94	157018.71	81.94
1. 建筑工程费			元	307908.02	81.94	219904.24	81.94	157018.71	81.94
2. 安装工程费			元	—	—	—	—	—	—
二、设备购置费			元	—	—	—	—	—	—
三、工程建设其他费用			元	40028.04	10.65	28587.55	10.65	20412.43	10.65
四、基本预备费			元	27834.88	7.41	19879.34	7.41	14194.49	7.41
建筑安装工程费									
直接费	人工费	普工	工日	323.19	—	230.81	—	164.82	—
		一般技工	工日	162.07	—	115.81	—	82.69	—
		高级技工	工日	6.64	—	4.74	—	3.37	—
		人工费小计	元	49193.94	13.09	35138.08	13.09	25089.34	13.09
	材料费	钢筋混凝土管 $DN800$	m	27.47	—	19.62	—	14.02	—
		钢筋混凝土管 $DN1200$	m	7.43	—	5.31	—	3.80	—
		钢筋混凝土管 $DN1350$	m	7.31	—	5.23	—	3.73	—
		钢筋混凝土管 $DN1650$	m	3.11	—	2.21	—	1.58	—
		钢筋混凝土管 $DN2000$	m	3.11	—	2.21	—	1.58	—
		钢筋混凝土管 $DN2200$	m	5.45	—	3.90	—	2.78	—
		钢筋混凝土管 $DN2400$	m	15.39	—	10.99	—	7.85	—
		钢筋	kg	25.15	—	18.29	—	12.96	—
		预拌混凝土 C10	m^3	0.53	—	0.39	—	0.27	—
		预拌混凝土 C15	m^3	124.11	—	88.60	—	63.28	—
		预拌混凝土 C25	m^3	0.18	—	0.13	—	0.09	—
		标准砖 240×115×53	千块	2.87	—	2.07	—	1.47	—
		铸铁井盖、井座 $\phi800$ 重型	套	0.66	—	0.48	—	0.34	—
		水	m^3	176.37	—	125.93	—	89.93	—
		其他材料费	元	13697.57	—	9798.51	—	6991.81	—
		材料费小计	元	149160.52	39.69	106528.08	39.69	76063.57	39.69
	机械费	履带式单斗液压挖掘机 $1m^3$	台班	2.12	—	1.51	—	1.08	—
		履带式推土机 75kW	台班	0.21	—	0.15	—	0.11	—
		轮胎式装载机 $1.5m^3$	台班	0.68	—	0.48	—	0.35	—
		载重汽车 8t	台班	0.21	—	0.15	—	0.11	—
		自卸汽车 10t	台班	14.87	—	10.62	—	7.58	—
		汽车式起重机 8t	台班	0.50	—	0.35	—	0.25	—
		汽车式起重机 16t	台班	0.13	—	0.09	—	0.07	—
		汽车式起重机 32t	台班	0.46	—	0.33	—	0.24	—
		汽车式起重机 40t	台班	1.07	—	0.76	—	0.54	—
		其他机械费	元	1901.51	—	1357.72	—	969.60	—
		机械费小计	元	20031.27	5.33	14301.06	5.33	10212.93	5.33
	措施费		元	12065.86	3.21	8617.54	3.21	6153.11	3.21
	小计		元	230451.59	61.33	164584.76	61.33	117518.95	61.33
综合费			元	77456.43	20.61	55319.48	20.61	39499.76	20.61
合计			元	307908.02	—	219904.24	—	157018.71	—

1.2.2 混凝土顶管

工作内容：顶管工作井、接收井制作；管道顶进；管道接口；中继间、工具管及附属设备安装、拆除；管内挖、运土及土方提升；机械顶管设备调向；纠偏、监测；触变泥浆制作、注浆；洞口止水；管道检测及试验；泥浆、土方外运。

单位：100m

指标编号				2Z-007		2Z-008		2Z-009	
指标名称				混凝土顶管					
				DN800		DN1000		DN1200	
项目			单位	指标	费用占比（%）	指标	费用占比（%）	指标	费用占比（%）
指标基价			元	878304.86	100.00	934840.00	100.00	1146233.72	100.00
一、建筑安装工程费			元	719686.05	81.94	766011.14	81.94	939227.89	81.94
1. 建筑工程费			元	719686.05	81.94	766011.14	81.94	939227.89	81.94
2. 安装工程费			元	—	—	—	—	—	—
二、设备购置费			元	—	—	—	—	—	—
三、工程建设其他费用			元	93559.19	10.65	99581.45	10.65	122099.63	10.65
四、基本预备费			元	65059.62	7.41	69247.41	7.41	84906.20	7.41
建筑安装工程费									
直接费	人工费	普工	工日	432.30	—	446.80	—	521.88	—
		一般技工	工日	792.46	—	812.53	—	926.51	—
		高级技工	工日	102.02	—	105.36	—	112.00	—
		人工费小计	元	157895.51	17.98	162337.83	17.37	184574.42	16.10
	材料费	加强钢筋混凝土顶管 DN800	m	101.00	—	—	—	—	—
		加强钢筋混凝土顶管 DN1000	m	—	—	101.00	—	—	—
		加强钢筋混凝土顶管 DN1200	m	—	—	—	—	101.00	—
		钢筋	kg	13950.25	—	13950.25	—	19731.25	—
		预拌混凝土 C20	m^3	13.89	—	13.89	—	14.90	—
		预拌混凝土 C25	m^3	13.72	—	13.72	—	17.52	—
		预拌混凝土 C30	m^3	77.87	—	77.87	—	112.12	—
		膨润土 200目	kg	1012.50	—	1266.30	—	1522.50	—
		钢板外套环	个	50.00	—	50.00	—	50.00	—
		钢板内套环	个	50.00	—	50.00	—	50.00	—
		水	m^3	140.42	—	170.26	—	240.93	—
		其他材料费	元	43052.22	—	44883.35	—	56232.26	—
		材料费小计	元	245506.09	27.95	259734.17	27.78	346157.60	30.20

续前

项目			单位	指标	费用占比（%）	指标	费用占比（%）	指标	费用占比（%）
直接费	机械费	遥控顶管掘进机 800mm	台班	5.84	—	—	—	—	—
		遥控顶管掘进机 1200mm	台班		—	7.08	—	7.08	—
		履带式单斗液压挖掘机 $0.6m^3$	台班	2.56	—	2.56	—	2.41	—
		履带式推土机 105kW	台班	1.09	—	1.09	—	1.53	—
		轮胎式装载机 $1.5m^3$	台班	0.71	—	0.71	—	0.80	—
		载重汽车 5t	台班	0.97	—	0.97	—	1.37	—
		载重汽车 8t	台班	8.03	—	9.12	—	9.12	—
		自卸汽车 10t	台班	17.95	—	19.26	—	22.86	—
		汽车式起重机 8t	台班	21.97	—	25.22	—	12.69	—
		汽车式起重机 16t	台班	—	—	—	—	14.03	—
		履带式起重机 15t	台班	3.25	—	3.25	—	5.57	—
		泥浆制作循环设备	台班	14.11	—	16.95	—	19.16	—
		电动双筒慢速卷扬机 30kN	台班	42.21	—	47.96	—	50.38	—
		油泵车	台班	5.90	—	7.15	—	7.15	—
		高压油泵 50MPa	台班	42.21	—	47.96	—	50.38	—
		其他机械费	元	3645.70	—	3829.60	—	4611.52	—
		机械费小计	元	95916.06	10.92	110446.96	11.81	124956.81	10.90
	措施费		元	29730.37	3.38	31678.88	3.39	38886.36	3.39
	小计		元	529048.03	60.24	564197.84	60.35	694575.19	60.60
综合费			元	190638.02	21.71	201813.30	21.59	244652.70	21.34
合计			元	719686.05	—	766011.14	—	939227.89	—

工作内容：顶管工作井、接收井制作；管道顶进；管道接口；中继间、工具管及附属设备安装、拆除；管内挖、运土及土方提升；机械顶管设备调向；纠偏、监测；触变泥浆制作、注浆；洞口止水；管道检测及试验；泥浆、土方外运。

单位：100m

指标编号				2Z-010		2Z-011		2Z-012	
指标名称				混凝土顶管					
				*DN*1350		*DN*1500		*DN*1650	
项目			单位	指标	费用占比（%）	指标	费用占比（%）	指标	费用占比（%）
指标基价			元	1247378.45	100.00	1382137.59	100.00	1777144.68	100.00
一、建筑安装工程费			元	1022106.24	81.94	1132528.35	81.94	1456198.52	81.94
1. 建筑工程费			元	1022106.24	81.94	1132528.35	81.94	1456198.52	81.94
2. 安装工程费			元	—	—	—	—	—	—
二、设备购置费			元	—	—	—	—	—	—
三、工程建设其他费用			元	132873.81	10.65	147228.68	10.65	189305.81	10.65
四、基本预备费			元	92398.40	7.41	102380.56	7.41	131640.35	7.41
建筑安装工程费									
直接费	人工费	普工	工日	562.54	—	589.53	—	767.52	—
		一般技工	工日	998.42	—	1041.82	—	1298.25	—
		高级技工	工日	123.98	—	131.23	—	138.04	—
		人工费小计	元	199548.30	16.00	208789.44	15.11	258013.58	14.52
	材料费	加强钢筋混凝土顶管 *DN*1350	m	101.00	—	—	—	—	—
		加强钢筋混凝土顶管 *DN*1500	m	—	—	101.00	—	—	—
		加强钢筋混凝土顶管 *DN*1650	m	—	—	—	—	101.00	—
		钢筋	kg	19731.25	—	19731.25	—	36695.00	—
		预拌混凝土 C20	m^3	14.90	—	14.90	—	18.36	—
		预拌混凝土 C25	m^3	17.52	—	17.52	—	30.56	—
		预拌混凝土 C30	m^3	112.12	—	112.12	—	210.38	—
		膨润土 200 目	kg	1755.00	—	2666.30	—	2666.30	—
		钢板外套环	个	50.00	—	50.00	—	50.00	—
		钢板内套环	个	50.00	—	50.00	—	50.00	—
		水	m^3	278.97	—	318.56	—	437.09	—
		其他材料费	元	60322.15	—	71454.26	—	95353.51	—
		材料费小计	元	368347.40	29.53	425308.48	30.77	573154.02	32.25

续前

项目			单位	指标	费用占比（%）	指标	费用占比（%）	指标	费用占比（%）
直接费	机械费	遥控顶管掘进机 1650mm	台班	8.38	—	8.38	—	8.38	—
		履带式单斗液压挖掘机 $0.6m^3$	台班	2.41	—	2.41	—	5.17	—
		履带式推土机 105kW	台班	1.53	—	1.53	—	3.28	—
		轮胎式装载机 $1.5m^3$	台班	0.80	—	0.80	—	1.72	—
		载重汽车 5t	台班	1.37	—	1.37	—	2.51	—
		载重汽车 8t	台班	3.70	—	3.70	—	3.71	—
		自卸汽车 10t	台班	24.25	—	25.81	—	47.70	—
		汽车式起重机 8t	台班	7.35	—	7.35	—	7.35	—
		汽车式起重机 16t	台班	20.41	—	5.57	—	5.57	—
		汽车式起重机 20t	台班		—	18.51	—	19.89	—
		汽车式起重机 50t	台班	2.78	—	2.78	—	2.78	—
		履带式起重机 15t	台班	5.57	—	5.57	—	11.95	—
		泥浆制作循环设备	台班	21.47	—	24.93	—	24.93	—
		电动双筒慢速卷扬机 30kN	台班	51.52	—	56.24	—	58.42	—
		油泵车	台班	8.46	—	8.46	—	8.46	—
		高压油泵 50MPa	台班	51.52	—	56.24	—	58.42	—
		平板拖车组 20t	台班	2.69	—	2.69	—	2.69	—
		其他机械费	元	4727.61	—	4849.26	—	7356.30	—
		机械费小计	元	145832.36	11.69	158932.48	11.50	191541.00	10.78
	措施费		元	42367.27	3.40	47073.31	3.41	59878.07	3.37
	小计		元	756095.33	60.61	840103.71	60.78	1082586.67	60.92
综合费			元	266010.91	21.33	292424.64	21.16	373611.85	21.02
合计			元	1022106.24	—	1132528.35	—	1456198.52	—

工作内容：顶管工作井、接收井制作；管道顶进；管道接口；中继间、工具管及附属设备安装、拆除；管内挖、运土及土方提升；机械顶管设备调向；纠偏、监测；触变泥浆制作、注浆；洞口止水；管道检测及试验；泥浆、土方外运。 单位：100m

指标编号				2Z-013		2Z-014	
指标名称				混凝土顶管			
				*DN*1800		*DN*2000	
项目			单位	指标	费用占比（%）	指标	费用占比（%）
指标基价			元	1928395.32	100.00	2095843.76	100.00
一、建筑安装工程费			元	1580133.82	81.94	1717341.66	81.94
1. 建筑工程费			元	1580133.82	81.94	1717341.66	81.94
2. 安装工程费			元	—	—	—	—
二、设备购置费			元	—	—	—	—
三、工程建设其他费用			元	205417.40	10.65	223254.41	10.65
四、基本预备费			元	142844.10	7.41	155247.69	7.41
建筑安装工程费							
直接费	人工费	普工	工日	801.69	—	855.96	—
		一般技工	工日	1353.79	—	1443.53	—
		高级技工	工日	147.29	—	162.25	—
	人工费小计		元	269807.91	13.99	288791.15	13.78
	材料费	加强钢筋混凝土顶管 *DN*1800	m	101.00	—	—	—
		加强钢筋混凝土顶管 *DN*2000	m	—	—	101.00	—
		钢筋	kg	36695.00	—	36695.00	—
		预拌混凝土 C20	m^3	18.36	—	18.36	—
		预拌混凝土 C25	m^3	30.56	—	30.56	—
		预拌混凝土 C30	m^3	210.38	—	210.38	—
		膨润土 200 目	kg	2977.50	—	3300.00	—
		钢板外套环	个	50.00	—	50.00	—
		钢板内套环	个	50.00	—	50.00	—
		水	m^3	497.81	—	565.64	—
		其他材料费	元	100321.20	—	103767.00	—
		材料费小计	元	629296.36	32.63	672082.60	32.07

续前

项目			单位	指标	费用占比（%）	指标	费用占比（%）
直接费	机械费	遥控顶管掘进机 1800mm	台班	9.60	—	—	—
		刀盘式泥水平衡顶管掘进机 2200mm	台班	—	—	10.97	—
		履带式单斗液压挖掘机 $0.6m^3$	台班	5.17	—	5.17	—
		履带式推土机 105kW	台班	3.28	—	3.28	—
		轮胎式装载机 $1.5m^3$	台班	1.72	—	1.72	—
		载重汽车 5t	台班	2.51	—	2.51	—
		载重汽车 8t	台班	3.71	—	1.97	—
		自卸汽车 10t	台班	49.59	—	52.36	—
		汽车式起重机 8t	台班	7.35	—	5.70	—
		汽车式起重机 16t	台班	6.39	—	7.29	—
		汽车式起重机 32t	台班	20.81	—	—	—
		汽车式起重机 40t	台班	—	—	22.66	—
		汽车式起重机 50t	台班	3.18	—	—	—
		汽车式起重机 75t	台班	—	—	3.64	—
		履带式起重机 15t	台班	11.95	—	11.95	—
		泥浆制作循环设备	台班	28.04	—	32.47	—
		油泵车	台班	9.69	—	22.15	—
		电动双筒慢速卷扬机 30kN	台班	60.49	—	63.93	—
		高压油泵 50MPa	台班	60.49	—	63.93	—
		污水泵 100mm	台班	14.58	—	14.58	—
		平板拖车组 30t	台班	—	—	2.69	—
		平板拖车组 20t	台班	2.69	—	—	—
		其他机械费	元	5411.33	—	10291.26	—
		机械费小计	元	212354.75	11.01	247776.63	11.82
	措施费		元	65147.59	3.38	70925.81	3.38
	小计		元	1176606.61	61.01	1279576.19	61.05
综合费			元	403527.21	20.93	437765.47	20.89
合计			元	1580133.82	—	1717341.66	—

工作内容：顶管工作井、接收井制作；管道顶进；管道接口；中继间、工具管及附属设备安装、拆除；管内挖、运土及土方提升；机械顶管设备调向；纠偏、监测；触变泥浆制作、注浆；洞口止水；管道检测及试验；泥浆、土方外运。

单位：100m

指标编号				2Z-015		2Z-016	
指标名称				混凝土顶管			
				DN2200		DN2400	
项目			单位	指标	费用占比（%）	指标	费用占比（%）
指标基价			元	2314127.30	100.00	2620578.35	100.00
一、建筑安装工程费			元	1896203.95	81.94	2147311.01	81.94
1. 建筑工程费			元	1896203.95	81.94	2147311.01	81.94
2. 安装工程费			元	—	—	—	—
二、设备购置费			元	—	—	—	—
三、工程建设其他费用			元	246506.51	10.65	279150.43	10.65
四、基本预备费			元	171416.84	7.41	194116.91	7.41
建筑安装工程费							
直接费	人工费	普工	工日	918.05	—	994.24	—
		一般技工	工日	1546.94	—	1676.54	—
		高级技工	工日	179.49	—	201.09	—
		人工费小计	元	310628.06	13.42	337859.55	12.89
	材料费	加强钢筋混凝土顶管 DN2200	m	101.00	—	—	—
		加强钢筋混凝土顶管 DN2400	m	—	—	101.00	—
		钢筋	kg	36695.00	—	36695.00	—
		预拌混凝土 C20	m^3	18.36	—	18.36	—
		预拌混凝土 C25	m^3	30.56	—	30.56	—
		预拌混凝土 C30	m^3	210.38	—	210.38	—
		膨润土 200目	kg	3611.30	—	3955.00	—
		钢板外套环	个	50.00	—	50.00	—
		钢板内套环	个	50.00	—	50.00	—
		水	m^3	640.67	—	722.45	—
		其他材料费	元	110437.53	—	115081.69	
		材料费小计	元	755300.18	32.64	820026.11	31.29

续前

项目			单位	指标	费用占比（%）	指标	费用占比（%）
直接费	材料费	刀盘式泥水平衡顶管掘进机 2200mm	台班	10.97	—	—	—
		刀盘式泥水平衡顶管掘进机 2400mm	台班	—	—	11.52	—
		履带式单斗液压挖掘机 $0.6m^3$	台班	5.17	—	5.17	—
		履带式推土机 105kW	台班	3.28	—	3.28	—
		轮胎式装载机 $1.5m^3$	台班	1.72	—	1.72	—
		载重汽车 5t	台班	2.51	—	2.51	—
		载重汽车 10t	台班	2.23	—	2.23	—
		自卸汽车 10t	台班	55.42	—	58.77	—
		汽车式起重机 8t	台班	5.70	—	5.70	—
		汽车式起重机 12t	台班	2.23	—	2.23	—
		汽车式起重机 16t	台班	7.29	—	7.66	—
		汽车式起重机 40t	台班	27.14	—	—	—
		汽车式起重机 75t	台班	3.64	—	—	—
		履带式起重机 15t	台班	11.95	—	11.95	—
		泥浆制作循环设备	台班	39.04	—	46.22	—
		油泵车	台班	22.15	—	23.26	—
		电动双筒慢速卷扬机 30kN	台班	70.15	—	76.70	—
		电动单筒慢速卷扬机 30kN	台班	10.93	—	11.48	—
		高压油泵 50MPa	台班	70.15	—	76.70	—
		平板拖车组 30t	台班	2.69	—	—	—
		其他机械费	元	9057.52	—	138926.03	—
		机械费小计	元	269929.65	11.66	357144.39	13.63
	措施费		元	78492.94	3.39	89167.72	3.40
	小计		元	1414350.83	61.12	1604197.77	61.22
综合费			元	481853.12	20.82	543113.24	20.72
合计			元	1896203.95	—	2147311.01	—

1.2.3 钢管顶管

工作内容：顶管工作井、接收井制作；管道顶进；管道接口；中继间、工具管及附属设备安装、拆除；管内挖、运土及土方提升；机械顶管设备调向；纠偏、监测；触变泥浆制作、注浆；洞口止水；管道检测及试验；管道防腐；泥浆、土方外运。

单位：100m

指标编号				2Z-017		2Z-018		2Z-019	
指标名称				钢管顶管					
				*DN*800		*DN*1000		*DN*1200	
项目			单位	指标	费用占比（%）	指标	费用占比（%）	指标	费用占比（%）
指标基价			元	891325.99	100.00	976869.93	100.00	1212470.45	100.00
一、建筑安装工程费			元	730355.61	81.94	800450.61	81.94	993502.50	81.94
1. 建筑工程费			元	730355.61	81.94	800450.61	81.94	993502.50	81.94
2. 安装工程费			元	—	—	—	—	—	—
二、设备购置费			元	—	—	—	—	—	—
三、工程建设其他费用			元	94946.23	10.65	104058.58	10.65	129155.32	10.65
四、基本预备费			元	66024.15	7.41	72360.74	7.41	89812.63	7.41
建筑安装工程费									
直接费	人工费	普工	工日	375.05	—	394.10	—	484.22	—
		一般技工	工日	677.96	—	707.15	—	851.20	—
		高级技工	工日	82.93	—	87.80	—	99.45	—
		人工费小计	元	134678.35	15.11	140971.92	14.43	169305.85	13.96
	材料费	钢管顶管 *DN*800	m	102.00	—	—	—	—	—
		钢管顶管 *DN*1000	m	—	—	102.00	—	—	—
		钢管顶管 *DN*1200	m	—	—	—	—	102.00	—
		钢筋	kg	13950.25	—	13950.25	—	19731.25	—
		预拌混凝土 C20	m^3	13.89	—	13.89	—	14.90	—
		预拌混凝土 C25	m^3	13.72	—	13.72	—	17.52	—
		预拌混凝土 C30	m^3	77.87	—	77.87	—	112.12	—
		膨润土 200目	kg	1012.50	—	1266.30	—	1522.50	—
		钢板外套环	个	50.00	—	50.00	—	50.00	—
		钢板内套环	个	50.00	—	50.00	—	50.00	—
		水	m^3	140.42	—	170.26	—	240.93	—
		其他材料费	元	43334.07	—	45390.54	—	56354.27	—
		材料费小计	元	271977.94	30.51	295681.36	30.27	388179.61	32.02

续前

项目			单位	指标	费用占比（%）	指标	费用占比（%）	指标	费用占比（%）
直接费	机械费	遥控顶管掘进机 800mm	台班	5.84	—	—	—	—	—
		遥控顶管掘进机 1200mm	台班	—	—	7.08	—	7.08	—
		人工挖土法顶管设备 1200mm	台班	34.37	—	39.56	—	42.33	—
		履带式单斗液压挖掘机 $0.6m^3$	台班	2.56	—	2.56	—	2.41	—
		履带式推土机 105kW	台班	1.09	—	1.09	—	1.53	—
		轮胎式装载机 $1.5m^3$	台班	0.71	—	0.71	—	0.80	—
		载重汽车 5t	台班	0.97	—	0.97	—	1.37	—
		载重汽车 8t	台班	8.03	—	9.12	—	9.12	—
		自卸汽车 10t	台班	17.95	—	19.26	—	22.86	—
		汽车式起重机 8t	台班	21.97	—	12.69	—	12.69	—
		汽车式起重机 16t	台班	—	—	—	—	14.03	—
		履带式起重机 15t	台班	3.25	—	3.25	—	5.57	—
		泥浆制作循环设备	台班	14.11	—	16.95	—	19.16	—
		直流弧焊机 32kV·A	台班	53.02	—	81.78	—	102.27	—
		电动双筒慢速卷扬机 30kN	台班	34.27	—	39.44	—	42.21	—
		油泵车	台班	5.90	—	7.15	—	7.15	—
		高压油泵 50MPa	台班	34.27	—	39.44	—	42.21	—
		其他机械费	元	3084.33	—	14732.56	—	3978.48	—
		机械费小计	元	104798.37	11.76	125080.48	12.80	140822.52	11.61
	措施费		元	30320.75	3.40	33294.63	3.41	41333.13	3.41
	小计		元	541775.41	60.78	595028.39	60.91	739641.11	61.00
综合费			元	188580.20	21.16	205422.22	21.03	253861.39	20.94
合计			元	730355.61	—	800450.61	—	993502.50	—

工作内容：顶管工作井、接收井制作；管道顶进；管道接口；中继间、工具管及附属设备安装、拆除；管内挖、运土及土方提升；机械顶管设备调向；纠偏、监测；触变泥浆制作、注浆；洞口止水；管道检测及试验；管道防腐；泥浆、土方外运。

单位：100m

指标编号				2Z-020		2Z-021		2Z-022	
指标名称				钢管顶管					
				DN1350		DN1500		DN1650	
项目			单位	指标	费用占比(%)	指标	费用占比(%)	指标	费用占比(%)
指标基价			元	1360559.66	100.00	1556616.11	100.00	1905425.79	100.00
一、建筑安装工程费			元	1114847.31	81.94	1275496.65	81.94	1561312.51	81.94
1. 建筑工程费			元	1114847.31	81.94	1275496.65	81.94	1561312.51	81.94
2. 安装工程费			元	—	—	—	—	—	—
二、设备购置费			元	—	—	—	—	—	—
三、工程建设其他费用			元	144930.15	10.65	165814.56	10.65	202970.63	10.65
四、基本预备费			元	100782.20	7.41	115304.90	7.41	141142.65	7.41
建筑安装工程费									
直接费	人工费	普工	工日	548.95	—	592.51	—	761.53	—
		一般技工	工日	971.25	—	1047.77	—	1286.25	—
		高级技工	工日	119.45	—	132.22	—	136.04	—
		人工费小计	元	194039.35	14.26	209999.27	13.49	255583.02	13.41
	材料费	钢管顶管 DN1350	m	102.00	—	—	—	—	—
		钢管顶管 DN1600	m	—	—	102.00	—	102.00	—
		钢筋	kg	19731.25	—	20844.57	—	37923.76	—
		预拌混凝土 C20	m^3	14.90	—	14.90	—	18.36	—
		预拌混凝土 C25	m^3	17.52	—	17.52	—	30.56	—
		预拌混凝土 C30	m^3	112.12	—	112.12	—	210.38	—
		膨润土 200 目	kg	1755.00	—	2666.30	—	2666.30	—
		钢板外套环	个	50.00	—	50.00	—	50.00	—
		钢板内套环	个	50.00	—	50.00	—	50.00	—
		水	m^3	278.97	—	318.56	—	437.09	—
		其他材料费	元	60415.20	—	67704.76	—	90288.66	—
		材料费小计	元	417610.45	30.69	498288.81	32.01	625016.10	32.80

续前

项目			单位	指标	费用占比（%）	指标	费用占比（%）	指标	费用占比（%）
直接费	机械费	遥控顶管掘进机 1650mm	台班	8.38	—	8.38	—	8.38	—
		人工挖土法顶管设备 1650mm	台班	46.83	—	54.09	—	54.09	—
		履带式单斗液压挖掘机 $0.6m^3$	台班	2.41	—	2.41	—	5.17	—
		履带式推土机 105kW	台班	1.53	—	1.53	—	3.28	—
		轮胎式装载机 $1.5m^3$	台班	0.80	—	0.80	—	1.72	—
		载重汽车 5t	台班	1.37	—	1.37	—	2.51	—
		载重汽车 8t	台班	3.70	—	3.70	—	3.71	—
		自卸汽车 10t	台班	24.25	—	25.81	—	47.70	—
		汽车式起重机 8t	台班	7.35	—	7.35	—	7.35	—
		汽车式起重机 16t	台班	20.98	—	5.57	—	5.57	—
		汽车式起重机 20t	台班	—	—	19.32	—	19.32	—
		汽车式起重机 50t	台班	2.78	—	2.78	—	2.78	—
		履带式起重机 15t	台班	5.57	—	5.57	—	11.95	—
		泥浆制作循环设备	台班	21.47	—	24.93	—	24.93	—
		直流弧焊机 32kV·A	台班	137.68	—	156.54	—	162.00	—
		电动双筒慢速卷扬机 30kN	台班	46.70	—	53.94	—	53.94	—
		油泵车	台班	8.46	—	8.46	—	8.46	—
		高压油泵 50MPa	台班	46.70	—	53.94	—	53.94	—
		平板拖车组 20t	台班	2.69	—	2.69	—	2.69	—
		其他机械费	元	4287.69	—	4531.71	—	6347.02	—
		机械费小计	元	171076.53	12.57	189305.10	12.16	219604.04	11.53
	措施费		元	46436.79	3.41	53294.32	3.42	64469.89	3.38
	小计		元	829163.12	60.94	950887.50	61.09	1164673.05	61.12
综合费			元	285684.19	21.00	324609.15	20.85	396639.46	20.82
合计			元	1114847.31	—	1275496.65	—	1561312.51	—

工作内容：顶管工作井、接收井制作；管道顶进；管道接口；中继间、工具管及附属设备安装、拆除；管内挖、运土及土方提升；机械顶管设备调向；纠偏、监测；触变泥浆制作、注浆；洞口止水；管道检测及试验；管道防腐；泥浆、土方外运。

单位：100m

<table>
<tr><td colspan="4">指 标 编 号</td><td colspan="2">2Z-023</td><td colspan="2">2Z-024</td><td colspan="2">2Z-025</td></tr>
<tr><td colspan="4" rowspan="2">指 标 名 称</td><td colspan="6">钢管顶管</td></tr>
<tr><td colspan="2">DN1800</td><td colspan="2">DN2000</td><td colspan="2">DN2200</td></tr>
<tr><td colspan="3">项 目</td><td>单位</td><td>指标</td><td>费用占比（%）</td><td>指标</td><td>费用占比（%）</td><td>指标</td><td>费用占比（%）</td></tr>
<tr><td colspan="3">指标基价</td><td>元</td><td>2081877.63</td><td>100.00</td><td>2269577.04</td><td>100.00</td><td>2422430.09</td><td>100.00</td></tr>
<tr><td colspan="3">一、建筑安装工程费</td><td>元</td><td>1705897.76</td><td>81.94</td><td>1859699.31</td><td>81.94</td><td>1984947.63</td><td>81.94</td></tr>
<tr><td colspan="3">1. 建筑工程费</td><td>元</td><td>1705897.76</td><td>81.94</td><td>1859699.31</td><td>81.94</td><td>1984947.63</td><td>81.94</td></tr>
<tr><td colspan="3">2. 安装工程费</td><td>元</td><td>—</td><td>—</td><td>—</td><td>—</td><td>—</td><td>—</td></tr>
<tr><td colspan="3">二、设备购置费</td><td>元</td><td>—</td><td>—</td><td>—</td><td>—</td><td>—</td><td>—</td></tr>
<tr><td colspan="3">三、工程建设其他费用</td><td>元</td><td>221766.71</td><td>10.65</td><td>241760.91</td><td>10.65</td><td>258043.19</td><td>10.65</td></tr>
<tr><td colspan="3">四、基本预备费</td><td>元</td><td>154213.16</td><td>7.41</td><td>168116.82</td><td>7.41</td><td>179439.27</td><td>7.41</td></tr>
<tr><td colspan="10">建筑安装工程费</td></tr>
<tr><td rowspan="17">直接费</td><td rowspan="4">人工费</td><td>普工</td><td>工日</td><td>814.84</td><td>—</td><td>870.17</td><td>—</td><td>931.30</td><td>—</td></tr>
<tr><td>一般技工</td><td>工日</td><td>1380.10</td><td>—</td><td>1471.94</td><td>—</td><td>1573.46</td><td>—</td></tr>
<tr><td>高级技工</td><td>工日</td><td>151.68</td><td>—</td><td>166.98</td><td>—</td><td>183.91</td><td>—</td></tr>
<tr><td>人工费小计</td><td>元</td><td>275145.99</td><td>13.22</td><td>294552.15</td><td>12.98</td><td>316006.07</td><td>13.05</td></tr>
<tr><td rowspan="13">材料费</td><td>钢管顶管 DN1800</td><td>m</td><td>102.00</td><td>—</td><td>—</td><td>—</td><td>—</td><td>—</td></tr>
<tr><td>钢管顶管 DN2000</td><td>m</td><td>—</td><td>—</td><td>102.00</td><td>—</td><td>—</td><td>—</td></tr>
<tr><td>钢管顶管 DN2200</td><td>m</td><td>—</td><td>—</td><td>—</td><td>—</td><td>102.00</td><td>—</td></tr>
<tr><td>钢筋</td><td>kg</td><td>38039.72</td><td>—</td><td>39037.08</td><td>—</td><td>39279.92</td><td>—</td></tr>
<tr><td>预拌混凝土 C20</td><td>m^3</td><td>18.36</td><td>—</td><td>18.36</td><td>—</td><td>18.36</td><td>—</td></tr>
<tr><td>预拌混凝土 C25</td><td>m^3</td><td>30.56</td><td>—</td><td>30.56</td><td>—</td><td>30.56</td><td>—</td></tr>
<tr><td>预拌混凝土 C30</td><td>m^3</td><td>210.38</td><td>—</td><td>210.38</td><td>—</td><td>210.38</td><td>—</td></tr>
<tr><td>膨润土 200目</td><td>kg</td><td>2977.50</td><td>—</td><td>3300.00</td><td>—</td><td>3611.30</td><td>—</td></tr>
<tr><td>钢板外套环</td><td>个</td><td>50.00</td><td>—</td><td>50.00</td><td>—</td><td>50.00</td><td>—</td></tr>
<tr><td>钢板内套环</td><td>个</td><td>50.00</td><td>—</td><td>50.00</td><td>—</td><td>50.00</td><td>—</td></tr>
<tr><td>水</td><td>m^3</td><td>497.81</td><td>—</td><td>565.64</td><td>—</td><td>640.67</td><td>—</td></tr>
<tr><td>其他材料费</td><td>元</td><td>94780.54</td><td>—</td><td>94156.88</td><td>—</td><td>98751.45</td><td>—</td></tr>
<tr><td>材料费小计</td><td>元</td><td>677441.54</td><td>32.54</td><td>728069.23</td><td>32.08</td><td>770956.23</td><td>31.83</td></tr>
</table>

续前

项目			单位	指标	费用占比（%）	指标	费用占比（%）	指标	费用占比（%）
直接费	机械费	遥控顶管掘进机 1800mm	台班	9.60	—	—	—	—	—
		刀盘式泥水平衡顶管掘进机 2200mm	台班	—	—	10.97	—	10.97	—
		人工挖土法顶管设备 2000mm	台班	56.06	—	59.75	—	—	—
		人工挖土法顶管设备 2460mm	台班	—	—	—	—	62.86	—
		履带式单斗液压挖掘机 0.6m^3	台班	5.17	—	5.17	—	5.17	—
		履带式推土机 105kW	台班	3.28	—	3.28	—	3.28	—
		轮胎式装载机 1.5m^3	台班	1.72	—	1.72	—	1.72	—
		载重汽车 5t	台班	2.51	—	2.51	—	2.51	—
		载重汽车 6t	台班	0.50	—	0.50	—	0.50	—
		载重汽车 8t	台班	3.71	—	1.97	—	1.97	—
		自卸汽车 10t	台班	49.59	—	52.36	—	55.42	—
		汽车式起重机 8t	台班	7.35	—	5.70	—	5.70	—
		汽车式起重机 12t	台班	—	—	2.23	—	2.23	—
		汽车式起重机 16t	台班	6.39	—	7.29	—	7.29	—
		汽车式起重机 32t	台班	20.81	—	—	—	—	—
		汽车式起重机 40t	台班	—	—	22.66	—	27.14	—
		汽车式起重机 50t	台班	3.18	—	—	—	—	—
		汽车式起重机 75t	台班	—	—	3.64	—	3.64	—
		履带式起重机 15t	台班	11.95	—	11.95	—	11.95	—
		泥浆制作循环设备	台班	28.04	—	32.47	—	39.04	—
		直流弧焊机 32kV·A	台班	209.73	—	232.27	—	251.94	—
		油泵车	台班	9.69	—	22.15	—	22.15	—
		电动双筒慢速卷扬机 30kN	台班	55.89	—	59.57	—	62.67	—
		电动单筒慢速卷扬机 30kN	台班	—	—	10.93	—	10.93	—
		高压油泵 50MPa	台班	55.89	—	59.57	—	62.67	—
		平板拖车组 30t	台班	—	—	2.69	—	2.69	—
		其他机械费	元	9435.73	—	7368.70	—	7521.37	—
		机械费小计	元	250056.86	12.01	289298.00	12.75	312939.77	12.92
	措施费		元	70596.87	3.39	77095.60	3.40	82329.43	3.40
	小计		元	1273241.26	61.16	1389014.98	61.20	1482231.50	61.19
综合费			元	432656.50	20.78	470684.33	20.74	502716.13	20.75
合计			元	1705897.76	—	1859699.31	—	1984947.63	—

工作内容：顶管工作井、接收井制作；管道顶进；管道接口；中继间、工具管及附属设备安装、拆除；管内挖、运土及土方提升；机械顶管设备调向；纠偏、监测；触变泥浆制作、注浆；洞口止水；管道检测及试验；集中防腐运输；泥浆、土方外运。

单位：100m

指标编号				2Z-026		2Z-027	
指标名称				钢管顶管			
				DN2400		DN2600	
项目			单位	指标	费用占比（%）	指标	费用占比（%）
指标基价			元	2712219.34	100.00	2820506.15	100.00
一、建筑安装工程费			元	2222401.95	81.94	2311132.54	81.94
1. 建筑工程费			元	2222401.95	81.94	2311132.54	81.94
2. 安装工程费			元	—	—	—	—
二、设备购置费			元	—	—	—	—
三、工程建设其他费用			元	288912.25	10.65	300447.23	10.65
四、基本预备费			元	200905.14	7.41	208926.38	7.41
建筑安装工程费							
直接费	人工费	普工	工日	1008.25	—	1061.81	—
		一般技工	工日	1704.57	—	1786.97	—
		高级技工	工日	205.76	—	219.49	—
		人工费小计	元	343541.95	12.67	361284.86	12.81
	材料费	钢管顶管 DN2400	m	102.00	—	—	—
		钢管顶管 DN2600	m	—	—	102.00	—
		钢筋	kg	39279.92	—	39279.92	—
		预拌混凝土 C20	m^3	18.36	—	18.36	—
		预拌混凝土 C25	m^3	30.56	—	30.56	—
		预拌混凝土 C30	m^3	210.38	—	210.38	—
		膨润土 200目	kg	3955.00	—	3955.00	—
		钢板外套环	个	50.00	—	50.00	—
		钢板内套环	个	50.00	—	50.00	—
		水	m^3	722.45	—	807.75	—
		其他材料费	元	102913.97	—	104226.06	—
		材料费小计	元	823480.51	30.36	856109.97	30.35

续前

项目			单位	指标	费用占比（%）	指标	费用占比（%）
直接费	机械费	刀盘式泥水平衡顶管掘进机 2400mm	台班	11.52	—	11.52	—
		人工挖土法顶管设备 2460mm	台班	64.94	—	67.94	—
		履带式单斗液压挖掘机 0.6m³	台班	5.17	—	5.17	—
		履带式推土机 105kW	台班	3.28	—	3.28	—
		轮胎式装载机 1.5m³	台班	1.72	—	1.72	—
		载重汽车 5t	台班	2.51	—	2.51	—
		载重汽车 10t	台班	2.23	—	2.23	—
		自卸汽车 10t	台班	58.77	—	62.42	—
		汽车式起重机 8t	台班	5.70	—	5.70	—
		汽车式起重机 12t	台班	2.23	—	2.23	—
		汽车式起重机 16t	台班	7.66	—	7.66	—
		汽车式起重机 50t	台班	31.97	—	33.46	—
		汽车式起重机 125t	台班	3.82	—	3.82	—
		履带式起重机 15t	台班	11.95	—	11.95	—
		泥浆制作循环设备	台班	46.22	—	46.22	—
		直流弧焊机 32kV·A	台班	276.31	—	298.40	—
		油泵车	台班	23.26	—	23.26	—
		电动双筒慢速卷扬机 30kN	台班	64.74	—	67.73	—
		电动单筒慢速卷扬机 30kN	台班	11.48	—	11.48	—
		高压油泵 50MPa	台班	64.74	—	67.73	—
		平板拖车组 60t	台班	2.69	—	2.69	—
		其他机械费	元	7650.85	—	7813.96	—
		机械费小计	元	401988.49	14.82	413556.07	14.66
	措施费		元	92407.86	3.41	96050.95	3.41
	小计		元	1661418.81	61.26	1727001.85	61.23
综合费			元	560983.14	20.68	584130.69	20.71
合计			元	2222401.95	—	2311132.54	—

1.3 雨水调蓄工程

1.3.1 成 品 池

1.3.1.1 玻璃钢成品池

工作内容：池坑土石方开挖、回填、外运；垫层铺筑；模板制作、安装、拆除，钢筋制作、安装，混凝土浇筑；井壁砌筑、抹灰；成品池安装；盖板制作、安装；设备及管件安装；池顶覆土；脚手架搭拆。

单位：座

指标编号				3Z-001		3Z-002		3Z-003	
指标名称				玻璃钢成品池					
				容积 $10m^3$		容积 $50m^3$		容积 $100m^3$	
项目			单位	指标	费用占比（%）	指标	费用占比（%）	指标	费用占比（%）
指标基价			元	50936.99	100.00	145709.93	100.00	262252.86	100.00
一、建筑安装工程费			元	39487.95	77.52	116735.22	80.11	212230.90	80.92
1. 建筑工程费			元	34280.52	67.30	110302.20	75.70	205797.88	78.47
2. 安装工程费			元	5207.43	10.22	6433.02	4.41	6433.02	2.45
二、设备购置费			元	2250.00	4.42	2660.00	1.83	2660.00	1.01
三、工程建设其他费用			元	5425.93	10.65	15521.38	10.65	27935.82	10.65
四、基本预备费			元	3773.11	7.41	10793.33	7.41	19426.14	7.41
建筑安装工程费									
直接费	人工费	普工	工日	17.11	—	34.78	—	56.13	—
		一般技工	工日	25.38	—	39.07	—	53.04	—
		高级技工	工日	2.63	—	3.32	—	3.96	—
		人工费小计	元	5162.38	10.13	8420.42	5.78	11857.89	4.52
	材料费	玻璃钢蓄水箱 $10m^3$	台	1.00	—	—	—	—	—
		玻璃钢蓄水箱 $50m^3$	台	—	—	1.00	—	—	—
		玻璃钢蓄水箱 $100m^3$	台	—	—	—	—	1.00	—
		玻璃钢清水箱 $2m^3$	台	1.00	—	—	—	—	—
		玻璃钢清水箱 $10m^3$	台	—	—	1.00	—	—	—
		玻璃钢清水箱 $20m^3$	台	—	—	—	—	1.00	—
		预拌混凝土 C25	m^3	2.95	—	11.77	—	20.60	—
		标准砖 240×115×53	千块	2.44	—	2.99	—	2.99	—
		钢管 *De*50	m	19.00	—	56.99	—	56.99	—
		轻型铸铁井盖井座 *D*=700	套	5.00	—	5.00	—	5.00	—
		其他材料费	元	2467.05	—	5077.49	—	7831.72	—
		材料费小计	元	20133.53	39.53	70088.21	48.10	130142.01	49.62
	机械费	履带式单斗液压挖掘机 $1m^3$	台班	0.08	—	0.31	—	0.70	—
		履带式液压岩石破碎机 300mm	台班	0.40	—	1.62	—	3.66	—
		自卸汽车 10t	台班	0.68	—	2.06	—	5.66	—
		其他机械费	元	598.90	—	1573.73	—	3498.15	—
		机械费小计	元	1417.75	2.78	4356.39	2.99	10563.76	4.03
	措施费		元	1934.52	3.80	5173.92	3.55	9094.52	3.47
	小计		元	28648.18	56.24	88038.94	60.42	161658.18	61.64
综合费			元	10839.77	21.28	28696.28	19.69	50572.72	19.28
合计			元	39487.95	—	116735.22	—	212230.90	—
设备购置费									
设备名称及规格型号			单位	数量					
潜污泵 $Q=3m^3/h$，$H=15m$，$P=1.0kW$			台	2.00	—	—	—	—	—
潜污泵 $Q=10m^3/h$，$H=22m$，$P=1.5kW$			台	—	—	2.00	—	2.00	—
液位计 普通型			套	1.00	—	1.00	—	1.00	—
设备合计			元	2250.00	4.42	2660.00	1.83	2660.00	1.01

1.3.1.2 钢筋混凝土预制拼装池

工作内容：池坑土石方开挖、回填、外运；垫层铺筑；现浇混凝土模板制作、安装、拆除，钢筋制作、安装，混凝土浇筑；钢筋混凝土预制池体拼装；盖板制作、安装；设备及管件安装；池顶覆土；脚手架搭折。

单位：座

指标编号				3Z-004		3Z-005		3Z-006	
指标名称				钢筋混凝土预制拼装池					
				容积 $50m^3$		容积 $100m^3$		容积 $150m^3$	
项目			单位	指标	费用占比（%）	指标	费用占比（%）	指标	费用占比（%）
指标基价			元	131552.61	100.00	212377.97	100.00	297939.66	100.00
一、建筑安装工程费			元	105134.66	79.92	171363.25	80.68	241082.79	80.92
1. 建筑工程费			元	97503.51	74.12	163732.10	77.09	233451.64	78.36
2. 安装工程费			元	7631.15	5.80	7631.15	3.59	7631.15	2.56
二、设备购置费			元	2660.00	2.02	2660.00	1.25	3050.00	1.02
三、工程建设其他费用			元	14013.31	10.65	22623.02	10.65	31737.26	10.65
四、基本预备费			元	9744.64	7.41	15731.70	7.41	22069.61	7.41
建筑安装工程费									
直接费	人工费	普工	工日	51.22	—	74.89	—	99.62	—
		一般技工	工日	78.34	—	108.02	—	141.03	—
		高级技工	工日	3.48	—	4.22	—	5.07	—
		人工费小计	元	14860.74	11.30	20560.85	9.68	26837.94	9.01
	材料费	钢筋混凝土预制拼装池体 $50m^3$	套	1.00	—	—	—	—	—
		钢筋混凝土预制拼装池体 $100m^3$	套	—	—	1.00	—	—	—
		钢筋混凝土预制拼装池体 $150m^3$	套	—	—	—	—	1.00	—
		钢筋	kg	2422.08	—	3382.50	—	4489.50	—
		预拌混凝土 C15	m^3	2.63	—	3.64	—	6.06	—
		预拌混凝土 C25	m^3	23.87	—	33.33	—	44.24	—
		其他材料费	元	6582.62	—	9033.72	—	11627.95	—
		材料费小计	元	52164.19	39.65	89274.22	42.04	128061.30	42.98
	机械费	履带式液压岩石破碎机 300mm	台班	1.51	—	2.73	—	3.98	—
		吊装机械（综合）	台班	2.31	—	2.98	—	4.37	—
		自卸汽车 10t	台班	2.94	—	5.64	—	8.37	—
		其他机械费	元	2189.71	—	4117.02	—	5883.53	—
		机械费小计	元	6236.55	4.74	11145.93	5.25	16245.56	5.45
	措施费		元	4597.59	3.49	7297.65	3.44	10151.50	3.41
	小计		元	77859.07	59.18	128278.65	60.40	181296.30	60.85
综合费			元	27275.59	20.73	43084.60	20.29	59786.49	20.07
合计			元	105134.66		171363.25	—	241082.79	—
设备购置费									
设备名称及规格型号			单位	数量					
潜污泵 Q=10m³/h，H=22m，P=1.5kW			台	2.00	—	2.00	—	—	—
潜污泵 Q=15m³/h，H=26m，P=3.0kW			台	—	—	—	—	2.00	—
液位计 普通型			套	1.00	—	1.00	—	1.00	—
设备合计			元	2660.00	2.02	2660.00	1.25	3050.00	1.02

工作内容：池坑土石方开挖、回填、外运；垫层铺筑；现浇混凝土模板制作、安装、拆除，钢筋制作、安装，混凝土浇筑；钢筋混凝土预制池体拼装；盖板制作、安装；设备及管件安装；池顶覆土；脚手架搭拆。

单位：座

指标编号				3Z-007		3Z-008		3Z-009	
指标名称				钢筋混凝土预制拼装池					
				容积 200m³		容积 300m³		容积 400m³	
项目			单位	指标	费用占比（%）	指标	费用占比（%）	指标	费用占比（%）
指标基价			元	371859.57	100.00	535336.79	100.00	680186.74	100.00
一、建筑安装工程费			元	301353.03	81.04	435006.82	81.25	553297.38	81.34
1. 建筑工程费			元	293721.88	78.99	424544.79	79.30	540688.78	79.49
2. 安装工程费			元	7631.15	2.05	10462.03	1.95	12608.6	1.85
二、设备购置费			元	3350.00	0.90	3650.00	0.68	4050.00	0.60
三、工程建设其他费用			元	39611.39	10.65	57025.39	10.65	72455.16	10.65
四、基本预备费			元	27545.15	7.41	39654.58	7.41	50384.20	7.41
建筑安装工程费									
直接费	人工费	普工	工日	117.45	—	170.13	—	215.81	—
		一般技工	工日	164.69	—	231.92	—	271.85	—
		高级技工	工日	5.91	—	7.61	—	8.85	—
		人工费小计	元	31464.47	8.46	44311.89	8.28	53319.02	7.84
	材料费	钢筋混凝土预制拼装池体 200m³	套	1.00	—	—	—	—	—
		钢筋混凝土预制拼装池体 300m³	套	—	—	1.00	—	—	—
		钢筋混凝土预制拼装池体 400m³	套	—	—	—	—	1.00	—
		钢筋	kg	5104.50	—	6765.00	—	8856.00	—
		预拌混凝土 C15	m³	7.07	—	10.10	—	12.20	—
		预拌混凝土 C25	m³	50.30	—	64.84	—	70.82	—
		其他材料费	元	13991.36	—	19268.84	—	23143.68	—
		材料费小计	元	162635.60	43.74	235070.28	43.91	304082.44	44.71
	机械费	履带式液压岩石破碎机 300mm	台班	5.12	—	7.70	—	10.82	—
		吊装机械（综合）	台班	5.75	—	8.52	—	11.29	—
		自卸汽车 10t	台班	11.09	—	16.54	—	19.12	—
		其他机械费	元	6906.11	—	10970.88	—	13651.69	—
		机械费小计	元	20554.45	5.53	31328.71	5.85	38763.11	5.70
	措施费		元	12626.06	3.40	18064.25	3.37	22904.29	3.37
	小计		元	227280.58	61.12	328775.13	61.41	419068.86	61.61
综合费			元	74072.45	19.92	106231.69	19.84	134228.52	19.73
合计			元	301353.03	—	435006.82	—	553297.38	—
设备购置费									
设备名称及规格型号			单位	数量					
潜污泵 Q=20m³/h，H=25m，P=3.0kW			台	2.00	—	—	—	—	—
潜污泵 Q=30m³/h，H=26m，P=4.0kW			台	—	—	2.00	—	—	—
潜污泵 Q=40m³/h，H=26m，P=4.0kW			台	—	—	—	—	2.00	—
液位计 普通型			套	1.00	—	1.00	—	1.00	—
设备合计			元	3350.00	0.90	3650.00	0.68	4050.00	0.60

1.3.1.3 成品集水樽

工作内容：基础铺筑；成品集水樽及配套管件安装。 **单位**：座

指标编号				3Z-010		3Z-011	
指标名称				成品集水樽			
				容积 1.25m³		容积 3.5m³	
项目			单位	指标	费用占比（%）	指标	费用占比（%）
指标基价			元	4501.04	100.00	7778.15	100.00
一、建筑安装工程费			元	3688.17	81.94	6373.44	81.94
1. 建筑工程费			元	2700.06	59.99	5385.33	69.24
2. 安装工程费			元	988.11	21.95	988.11	12.70
二、设备购置费			元	—	—	—	—
三、工程建设其他费用			元	479.46	10.65	828.55	10.65
四、基本预备费			元	333.41	7.41	576.16	7.41
建筑安装工程费							
直接费	人工费	普工	工日	1.35	—	1.42	—
		一般技工	工日	3.55	—	3.75	—
		高级技工	工日	0.37	—	0.38	—
		人工费小计	元	641.21	14.25	675.21	8.68
	材料费	集水樽 容积 1.25m³	个	1.00	—	—	—
		集水樽 容积 3.5m³	个	—	—	1.00	—
		塑料给水管	m	20.30	—	20.30	—
		其他材料费	元	259.64	—	334.50	—
		材料费小计	元	1723.54	38.29	3598.40	46.26
	机械费	吊装机械（综合）	台班	0.13	—	0.15	—
		其他机械费	元	9.91	—	54.72	—
		机械费小计	元	70.59	1.57	123.55	1.59
	措施费		元	186.97	4.15	303.75	3.91
	小计		元	2622.31	58.26	4700.91	60.44
综合费			元	1065.86	23.68	1672.53	21.50
合计			元	3688.17	—	6373.44	—

1.3.2 钢筋混凝土水池

工作内容：池坑土石方开挖、回填、外运；垫层铺筑；模板制作、安装、拆除，钢筋制作、安装，混凝土浇筑；检查井砌筑；池、井抹灰；设备及管件安装；池顶覆土；脚手架搭拆。

单位：座

指标编号				3Z-012		3Z-013		3Z-014	
指标名称				钢筋混凝土水池					
				容积 $50m^3$		容积 $100m^3$		容积 $150m^3$	
项目			单位	指标	费用占比（%）	指标	费用占比（%）	指标	费用占比（%）
指标基价			元	154089.71	100.00	224849.01	100.00	248801.37	100.00
一、建筑安装工程费			元	119751.64	77.71	177732.06	79.05	195868.71	78.73
1. 建筑工程费			元	105369.40	68.38	162262.40	72.17	178688.75	71.82
2. 安装工程费			元	14382.24	9.33	15469.66	6.88	17179.96	6.91
二、设备购置费			元	6510.00	4.22	6510.00	2.90	8000.00	3.22
三、工程建设其他费用			元	16414.02	10.65	23951.47	10.65	26502.93	10.65
四、基本预备费			元	11414.05	7.41	16655.48	7.41	18429.73	7.41
建筑安装工程费									
直接费	人工费	普工	工日	140.28	—	190.35	—	191.59	—
		一般技工	工日	123.02	—	175.23	—	195.64	—
		高级技工	工日	5.21	—	5.64	—	6.08	—
		人工费小计	元	28241.55	18.45	39016.56	17.49	42394.29	17.14
	材料费	钢筋	kg	4207.85	—	7356.65	—	8042.54	—
		预拌混凝土 C15	m^3	3.23	—	5.05	—	5.66	—
		预拌混凝土 C25 抗渗等级 P6	m^3	31.01	—	51.31	—	46.97	—
		干混抹灰砂浆 DP M20	m^3	3.97	—	5.40	—	6.69	—
		其他材料费	元	9379.71	—	12984.25	—	17588.18	—
		材料费小计	元	39022.81	25.32	62713.05	27.89	68829.31	27.66
	机械费	履带式单斗液压挖掘机 $1m^3$	台班	1.47	—	1.96	—	2.02	—
		履带式液压岩石破碎机 300mm	台班	7.70	—	10.29	—	10.59	—
		自卸汽车 10t	台班	4.43	—	7.43	—	9.55	—
		其他机械费	元	3910.28	—	5889.17	—	7098.08	—
		机械费小计	元	12994.44	8.49	19200.20	8.60	22268.92	9.00
	措施费		元	5161.05	3.35	7432.69	3.31	8163.85	3.28
	小计		元	85419.85	55.44	128362.50	57.09	141656.37	56.94
综合费			元	34331.79	22.28	49369.56	21.96	54212.34	21.79
合计			元	119751.64	—	177732.06	—	195868.71	—
设备购置费									
设备名称及规格型号			单位	数量					
潜污泵 Q=10m^3/h，H=22m，P=1.5kW			台	2.00	—	2.00	—	—	—
潜污泵 Q=15m^3/h，H=26m，P=3kW			台	—	—	—	—	2.00	—
排泥泵 Q=12.5m^3/h，H=12.5m，P=1.1kW			台	2.00	—	2.00	—	—	—
排泥泵 Q=22m^3/h，H=10m，P=1.1kW			台	—	—	—	—	2.00	—
液位计 普通型			套	2.00	—	2.00	—	2.00	—
设备合计			元	6510.00	4.25	6510.00	2.92	8000.00	3.23

工作内容：池坑土石方开挖、回填、外运；垫层铺筑；模板制作、安装、拆除，钢筋制作、安装，混凝土浇筑；检查井砌筑；池、井抹灰；设备及管件安装；池顶覆土；脚手架搭拆。

单位：座

指标编号			3Z-015		3Z-016		3Z-017	
指标名称			钢筋混凝土水池					
			容积 200m^3		容积 300m^3		容积 400m^3	
项目		单位	指标	费用占比（%）	指标	费用占比（%）	指标	费用占比（%）
指标基价		元	295101.25	100.00	405660.04	100.00	499942.94	100.00
一、建筑安装工程费		元	230106.99	77.98	320699.25	79.05	396754.98	79.36
1. 建筑工程费		元	209654.84	71.05	300167.36	73.99	376151.19	75.24
2. 安装工程费		元	20452.15	6.93	20531.89	5.06	20603.79	4.12
二、设备购置费		元	11700.00	3.96	11700.00	2.88	12900.00	2.58
三、工程建设其他费用		元	31434.91	10.65	43211.90	10.65	53255.15	10.65
四、基本预备费		元	21859.35	7.41	30048.89	7.41	37032.81	7.41
建筑安装工程费								
直接费	人工费	普工	工日	231.42	—	310.72	—	374.27	—
		一般技工	工日	225.58	—	303.97	—	363.35	—
		高级技工	工日	7.59	—	6.86	—	7.37	—
		人工费小计	元	48805.71	16.64	64991.90	16.14	77601.88	15.64
	材料费	钢筋	kg	9129.35	—	11794.35	—	15484.35	—
		预拌混凝土 C15	m^3	7.07	—	11.21	—	14.65	—
		预拌混凝土 C25 抗渗等级 P6	m^3	54.54	—	94.74	—	117.06	—
		干混抹灰砂浆 DP M20	m^3	7.70	—	10.89	—	13.25	—
		其他材料费	元	22482.37	—	29653.33	—	36114.24	—
		材料费小计	元	81405.58	27.59	116432.76	28.70	146649.68	29.33
	机械费	履带式单斗液压挖掘机 1m^3	台班	2.38	—	3.22	—	4.01	—
		履带式液压岩石破碎机 300mm	台班	12.49	—	16.92	—	21.02	—
		自卸汽车 10t	台班	12.00	—	19.38	—	25.46	—
		其他机械费	元	8876.53	—	12788.99	—	16167.26	—
		机械费小计	元	27335.60	9.32	40205.94	9.98	51294.61	10.34
	措施费		元	9461.66	3.21	12861.92	3.17	15718.51	3.14
	小计		元	167008.55	56.59	234492.52	57.81	291264.68	58.26
综合费			元	63098.44	21.38	86206.73	21.25	105490.30	21.10
合计			元	230106.99		320699.25		396754.98	
设备购置费									
设备名称及规格型号			单位	数量					
潜污泵 Q=20m^3/h，H=25m，P=3kW			台	2.00	—	—	—	—	—
潜污泵 Q=30m^3/h，H=26m，P=4kW			台	—	—	2.00	—	—	—
潜污泵 Q=40m^3/h，H=26m，P=4kW			台	—	—	—	—	2.00	—
排泥泵 Q=25m^3/h，H=12.5m，P=1.5kW			台	2.00	—	—	—	—	—
排泥泵 Q=30m^3/h，H=8m，P=2.2kW			台	—	—	2.00	—	—	—
排泥泵 Q=40m^3/h，H=15m，P=4kW			台	—	—	—	—	2.00	—
液位计 普通型			套	2.00	—	2.00	—	2.00	—
设备合计			元	11700.00	3.99	11700.00	2.91	12900.00	2.60

工作内容：池坑土石方开挖、回填、外运；垫层铺筑；模板制作、安装、拆除，钢筋制作、安装，混凝土浇筑；检查井砌筑；池、井抹灰；设备及管件安装；池顶覆土；脚手架搭拆。

单位：座

		指标编号		3Z-018		3Z-019		3Z-020	
		指标名称		钢筋混凝土水池					
				容积 $500m^3$		容积 $800m^3$		容积 $1000m^3$	
		项目	单位	指标	费用占比（%）	指标	费用占比（%）	指标	费用占比（%）
		指标基价	元	578929.97	100.00	809323.96	100.00	925340.10	100.00
		一、建筑安装工程费	元	460277.23	79.50	642462.87	79.38	740706.89	80.05
		1. 建筑工程费	元	438949.76	75.82	614601.34	75.94	709737.85	76.70
		2. 安装工程费	元	21327.47	3.68	27861.53	3.44	30969.04	3.35
		二、设备购置费	元	14100.00	2.44	20700.00	2.56	17520.00	1.89
		三、工程建设其他费用	元	61669.04	10.65	86211.17	10.65	98569.50	10.65
		四、基本预备费	元	42883.70	7.41	59949.92	7.41	68543.71	7.41
		建筑安装工程费							
直接费	人工费	普工	工日	438.74	—	602.19	—	665.55	—
		一般技工	工日	421.42	—	575.15	—	649.31	—
		高级技工	工日	7.61	—	9.57	—	9.88	—
		人工费小计	元	90177.32	15.69	122816.55	15.28	136941.88	14.90
	材料费	钢筋	kg	19584.35	—	25119.35	—	29834.35	—
		预拌混凝土 C15	m^3	15.35	—	23.43	—	28.68	—
		预拌混凝土 C25 抗渗等级 P6	m^3	127.87	—	179.58	—	214.12	—
		干混抹灰砂浆 DP M20	m^3	14.77	—	24.45	—	23.47	—
		其他材料费	元	39597.01	—	60243.65	—	68914.75	—
		材料费小计	元	169445.54	29.27	236870.36	29.27	276590.18	29.89
	机械费	履带式单斗液压挖掘机 $1m^3$	台班	4.77	—	6.70	—	7.46	—
		履带式液压岩石破碎机 300mm	台班	25.04	—	35.16	—	39.17	—
		自卸汽车 10t	台班	29.93	—	45.83	—	56.22	—
		其他机械费	元	19006.59	—	28114.71	—	33299.18	—
		机械费小计	元	60547.77	10.53	89379.30	11.12	105538.92	11.49
		措施费	元	18092.46	3.13	24828.31	3.07	28540.53	3.08
		小计	元	338263.09	58.43	473894.52	58.55	547611.51	59.18
		综合费	元	122014.14	21.08	168568.35	20.83	193095.38	20.87
		合计	元	460277.23	—	642462.87	—	740706.89	—
		设备购置费							
		设备名称及规格型号	单位	数量					
		潜污泵 Q=50m³/h，H=29m，P=7.5kW	台	2.00	—	—	—	—	—
		潜污泵 Q=80m³/h，H=36m，P=18.5kW	台	—	—	2.00	—	—	—
		潜污泵 Q=100m³/h，H=30m，P=10kW	台	—	—	—	—	2.00	—
		排泥泵 Q=50m³/h，H=10m，P=6kW	台	2.00	—	—	—	—	—
		排泥泵 Q=80m³/h，H=18m，P=7.5kW	台	—	—	2.00	—	—	—
		排泥泵 Q=100m³/h，H=11m，P=7.5kW	台	—	—	—	—	2.00	—
		液位计 普通型	套	2.00	—	2.00	—	2.00	—
		设备合计	元	14100.00	2.45	20700.00	2.58	17520.00	1.91

工作内容：池坑土石方开挖、回填、外运；垫层铺筑；模板制作、安装、拆除，钢筋制作、安装，混凝土浇筑；检查井砌筑；池、井抹灰；设备及管件安装；池顶覆土；脚手架搭拆。

单位：座

指标编号				3Z-021		3Z-022	
指标名称				钢筋混凝土水池			
				容积 $1500m^3$		容积 $2000m^3$	
项目			单位	指标	费用占比（%）	指标	费用占比（%）
指标基价			元	1275440.13	100.00	1635559.74	100.00
一、建筑安装工程费			元	1027580.07	80.56	1298983.34	79.42
1. 建筑工程费			元	991304.27	77.72	1253484.44	76.64
2. 安装工程费			元	36275.8	2.84	45498.9	2.78
二、设备购置费			元	17520.00	1.37	41200.00	2.52
三、工程建设其他费用			元	135863.01	10.65	174223.83	10.65
四、基本预备费			元	94477.05	7.41	121152.57	7.41
建筑安装工程费							
直接费	人工费	普工	工日	894.19	—	1110.59	—
		一般技工	工日	848.42	—	64.17	—
		高级技工	工日	11.94	—	17.37	—
		人工费小计	元	179980.16	14.21	221889.09	13.67
	材料费	钢筋	kg	39059.35	—	49309.35	—
		预拌混凝土 C15	m^3	43.03	—	57.17	—
		预拌混凝土 C25 抗渗等级 P6	m^3	300.07	—	383.19	—
		干混抹灰砂浆 DP M20	m^3	31.28	—	38.82	—
		其他材料费	元	96236.25	—	118465.19	—
		材料费小计	元	378015.13	29.64	476567.20	29.14
	机械费	履带式单斗液压挖掘机 $1m^3$	台班	10.51	—	13.52	—
		履带式液压岩石破碎机 300mm	台班	80.28	—	103.30	—
		自卸汽车 10t	台班	84.37	—	112.34	—
		其他机械费	元	48319.13	—	62534.87	—
		机械费小计	元	166206.72	13.12	217150.10	13.38
	措施费		元	38755.39	3.04	49078.14	3.00
	小计		元	762957.40	59.82	964684.53	58.98
综合费			元	264622.67	20.75	334298.81	20.44
合计			元	1027580.07	—	1298983.34	—
设备购置费							
设备名称及规格型号			单位	数量			
潜污泵 Q=100m^3/h，H=30m，P=10kW			台	2.00	—	—	—
潜污泵 Q=150m^3/h，H=35m，P=37kW			台	—	—	4.00	—
排泥泵 Q=100m^3/h，H=11m，P=7.5kW			台	2.00	—	—	—
排泥泵 Q=150m^3/h，H=10m，P=7.5kW			台	—	—	4.00	—
液位计 普通型			套	2.00	—	4.00	—
设备合计			元	17520.00	1.38	41200.00	2.54

工作内容：池坑土石方开挖、回填、外运；垫层铺筑；模板制作、安装、拆除，钢筋制作、安装，混凝土浇筑；检查井砌筑；池、井抹灰；设备及管件安装；池顶覆土；脚手架搭拆。

单位：座

指标编号				3Z-023		3Z-024	
指标名称				钢筋混凝土水池			
				容积 3000m³		容积 4000m³	
项目			单位	指标	费用占比（%）	指标	费用占比（%）
指标基价			元	2214755.84	100.00	2666932.78	100.00
一、建筑安装工程费			元	1772178.63	80.02	2142693.98	80.34
1. 建筑工程费			元	1726408.07	77.95	2093668.62	78.50
2. 安装工程费			元	45770.56	2.07	49025.36	1.84
二、设备购置费			元	42600.00	1.92	42600.00	1.60
三、工程建设其他费用			元	235921.22	10.65	284088.22	10.65
四、基本预备费			元	164055.99	7.41	197550.58	7.41
建筑安装工程费							
直接费	人工费	普工	工日	1537.63	—	1850.29	—
		一般技工	工日	1387.67	—	1631.14	—
		高级技工	工日	20.10	—	21.01	—
		人工费小计	元	297520.76	13.52	351660.15	13.28
	材料费	钢筋	kg	57509.35	—	76266.85	—
		预拌混凝土 C15	m³	90.90	—	96.35	—
		预拌混凝土 C25 抗渗等级 P6	m³	464.78	—	572.85	—
		干混抹灰砂浆 DP M20	m³	54.72	—	61.79	—
		其他材料费	元	183302.41	—	198675.96	—
		材料费小计	元	621025.81	28.04	748444.83	28.06
	机械费	履带式单斗液压挖掘机 1m³	台班	19.85	—	24.86	—
		履带式液压岩石破碎机 300mm	台班	151.65	—	189.94	—
		自卸汽车 10t	台班	180.96	—	227.83	—
		其他机械费	元	97248.32	—	120131.02	—
		机械费小计	元	336610.60	15.30	420833.32	15.89
	措施费		元	65073.55	2.94	77968.18	2.92
	小计		元	1320230.72	59.61	1598906.48	59.95
综合费			元	451947.91	20.41	543787.50	20.39
合计			元	1772178.63	—	2142693.98	—
设备购置费							
设备名称及规格型号			单位	数量			
潜污泵 Q=200m³/h，H=30m，P=37kW			台	4.00	—	4.00	—
排泥泵 Q=200m³/h，H=10m，P=15kW			台	4.00	—	4.00	—
液位计 普通型			套	4.00	—	4.00	—
设备合计			元	42600.00	1.94	42600.00	1.61

1.3.3 砌筑水池

1.3.3.1 砖砌水池

工作内容：池坑土石方开挖、回填、外运；垫层铺筑；模板制作、安装、拆除，钢筋制作、安装，混凝土浇筑；池（井）砌筑、抹灰；脚手架搭拆；设备及管件安装；池顶覆土。

单位：座

指标编号				3Z-025		3Z-026		3Z-027	
指标名称				砖砌水池					
				容积 $100m^3$		容积 $200m^3$		容积 $300m^3$	
项目			单位	指标	费用占比（%）	指标	费用占比（%）	指标	费用占比（%）
指标基价			元	106000.76	100.00	159040.53	100.00	206148.50	100.00
一、建筑安装工程费			元	83602.39	78.87	125468.36	78.89	163368.80	79.25
1. 建筑工程费			元	69434.25	65.50	111300.22	69.98	149200.66	72.38
2. 安装工程费			元	14168.14	13.37	14168.14	8.91	14168.14	6.87
二、设备购置费			元	3255.00	3.07	4850.00	3.05	5550.00	2.69
三、工程建设其他费用			元	11291.46	10.65	16941.39	10.65	21959.44	10.65
四、基本预备费			元	7851.91	7.41	11780.78	7.41	15270.26	7.41
建筑安装工程费									
直接费	人工费	普工	工日	62.88	—	98.18	—	131.37	—
		一般技工	工日	77.35	—	112.18	—	142.05	—
		高级技工	工日	5.30	—	6.28	—	7.42	—
		人工费小计	元	15883.16	14.61	23177.63	14.33	29688.60	14.21
	材料费	钢筋	kg	1445.25	—	2490.75	—	2818.75	—
		预拌混凝土 C25	m^3	9.44	—	12.80	—	16.75	—
		防水混凝土 C25 抗渗等级 P6	m^3	8.88	—	16.68	—	24.42	—
		标准砖 240×115×53	千块	9.62	—	12.98	—	16.89	—
		水泥砂浆 M7.5	m^3	3.56	—	5.02	—	6.71	—
		干混抹灰砂浆 DP M20	m^3	2.32	—	3.58	—	4.81	—
		柔性防水套管安装 *DN*50	个	7.00	—	7.00	—	7.00	—
		木模板	m^3	0.59	—	0.77	—	1.06	—
		其他材料费	元	10492.53	—	14093.34	—	17119.41	—
		材料费小计	元	33358.93	31.47	48381.27	30.42	61321.41	29.75
	机械费	履带式单斗液压挖掘机 $1m^3$	台班	0.46	—	0.87	—	1.28	—
		履带式液压岩石破碎机 300mm	台班	2.21	—	4.30	—	6.37	—
		自卸汽车 10t	台班	4.72	—	9.16	—	13.58	—
		其他机械费	元	3360.30	—	5786.51	—	8352.15	—
		机械费小计	元	8680.81	7.98	16095.73	9.95	23611.53	11.30
	措施费		元	3400.37	3.21	4925.61	3.10	6284.81	3.05
	小计		元	61323.27	57.85	92580.24	58.21	120906.35	58.65
综合费			元	22279.12	21.02	32888.12	20.68	42462.45	20.60
合计			元	83602.39		125468.36		163368.80	
设备购置费									
设备名称及规格型号			单位	数量					
潜污泵 Q=10m³/h，H=22m，P=1.5kW			台	1.00	—	—	—	—	—
潜污泵 Q=20m³/h，H=25m，P=3.0kW			台	—	—	1.00	—	—	—
潜污泵 Q=30m³/h，H=26m，P=4.0kW			台	—	—	—	—	1.00	—
排泥泵 Q=12.5m³/h，H=12.5m，P=1.1kW			台	1.00	—	—	—	—	—
排泥泵 Q=25m³/h，H=12.5m，P=1.5kW			台	—	—	1.00	—	—	—
排泥泵 Q=30m³/h，H=15m，P=3.0kW			台	—	—	—	—	1.00	—
液位计 普通型			套	1.00	—	1.00	—	1.00	—
设备合计			元	3255.00	2.99	4850.00	3.00	5550.00	2.66

1.3.3.2 块石砌筑水池

工作内容: 池坑土石方开挖、回填、外运；垫层铺筑；模板制作、安装、拆除，钢筋制作、安装，混凝土浇筑；池（井）砌筑、抹灰；脚手架搭拆；设备及管件安装；池顶覆土。

单位: 座

指标编号				3Z-028		3Z-029		3Z-030	
指标名称				块石砌筑水池					
				容积 $100m^3$		容积 $200m^3$		容积 $300m^3$	
项目			单位	指标	费用占比（%）	指标	费用占比（%）	指标	费用占比（%）
指标基价			元	105770.54	100.00	158938.13	100.00	205717.59	100.00
一、建筑安装工程费			元	83413.75	78.87	125384.45	78.88	163015.71	79.25
1. 建筑工程费			元	69245.61	65.47	111216.31	69.97	148847.57	72.36
2. 安装工程费			元	14168.14	13.40	14168.14	8.91	14168.14	6.89
二、设备购置费			元	3255.00	3.08	4850.00	3.05	5550.00	2.70
三、工程建设其他费用			元	11266.94	10.65	16930.48	10.65	21913.54	10.65
四、基本预备费			元	7834.85	7.41	11773.20	7.41	15238.34	7.41
建筑安装工程费									
直接费	人工费	普工	工日	64.28	—	100.20	—	134.01	—
		一般技工	工日	82.31	—	119.27	—	140.48	—
		高级技工	工日	6.13	—	7.47	—	6.98	—
		人工费小计	元	16798.24	15.31	24486.29	15.15	31414.27	15.07
	材料费	钢筋	kg	1445.25	—	2490.75	—	2818.75	—
		预拌混凝土 C25	m^3	9.44	—	12.80	—	16.75	—
		防水混凝土 C25 抗渗等级 P6	m^3	8.88	—	16.68	—	24.42	—
		块石（综合）	m^3	18	—	25.36	—	33.93	—
		干混砌筑砂浆 DM M10	m^3	6.40	—	9.01	—	12.06	—
		干混抹灰砂浆 DP M20	m^3	2.32	—	3.58	—	4.81	—
		柔性防水套管安装 *DN*50	个	7.00	—	7.00	—	7.00	—
		木模板	m^3	0.59	—	0.77	—	1.06	—
		其他材料费	元	12618.97	—	16850.76	—	20508.50	—
		材料费小计	元	32071.21	30.32	46617.67	29.33	58894.97	28.63
	机械费	履带式单斗液压挖掘机 $1m^3$	台班	0.46	—	0.87	—	1.28	—
		履带式液压岩石破碎机 300mm	台班	2.21	—	4.30	—	6.37	—
		自卸汽车 10t	台班	4.72	—	9.16	—	13.58	—
		其他机械费	元	3424.54	—	5936.63	—	8473.27	—
		机械费小计	元	8745.05	7.97	16245.85	10.05	23732.65	11.39
	措施费		元	3387.20	3.20	4914.87	3.09	6260.09	3.04
	小计		元	61001.70	57.67	92264.68	58.05	120301.98	58.48
综合费			元	22412.05	21.19	33119.77	20.84	42713.73	20.76
合计			元	83413.75	—	125384.45	—	163015.71	—
设备购置费									
设备名称及规格型号			单位	数量					
潜污泵 Q=10m³/h，H=22m，P=1.5kW			台	1.00	—	—	—	—	—
潜污泵 Q=20m³/h，H=25m，P=3.0kW			台	—	—	1.00	—	—	—
潜污泵 Q=30m³/h，H=26m，P=4.0kW			台	—	—	—	—	1.00	—
排泥泵 Q=12.5m³/h，H=12.5m，P=1.1kW			台	1.00	—	—	—	—	—
排泥泵 Q=25m³/h，H=12.5m，P=1.5kW			台	—	—	1.00	—	—	—
排泥泵 Q=30m³/h，H=15m，P=3.0kW			台	—	—	—	—	1.00	—
液位计 普通型			套	1.00	—	1.00	—	1.00	—
设备合计			元	3255.00	2.97	4850.00	3.00	5550.00	2.66

1.3.3.3 条石砌筑水池

工作内容：池坑土石方开挖、回填、外运；垫层铺筑；模板制作、安装、拆除，钢筋制作、安装，混凝土浇筑；池（井）砌筑、抹灰；脚手架搭拆；设备及管件安装；池顶覆土。

单位：座

指标编号				3Z-031		3Z-032		3Z-033	
指标名称				条石砌筑水池					
				容积 $100m^3$		容积 $200m^3$		容积 $300m^3$	
项目			单位	指标	费用占比（%）	指标	费用占比（%）	指标	费用占比（%）
指标基价			元	112260.16	100.00	168134.18	100.00	217596.34	100.00
一、建筑安装工程费			元	88731.36	79.04	132919.73	79.06	172749.20	79.39
1. 建筑工程费			元	74563.22	66.42	118751.59	70.63	158581.06	72.88
2. 安装工程费			元	14168.14	12.62	14168.14	8.43	14168.14	6.51
二、设备购置费			元	3255.00	2.90	4850.00	2.88	5550.00	2.55
三、工程建设其他费用			元	11958.23	10.65	17910.07	10.65	23178.89	10.65
四、基本预备费			元	8315.57	7.41	12454.38	7.41	16118.25	7.41
建筑安装工程费									
直接费	人工费	普工	工日	76.00	—	116.75	—	156.11	—
		一般技工	工日	102.64	—	147.96	—	189.73	—
		高级技工	工日	9.51	—	12.26	—	15.37	—
		人工费小计	元	21049.67	18.31	30488.85	17.84	39430.79	17.90
	材料费	钢筋	kg	1445.25	—	2490.75	—	2818.75	—
		预拌混凝土 C25	m^3	9.44	—	12.80	—	16.75	—
		防水混凝土 C25 抗渗等级 P6	m^3	8.88	—	16.68	—	24.42	—
		条石	m^3	19.24	—	27.12	—	36.29	—
		干混砌筑砂浆 DM M10	m^3	2.33	—	3.28	—	4.39	—
		干混抹灰砂浆 DP M20	m^3	2.32	—	3.58	—	4.81	—
		柔性防水套管 *DN*50	个	7.00	—	7.00	—	7.00	—
		木模板	m^3	0.59	—	0.77	—	1.06	—
		其他材料费	元	10650.62	—	14091.25	—	16743.33	—
		材料费小计	元	31036.64	27.65	45176.19	26.87	56893.82	26.15
	机械费	履带式单斗液压挖掘机 $1m^3$	台班	0.46	—	0.87	—	1.28	—
		履带式液压岩石破碎机 300mm	台班	2.21	—	4.30	—	6.37	—
		自卸汽车 10t	台班	4.72	—	9.16	—	13.58	—
		其他机械费	元	3314.70	—	5782.41	—	8101.46	—
		机械费小计	元	8635.21	7.51	16091.63	9.42	23360.84	10.60
	措施费		元	3595.83	3.20	5210.63	3.10	6640.70	3.05
	小计		元	64317.35	57.29	96967.30	57.67	126326.15	58.06
综合费			元	24414.01	21.75	35952.43	21.38	46423.05	21.33
合计			元	88731.36	—	132919.73	—	172749.20	—
设备购置费									
设备名称及规格型号			单位	数量					
潜污泵 $Q=10m^3/h$，$H=22m$，$P=1.5kW$			台	1.00	—	—	—	—	—
潜污泵 $Q=20m^3/h$，$H=25m$，$P=3.0kW$			台	—	—	1.00	—	—	—
潜污泵 $Q=30m^3/h$，$H=26m$，$P=4.0kW$			台	—	—	—	—	1.00	—
排泥泵 $Q=12.5m^3/h$，$H=12.5m$，$P=1.1kW$			台	1.00	—	—	—	—	—
排泥泵 $Q=25m^3/h$，$H=12.5m$，$P=1.5kW$			台	—	—	1.00	—	—	—
排泥泵 $Q=30m^3/h$，$H=15m$，$P=3.0kW$			台	—	—	—	—	1.00	—
液位计 普通型			套	1.00	—	1.00	—	1.00	—
设备合计			元	3255.00	2.83	4850.00	2.84	5550.00	2.52

1.3.4 模块调蓄池

1.3.4.1 硅砂模块调蓄池

工作内容：池坑土石方开挖、回填、外运；垫层铺筑；模板制作、安装、拆除，钢筋制作、安装，混凝土浇筑；池、井抹灰；模块安装；盖板制作、安装；防水及保护层铺设；设备及管件安装；池顶覆土；脚手架搭拆。 **单位：**座

指标编号				3Z-034		3Z-035	
指标名称				硅砂模块调蓄池			
				容积 $100m^3$		容积 $200m^3$	
项目			单位	指标	费用占比（%）	指标	费用占比（%）
指标基价			元	467323.66	100.00	821454.95	100.00
一、建筑安装工程费			元	376316.63	80.53	663381.04	80.75
1. 建筑工程费			元	340563.57	72.88	627627.98	76.40
2. 安装工程费			元	35753.06	7.65	35753.06	4.35
二、设备购置费			元	6610.00	1.41	9722.00	1.18
三、工程建设其他费用			元	49780.46	10.65	87503.40	10.65
四、基本预备费			元	34616.57	7.41	60848.51	7.41
建筑安装工程费							
直接费	人工费	普工	工日	136.74	—	207.57	—
		一般技工	工日	164.06	—	238.87	—
		高级技工	工日	12.32	—	14.13	—
		人工费小计	元	34555.25	7.39	50133.66	6.10
	材料费	砂基模块	m^3	118.00	—	243.62	—
		钢筋	kg	4602.25	—	5062.48	—
		预拌混凝土 C25	m^3	9.54	—	17.51	—
		预拌混凝土 C30	m^3	0.07	—	0.15	—
		防水混凝土 C30 抗渗等级 P6	m^3	38.28	—	61.86	—
		其他材料费	元	40341.33	—	56089.81	—
		材料费小计	元	217027.88	46.44	397747.74	48.42
	机械费	履带式液压岩石破碎机 300mm	台班	3.43	—	6.12	—
		吊装机械（综合）	台班	2.77	—	5.54	—
		自卸汽车 10t	台班	7.30	—	—	—
		自卸汽车 15t	台班	0.83	—	10.86	—
		其他机械费	元	6328.76	—	10391.35	—
		机械费小计	元	15778.04	3.38	27552.54	3.35
	措施费		元	16205.04	3.47	28263.84	3.44
	小计		元	283566.21	60.68	503697.78	61.32
综合费			元	92750.42	19.85	159683.26	19.44
合计			元	376316.63	—	663381.04	—
设备购置费							
设备名称及规格型号			单位	数量			
潜水泵 Q=10m³/h，H=30m，P=1.1kW			台	2.00	—	—	—
潜水泵 Q=25m³/h，H=30m，P=1.1kW			台	—	—	2.00	—
排泥泵 Q=10m³/h，H=10m，P=0.75kW			台	2.00	—	—	—
排泥泵 Q=25m³/h，H=10m，P=0.75kW			台	—	—	2.00	—
液位计 普通型			套	2.00	—	2.00	—
设备合计			元	6610.00	1.41	9722.00	1.18

工作内容：池坑土石方开挖、回填、外运；垫层铺筑；模板制作、安装、拆除，钢筋制作、安装，混凝土浇筑；池、井抹灰；模块安装；盖板制作、安装；防水及保护层铺设；设备及管件安装；池顶覆土；脚手架搭拆。

单位：座

指标编号				3Z-036		3Z-037	
指标名称				硅砂模块调蓄池			
				容积 500m³		容积 1000m³	
项目			单位	指标	费用占比（%）	指标	费用占比（%）
指标基价			元	1775355.67	100.00	3450158.50	100.00
一、建筑安装工程费			元	1442132.60	81.23	2801871.86	81.21
1. 建筑工程费			元	1406379.54	79.22	2741617.47	79.46
2. 安装工程费			元	35753.06	2.01	60254.39	1.75
二、设备购置费			元	12600.00	0.71	25200.00	0.73
三、工程建设其他费用			元	189115.24	10.65	367519.34	10.65
四、基本预备费			元	131507.83	7.41	255567.30	7.41
建筑安装工程费							
直接费	人工费	普工	工日	343.39	—	587.72	—
		一般技工	工日	435.90	—	756.33	—
		高级技工	工日	19.41	—	34.83	—
		人工费小计	元	86817.65	4.89	149772.45	4.34
	材料费	砂基模块	m³	585.81	—	1188.38	—
		钢筋	kg	6498.50	—	10649.75	—
		预拌混凝土 C25	m³	45.84	—	84.92	—
		预拌混凝土 C30	m³	0.35	—	0.74	—
		防水混凝土 C30 抗渗等级 P6	m³	118.87	—	200.86	—
		其他材料费	元	99118.26	—	177532.53	—
		材料费小计	元	890277.91	50.15	1754288.41	50.85
	机械费	履带式单斗液压挖掘机 1m³	台班	3.61	—	6.71	—
		履带式液压岩石破碎机 300mm	台班	12.92	—	24.14	—
		吊装机械（综合）	台班	13.85	—	27.70	—
		自卸汽车 15t	台班	26.84	—	52.75	—
		其他机械费	元	17509.31	—	32823.99	—
		机械费小计	元	63702.96	3.59	122727.89	3.56
	措施费		元	61053.39	3.44	118531.79	3.44
	小计		元	1101851.91	62.06	2145320.54	62.18
综合费			元	340280.69	19.17	656551.32	19.03
合计			元	1442132.60	—	2801871.86	—
设备购置费							
设备名称及规格型号			单位	数量			
潜水泵 Q=50m³/h，H=30m，P=6.0kW			台	2.00	—	4.00	—
排泥泵 Q=50m³/h，H=10m，P=3.0kW			台	2.00	—	4.00	—
液位计 普通型			套	2.00	—	4.00	—
设备合计			元	12600.00	0.71	25200.00	0.73

1.3.4.2 PP 模块调蓄池

工作内容：池坑土石方开挖、回填、外运；垫层铺筑；模板制作、安装、拆除，钢筋制作、安装，混凝土浇筑；池、井抹灰；模块安装；盖板制作、安装；防水及保护层铺设；设备及管件安装；池顶覆土；脚手架搭拆。

单位：座

指标编号		3Z-038		3Z-039	
指标名称		PP 模块调蓄池			
		容积 100m³		容积 200m³	
项目	单位	指标	费用占比（%）	指标	费用占比（%）
指标基价	元	292879.96	100.00	472403.20	100.00
一、建筑安装工程费	元	235304.43	80.33	380558.82	80.56
1. 建筑工程费	元	217340.87	74.20	362595.26	76.76
2. 安装工程费	元	17963.56	6.13	17963.56	3.80
二、设备购置费	元	4830.00	1.65	6530.00	1.38
三、工程建设其他费用	元	31111.25	10.62	50321.55	10.65
四、基本预备费	元	21634.28	7.39	34992.83	7.41
建筑安装工程费					
直接费 人工费 普工	工日	131.67	—	204.83	—
直接费 人工费 一般技工	工日	156.10	—	232.93	—
直接费 人工费 高级技工	工日	10.00	—	12.33	—
直接费 人工费 人工费小计	元	32654.24	11.15	48787.70	10.33
直接费 材料费 PP 模块	m³	108.00	—	201.60	—
直接费 材料费 钢筋	kg	4602.25	—	5062.48	—
直接费 材料费 预拌混凝土 C25	m³	9.54	—	17.51	—
直接费 材料费 预拌混凝土 C30	m³	0.07	—	0.07	—
直接费 材料费 防水混凝土 C30 抗渗等级 P6	m³	38.28	—	61.86	—
直接费 材料费 其他材料费	元	30275.34	—	46392.27	—
直接费 材料费 材料费小计	元	118281.89	40.38	194461.24	41.16
直接费 机械费 履带式液压岩石破碎机 300mm	台班	3.43	—	6.12	—
直接费 机械费 吊装机械（综合）	台班	2.77	—	5.54	—
直接费 机械费 自卸汽车 10t	台班	7.30	—	—	—
直接费 机械费 自卸汽车 15t	台班	0.83	—	10.86	—
直接费 机械费 其他机械费	元	5932.65	—	9910.27	—
直接费 机械费 机械费小计	元	15381.93	5.25	27071.46	5.73
直接费 措施费	元	9674.62	3.30	15588.43	3.30
直接费 小计	元	175992.68	60.09	285908.83	60.52
综合费	元	59311.75	20.25	94649.99	20.04
合计	元	235304.43	—	380558.82	—
设备购置费					
设备名称及规格型号	单位	数量			
排泥泵 Q=10m³/h，H=30m，P=1.1kW	台	1.00	—	—	—
排泥泵 Q=25m³/h，H=30m，P=3.0kW	台	—	—	1.00	—
回用泵 Q=10m³/h，H=30m，P=1.1kW	台	1.00	—	—	—
回用泵 Q=25m³/h，H=30m，P=3.0kW	台	—	—	1.00	—
液位计 普通型	套	2.00	—	2.00	—
设备合计	元	4830.00	1.65	6530.00	1.38

工作内容：池坑土石方开挖、回填、外运；垫层铺筑；模板制作、安装、拆除，钢筋制作、安装，混凝土浇筑；池、井抹灰；模块安装；盖板制作、安装；防水及保护层铺设；设备及管件安装；池顶覆土；脚手架搭拆。 **单位**：座

指标编号				3Z-040		3Z-041	
指标名称				PP模块调蓄池			
				容积500m³		容积1000m³	
项目			单位	指标	费用占比（%）	指标	费用占比（%）
指标基价			元	999846.38	100.00	1831271.19	100.00
一、建筑安装工程费			元	811077.60	81.12	1488049.97	81.25
1. 建筑工程费			元	793114.04	79.32	1469499.59	80.24
2. 安装工程费			元	17963.56	1.80	18550.38	1.01
二、设备购置费			元	8200.00	0.82	12500.00	0.68
三、工程建设其他费用			元	106506.09	10.65	195071.50	10.65
四、基本预备费			元	74062.69	7.41	135649.72	7.41
建筑安装工程费							
直接费	人工费	普工	工日	355.26	—	594.84	—
		一般技工	工日	444.31	—	738.60	—
		高级技工	工日	18.47	—	29.67	—
		人工费小计	元	88707.41	8.87	147088.26	8.03
	材料费	PP模块	m³	504.00	—	1008.00	—
		钢筋	kg	6498.50	—	10649.75	—
		预拌混凝土 C25	m³	45.84	—	84.92	—
		预拌混凝土 C30	m³	0.35	—	0.07	—
		防水混凝土 C30 抗渗等级 P6	m³	118.87	—	200.86	—
		其他材料费	元	92628.03	—	154753.96	—
		材料费小计	元	427775.68	42.78	799110.82	43.64
	机械费	履带式单斗液压挖掘机 1m³	台班	3.61	—	6.71	—
		履带式液压岩石破碎机 300mm	台班	12.92	—	24.14	—
		吊装机械（综合）	台班	13.85	—	27.70	—
		自卸汽车 15t	台班	26.84	—	52.75	—
		其他机械费	元	17171.58	—	31386.58	—
		机械费小计	元	63365.23	6.34	121290.48	6.62
	措施费		元	33191.80	3.32	60781.46	3.32
	小计		元	613040.12	61.31	1128271.02	61.61
综合费			元	198037.48	19.81	359778.95	19.65
合计			元	811077.60	—	1488049.97	—
设备购置费							
设备名称及规格型号			单位	数量			
排泥泵 Q=50m³/h，H=30m，P=6.0kW			台	1.00	—	—	—
排泥泵 Q=100m³/h，H=30m，P=10.0kW			台	—	—	1.00	—
回用泵 Q=50m³/h，H=30m，P=6.0kW			台	1.00	—	—	—
回用泵 Q=100m³/h，H=30m，P=10.0kW			台	—	—	1.00	—
液位计 普通型			套	2.00	—	4.00	—
设备合计			元	8200.00	0.82	12500.00	0.68

1.3.5 雨水湿地

1.3.5.1 雨水水平潜流湿地

工作内容：土方开挖、回填、外运；消能石铺筑；配水石笼安砌；滤水层铺筑；模板制作、安装、拆除，钢筋制作、安装，混凝土浇筑；防水层铺设；放空管、溢流管、排水管、阀门安装；预处理设施安装；植被栽植、养护；布水。 单位：100m²

指标编号				3Z-042		3Z-043	
指标名称				雨水水平潜流湿地（m² 以内）			
				500		1000	
项目			单位	指标	费用占比（%）	指标	费用占比（%）
指标基价			元	86904.07	100.00	75502.84	100.00
一、建筑安装工程费			元	71209.50	81.94	61867.29	81.94
1. 建筑工程费			元	69964.44	80.51	60968.65	80.75
2. 安装工程费			元	1245.06	1.43	898.64	1.19
二、设备购置费			元	—	—	—	—
三、工程建设其他费用			元	9257.23	10.65	8042.75	10.65
四、基本预备费			元	6437.34	7.41	5592.80	7.41
建筑安装工程费							
直接费	人工费	普工	工日	74.93	—	69.84	—
		一般技工	工日	48.47	—	38.80	—
		高级技工	工日	2.19	—	1.92	—
		人工费小计	元	12934.12	14.88	11207.08	14.84
	材料费	预拌混凝土 C25	m^3	1.05	—	0.73	—
		防水混凝土 C25 抗渗等级 P6	m^3	19.06	—	13.40	—
		碎石 5~32	t	140.05	—	144.05	—
		SBS 改性沥青防水卷材	m^2	166.65	—	118.64	—
		水生植物	株	1456.00	—	1497.60	—
		其他材料费	元	4540.89	—	3334.95	—
		材料费小计	元	34889.84	40.15	30206.19	40.01
	机械费	履带式单斗液压挖掘机 1m³	台班	0.12	—	0.11	—
		自卸汽车 12t	台班	1.54	—	1.50	—
		其他机械费	元	433.93	—	357.09	—
		机械费小计	元	2052.84	2.36	1935.08	2.56
	措施费		元	2973.68	3.42	2577.55	3.41
	小计		元	52850.48	60.81	45925.90	60.83
综合费			元	18359.02	21.13	15941.39	21.11
合计			元	71209.50	—	61867.29	—

1.3.5.2 雨水垂直潜流湿地

工作内容：土方开挖、回填、外运；消能石铺筑；配水石笼安砌；滤水层铺筑；模板制作、安装、拆除，钢筋制作、安装，混凝土浇筑；防水层铺设；放空管、溢流管、排水管、阀门安装；预处理设施安装；植被栽植、养护；布水。

单位：100m²

指标编号				3Z-044		3Z-045	
指标名称				雨水垂直潜流湿地（m² 以内）			
				500		1000	
项目			单位	指标	费用占比（%）	指标	费用占比（%）
指标基价			元	80546.38	100.00	76517.65	100.00
一、建筑安装工程费			元	65999.98	81.94	62698.83	81.94
1. 建筑工程费			元	64962.23	80.65	62016.89	81.05
2. 安装工程费			元	1037.75	1.29	681.94	0.89
二、设备购置费			元	—	—	—	—
三、工程建设其他费用			元	8580.00	10.65	8150.85	10.65
四、基本预备费			元	5966.40	7.41	5667.97	7.41
建筑安装工程费							
直接费	人工费	普工	工日	48.31	—	45.45	—
		一般技工	工日	50.70	—	45.37	—
		高级技工	工日	3.21	—	3.19	—
		人工费小计	元	11187.26	13.89	10259.82	13.41
	材料费	砂子	m³	51.70	—	53.96	—
		碎石 5~32	t	32.01	—	33.24	—
		砾石 40	m³	51.15	—	53.39	—
		防水混凝土 C25 抗渗等级 P6	m³	13.55	—	9.59	—
		SBS 改性沥青防水卷材	m²	115.17	—	117.39	—
		水生植物	株	1435.39	—	1498.11	—
		其他材料费	元	3186.21	—	2520.03	—
		材料费小计	元	33132.71	41.13	31893.14	41.68
	机械费	履带式单斗液压挖掘机 1m³	台班	0.12	—	0.11	—
		自卸汽车 12t	台班	1.54	—	1.50	—
		其他机械费	元	437.90	—	396.63	—
		机械费小计	元	2056.81	2.55	1974.62	2.58
	措施费		元	2759.72	3.43	2622.32	3.43
	小计		元	49136.50	61.00	46749.90	61.10
综合费			元	16863.48	20.94	15948.93	20.84
合计			元	65999.98	—	62698.83	—

1.3.6 湿塘、调节塘、渗透塘

1.3.6.1 湿 塘

工作内容：土方开挖、回填、外运；消能石铺筑；配水石笼安砌；模板制作、安装、拆除，钢筋制作、安装，混凝土浇筑；防水层铺设；放空管、溢流管、排水管、阀门安装；格栅制作、安装；栈桥制安；护岸砌筑；种植土回填；植被栽植、养护。 单位：100m²

指 标 编 号				3Z-046		3Z-047	
指 标 名 称				湿塘（m² 以内）			
				1000		5000	
项 目			单位	指标	费用占比（%）	指标	费用占比（%）
指标基价			元	47519.39	100.00	42531.39	100.00
一、建筑安装工程费			元	38937.56	81.94	34850.37	81.94
1. 建筑工程费			元	38529.42	81.08	34768.74	81.75
2. 安装工程费			元	408.14	0.86	81.63	0.19
二、设备购置费			元	—	—	—	—
三、工程建设其他费用			元	5061.88	10.65	4530.55	10.65
四、基本预备费			元	3519.95	7.41	3150.47	7.41
建筑安装工程费							
直接费	人工费	普工	工日	19.44	—	17.75	—
		一般技工	工日	26.31	—	23.74	—
		高级技工	工日	3.60	—	3.23	—
		人工费小计	元	5714.66	12.03	5167.03	12.15
	材料费	黄（杂）石	t	10.69	—	10.69	—
		防腐木	m³	0.45	—	0.28	—
		SBS 改性沥青防水卷材	m²	93.90	—	93.90	—
		水生植物	株	960.00	—	960.00	—
		其他材料费	元	5287.76	—	3719.25	—
		材料费小计	元	19484.80	41.00	17146.09	40.31
	机械费	自卸汽车 12t	台班	1.87	—	1.87	—
		其他机械费	元	600.36	—	592.84	—
		机械费小计	元	2379.95	5.01	2372.43	5.58
	措施费		元	1597.89	3.36	1422.82	3.35
	小计		元	29177.30	61.40	26108.37	61.39
综合费			元	9760.26	20.54	8742.00	20.55
合计			元	38937.56	—	34850.37	—

1.3.6.2 调 节 塘

工作内容： 土方开挖、回填、外运；消能石铺筑；配水石笼安砌；模板制作、安装、拆除，钢筋制作、安装，混凝土浇筑；防水层铺设；格栅制作、安装；放空管、溢流管、排水管、阀门安装；溢洪道；护岸砌筑；种植土回填；植被栽植、养护。 **单位：** $100m^2$

指 标 编 号				3Z-048		3Z-049	
指 标 名 称				调节塘（m^2 以内）			
				500		1000	
项 目			单位	指标	费用占比（%）	指标	费用占比（%）
指标基价			元	48007.91	100.00	38059.47	100.00
一、建筑安装工程费			元	39337.85	81.94	31186.06	81.94
1. 建筑工程费			元	34170.58	71.18	29214.64	76.76
2. 安装工程费			元	5167.27	10.76	1971.42	5.18
二、设备购置费			元	—	—	—	—
三、工程建设其他费用			元	5113.92	10.65	4054.19	10.65
四、基本预备费			元	3556.14	7.41	2819.22	7.41
建筑安装工程费							
直接费	人工费	普工	工日	15.90	—	12.99	—
		一般技工	工日	13.09	—	10.11	—
		高级技工	工日	2.39	—	2.05	—
		人工费小计	元	3471.56	7.23	2786.14	7.32
	材料费	混凝土 C20	m^3	3.38	—	3.12	—
		预拌砂浆（干拌）	m^3	4.53	—	3.48	—
		片石	m^3	14.56	—	11.18	—
		SBS 改性沥青防水卷材	m^2	93.90	—	93.90	—
		波纹管 $\phi500$	m	12.72	—	4.77	—
		水生植物	株	665.60	—	448.00	—
		水	m^3	261.86	—	259.64	—
		其他材料费	元	2066.97	—	1444.45	—
		材料费小计	元	19537.67	40.70	14518.00	38.15
	机械费	履带式单斗液压挖掘机 $1m^3$	台班	0.27	—	0.27	—
		自卸汽车 12t	台班	4.79	—	4.72	—
		其他机械费	元	538.66	—	460.78	—
		机械费小计	元	5448.71	11.35	5303.04	13.93
	措施费		元	1518.60	3.16	1169.48	3.07
	小计		元	29976.54	62.44	23776.66	62.47
综合费			元	9361.31	19.50	7409.40	19.47
合计			元	39337.85	—	31186.06	—

1.3.6.3 渗 透 塘

工作内容：土方开挖、回填、外运；砂垫层铺筑；卵石铺地；消能层铺设；透水土工布铺设；溢水井砌筑；块石溢流堰铺筑；块石护岸铺筑；进水管制作、安装；排放管制作、安装；种植土回填；植被栽植、养护；布水。

单位：$100m^2$

指标编号				3Z-050	
指标名称				渗透塘	
项目			单位	指标	费用占比（%）
指标基价			元	40931.15	100.00
一、建筑安装工程费			元	33539.12	81.94
1. 建筑工程费			元	33206.18	81.13
2. 安装工程费			元	332.94	0.81
二、设备购置费			元	—	—
三、工程建设其他费用			元	4360.09	10.65
四、基本预备费			元	3031.94	7.41
建筑安装工程费					
直接费	人工费	普工	工日	17.54	—
		一般技工	工日	25.87	—
		高级技工	工日	3.87	—
		人工费小计	元	5543.33	13.54
	材料费	选净卵石	kg	23037.70	—
		砂子 中粗砂	m^3	23.91	—
		水生植物	株	1664.00	—
		其他材料费	元	2624.40	—
		材料费小计	元	16345.22	39.93
	机械费	自卸汽车 10t	台班	0.71	—
		自卸汽车 15t	台班	0.65	—
		其他机械费	元	490.92	—
		机械费小计	元	1742.79	4.26
	措施费		元	1378.42	3.37
	小计		元	25009.76	61.10
综合费			元	8529.36	20.84
合计			元	33539.12	—

1.3.7 雨水泵房

工作内容：沉井制作、下沉；设备安装调试；进水箱涵、闸门井；出水箱涵；附属工程。 **单位**：座

指标编号				3Z-051		3Z-052	
指标名称				雨水泵房			
				设计流量 $10.8m^3/s$		设计流量 $19m^3/s$	
项目			单位	指标	费用占比（%）	指标	费用占比（%）
指标基价			元	25831293.08	100.00	36756302.44	100.00
一、建筑安装工程费			元	9681722.51	37.44	14038191.03	38.15
1. 建筑工程费			元	8752709.60	33.85	12186331.23	33.12
2. 安装工程费			元	929012.91	3.59	1851859.8	5.03
二、设备购置费			元	11479760.00	44.40	16074000.00	43.69
三、工程建设其他费用			元	2754425.47	10.65	3918940.49	10.65
四、基本预备费			元	1915385.10	7.41	2725170.92	7.41
建筑安装工程费							
直接费	人工费	普工	工日	6508.87	—	8536.72	—
		一般技工	工日	9052.95	—	11757.07	—
		高级技工	工日	564.52	—	651.48	—
		人工费小计	元	1819147.52	7.04	2353758.66	6.40
	材料费	钢筋 HPB300 ϕ10	kg	52799.28	—	82954.56	—
		钢筋 HPB300 ϕ12	kg	62610.08	—	57739.28	—
		钢筋 HRB400 ϕ20	kg	354263.58	—	468169.78	—
		防水混凝土 C30 抗渗等级 P6	m^3	359.57	—	1202.78	—
		预拌混凝土 C30	m^3	1792.54	—	3705.17	—
		预拌混凝土 C15	m^3	854.91	—	259.74	—
		水泥 P·O 42.5	t	226.81	—	601.74	—
		不锈钢法兰	t	0.25	—	1.87	—
		钢法兰	t	0.02	—	0.04	—
		止回阀	个	1.00	—	1.00	—
		控制电缆 阻燃，各种规格	m	2500	—	350.00	—
		控制电缆 kVV-ZA 12×1.5	m	200	—	—	—
		控制电缆 kVV-ZA 7×2.5	m	200	—	—	—
		电力电缆 YJV-ZA-1 5×4	m	400	—	—	—
		电力电缆 ZA-YJV-0.5/1，3×120+70	m	400	—	—	—
		电力电缆 ZA-YJV-0.5/1，3×150+70	m	—	—	2000	—
		电力电缆 ZA-YJV-10，3×95	m	250	—	50	—
		电力电缆 ZA-YJV22-1，4×16 及以下	m	—	—	100.00	—
		电力电缆 ZA-YJV22-1，5×16 及以下	m	500	—	—	—
		母线槽 4000A	m	—	—	30.00	—
		双法橡胶接头 *DN*150，*La*=180	个	0.10	—	—	—
		双法橡胶接头 *DN*200（橡胶）	个	—	—	1.00	—
		浮箱拍门 *DN*1400	座	5.00	—	—	—

续前

项目			单位	指标	费用占比(%)	指标	费用占比(%)
直接费	材料费	浮箱拍门 *DN*1600	座	—	—	6.00	—
		电话线	m	50	—	50	—
		直线电话	个	1.00	—	1.00	—
		室内照明灯具	套	20.00	—	50.00	—
		庭院灯 杆高 3m, NG70W	座	10.00	—	30.00	—
		路灯 10M, NG400W	座	—	—	2.00	—
		钢板 δ3~10	kg	157.24	—	166.04	—
		钢管配件	t	0.11	—	0.21	—
		不锈钢管配件	t	0.71	—	1.94	—
		水	m^3	7164.93	—	5933.51	—
		其他材料费	元	643696.49	—	890712.13	—
		材料费小计	元	3853982.96	14.90	6277911.16	17.06
	机械费	双重管旋喷机	台班	28.36	—	—	—
		回旋钻机 1000mm	台班	39.88	—	—	—
		履带式单斗液压挖掘机 $1m^3$	台班	8.16	—	20.40	—
		履带式柴油打桩机 3.5t	台班	—	—	1.00	—
		工程地质液压钻机	台班	56.00	—	7.48	—
		履带式起重机 10t	台班	15.30	—	15.30	—
		履带式起重机 15t	台班	238.07	—	231.24	—
		履带式起重机 25t	台班	52.48	—	78.26	—
		履带式起重机 50t	台班	—	—	20.92	—
		汽车式起重机 8t	台班	18.10	—	29.43	—
		汽车式起重机 12t	台班	7.76	—	6.83	—
		汽车式起重机 20t	台班	—	—	8.00	—
		自卸汽车 10t	台班	233.75	—	325.67	—
		载重汽车 4t	台班	13.37	—	19.77	—
		载重汽车 5t	台班	27.83	—	40.48	—
		载重汽车 8t	台班	1.75	—	8.55	—
		载重汽车 15t	台班	—	—	4.00	—
		电动多级离心清水泵 150mm 180m 以下	台班	291.89	—	291.89	—
		其他机械费	元	166166.40	—	234808.66	—
		机械费小计	元	849528.91	3.29	998211.96	2.71
	措施费		元	260984.75	1.01	359619.95	0.98
	小计		元	6783644.14	26.23	9989501.73	27.15
综合费			元	2898078.37	11.21	4048689.30	11.00
合计			元	9681722.51	—	14038191.03	—
设备购置费							
设备名称及规格型号			单位	数量			
三相不间断电源≤100kV·A			台	1.00	—	1.00	—
中央信号屏 800×600×2200			台	1.00	—	1.00	—
高压开关柜 10kV, 金属铠装中置式			台	6.00	—	6.00	—
低压开关柜 固定分隔式			台	7.00	—	7.00	—
低压开关柜 抽出式			台	—	—	1.00	—

续前

设备名称及规格型号	单位	数量			
低压电容器柜	台	2.00	—	—	—
分线箱 电流≤ 300A	台	1.00	—	1.00	—
双电源自切箱 AC380V，50kV·A	台	—	—	1.00	—
变压器 800kV·A	台	2.00	—	—	—
变压器 1600kV·A，10/0.4kV	台	—	—	2.00	—
照明配电箱 KXM	台	1.00	—	1.00	—
工业电视监控控制系统	套	1.00	—	—	—
工业计算机	台	1.00	—	—	—
应急电源箱（EPS）YJ-6kW	台	1.00	—	1.00	—
扩音对讲话站 室外普通式	台	1.00	—	1.00	—
数字硬盘录像机 带环路 > 16	台	1.00	—	—	—
机械格栅 B=2600，b=70mm，P=4kW	台	2.00	—	—	—
机械格栅 B=800，b=20mm，P=3kW	台	2.00	—	—	—
植物液除臭设备	台	1.00	—	—	—
水泵远程终端控制器，带显示面板、调制解调器、软件程序，带I/O扩展模块及附件 YB	台	2.00	—	1.00	—
浮球开关	台	2.00	—	2.00	—
潜污泵 Q=82m^3/h，H=10m，P=5.5kW	台	—	—	1.00	—
潜污泵 Q=25L/s，H=7.5m，P=3kW	台	2.00	—	—	—
激光打印机 A3、A4	台	1.00	—	—	—
球形摄像机 室内	台	1.00	—	—	—
球形摄像机 室外	台	1.00	—	—	—
电业计量屏 电业规格	套	2.00	—	2.00	—
手动闸阀 DN150	个	2.00	—	—	—
电动铸铁圆闸门 DN800	座	1.00	—	—	—
电动铸铁圆闸门 DN1500	座	1.00	—	—	—
电动铸铁方闸门 2000×2000	座	2.00	—	—	—
电动闸门 B×H=2400×2400，P=7.5kW	座	2.00	—	—	—
电动闸门 B×H=2500×2500，P=7.5kW	座	—	—	2.00	—
电动闸门 ϕ1800，P=3.7kW	座	—	—	1.00	—
电磁流量计	套	1.00	—	—	—
直流屏 DC110V，20Ah	台	1.00	—	1.00	—
移动式（渠道宽3m以内，深5m以内）移动式机械格栅渠宽2200mm，B=70mm，P=5.0kW	台	—	—	4.00	—
站用变压器柜 50kV·A，10/0.4kV	台	—	—	2.00	—
螺旋压榨机 ϕ300，L=2m	台	1.00	—	—	—
螺旋输送机 ϕ400，L=7m	台	1.00	—	—	—
潜水轴流泵 Q=2.7m^3/s，H=2.9m~6.2m，P=230kW	台	4.00	—	6.00	—
电动葫芦 起重量2t以内	台	1.00	—	—	—
超声波液位差计 L=0m~12m	套	—	—	1.00	—
超声波液位计 L=0m~12m	套	5.00	—	1.00	—
软启动柜 300kW	台	—	—	6.00	—
雨量计	套	1.00	—	1.00	—
设备合计	元	11479760.00	44.40	16074000.00	43.69

工作内容：沉井制作、下沉；设备安装调试；进水箱涵、闸门井；出水箱涵；附属工程。 **单位**：座

指标编号				3Z-053		3Z-054	
指标名称				雨水泵房			
				设计流量 24m³/s		设计流量 32m³/s	
项目			单位	指标	费用占比（%）	指标	费用占比（%）
指标基价			元	42450696.63	100.00	75278148.60	100.00
一、建筑安装工程费			元	16609924.79	39.09	37051442.75	49.17
1. 建筑工程费			元	12642360.87	29.75	30388562.04	40.33
2. 安装工程费			元	3967563.92	9.34	6662880.71	8.84
二、设备购置费			元	18166000.00	42.75	24620000.00	32.68
三、工程建设其他费用			元	4526861.79	10.65	8025733.94	10.65
四、基本预备费			元	3147910.05	7.41	5580971.91	7.41
建筑安装工程费							
直接费	人工费	普工	工日	9055.89	—	24234.78	—
		一般技工	工日	12686.23	—	24184.65	—
		高级技工	工日	807.58	—	3114.86	—
		人工费小计	元	2546966.35	5.99	5742976.54	7.62
	材料费	钢筋 HPB300 ϕ10	kg	105840.30	—	150234.17	—
		钢筋 HPB300 ϕ12	kg	70186.88	—	125710.61	—
		钢筋 HRB400 ϕ20	kg	471341.13	—	897207.20	—
		防水混凝土 C30 抗渗等级 P6	m³	884.72	—	1818.85	—
		预拌混凝土 C15	m³	374.29	—	197.55	—
		预拌混凝土 C30	m³	4075.19	—	8041.75	—
		水下混凝土 C25	m³	—	—	3136.35	—
		水泥 P·O 42.5	t	386.83	—	2575.86	—
		不锈钢法兰	t	—	—	1.87	—
		钢法兰	t	0.25	—	0.06	—
		止回阀	个	1.00	—	1.00	—
		止回阀 *DN*150，*L*=480，*PN*10	个	2.00	—	—	—
		电动闸门 ϕ1400	座	—	—	12.00	—
		电动闸门 ϕ1600	座	1.00	—	—	—
		电动闸门 ϕ1800	座	—	—	2.00	—
		闸阀 *DN*150，*L*=280，*PN*10	个	1.00	—	—	—
		控制电缆 阻燃，各种规格	m	4500	—	5000	—
		电力电缆 ZA-YJV-0.5/1，3×150+70	m	3000	—	—	—
		电力电缆 ZA-YJV-0.5/1，3×185+95	m	—	—	4500	—
		电力电缆 ZA-YJV-10，3×95	m	30	—	50	—

续前

项目			单位	指标	费用占比（%）	指标	费用占比（%）
直接费	材料费	电力电缆 ZA-YJV22-1，4×16 及以下	m	1500	—	1500	—
		母线槽 2000A	m	15.00	—	—	—
		母线槽 5000A	m	—	—	50.00	—
		双法橡胶接头 *DN*150，L_a=180	个	6.00	—	—	—
		双法橡胶接头 *DN*200（橡胶）	个	2.00	—	1.00	—
		浮箱拍门 *DN*1400	座	—	—	12.00	—
		浮箱拍门 *DN*1600	座	8.00	—	—	—
		电话线	m	50.00	—	50.00	—
		直线电话	个	1.00	—	1.00	—
		室内照明灯具	套	50.00	—	100.00	—
		庭院灯 杆高 3m，NG70W	座	30.00	—	50.00	—
		路灯 10M，NG400W	座	2.00	—	4.00	—
		移动式机械格栅 *B*=2200mm，*b*=70mm	台	6.00	—	8.00	—
		钢板 δ3~10	kg	213.48	—	616.72	—
		钢管配件	t	1.02	—	0.32	—
		不锈钢管配件	t	—	—	1.94	—
		水	m^3	6435.23	—	10621.74	—
		其他材料费	元	994933.26	—	1803444.46	—
		材料费小计	元	8045303.97	18.93	16838241.93	22.35
	机械费	履带式单斗液压挖掘机 0.6m^3	元	14.21	—	16.37	—
		履带式单斗液压挖掘机 1m^3	台班	12.91	—	35.86	—
		履带式柴油打桩机 2.5t	台班	—	—	4.94	—
		工程地质液压钻机	台班	11.52	—	—	—
		履带式起重机 10t	台班	23.56	—	515.05	—
		履带式起重机 15t	台班	359.07	—	563.67	—
		履带式起重机 25t	台班	18.29	—	197.40	—
		履带式起重机 50t	台班	23.73	—	91.02	—
		汽车式起重机 8t	台班	28.41	—	51.54	—
		汽车式起重机 12t	台班	9.88	—	11.40	—
		汽车式起重机 25t	台班	12.42	—	12.42	—
		载重汽车 4t	台班	4.93	—	49.44	—
		载重汽车 5t	台班	45.21	—	73.67	—
		载重汽车 8t	台班	7.09	—	13.55	—
		自卸汽车 10t	台班	359.35	—	578.55	—
		电动多级离心清水泵 150mm 180m 以下	台班	374.54	—	751.83	—
		其他机械费	元	221062.23	—	1470109.26	—
		机械费小计	元	1103262.59	2.60	3499830.94	4.65
	措施费		元	386840.99	0.91	874136.22	1.16
	小计		元	12082373.90	28.43	26955185.63	35.78

续前

项　　目	单位	指标	费用占比（%）	指标	费用占比（%）
综合费	元	4527550.89	10.65	10096257.12	13.40
合计	元	16609924.79	—	37051442.75	—
设备购置费					
设备名称及规格型号	单位	数　量			
三相不间断电源≤ 100kV·A	台	1.00	—	1.00	—
中央信号屏 800×600×2200	台	1.00	—	1.00	—
高压开关柜 10kV，金属铠装中置式	台	10.00	—	10.00	—
低压开关柜 固定分隔式	台	16.00	—	16.00	—
分线箱 电流≤ 300A	台	1.00	—	1.00	—
变压器 630kV·A，10/0.4kV	台	—	—	2.00	—
变压器 1600kV·A，10/0.4kV	台	4.00	—	2.00	—
照明配电箱 KXM	台	1.00	—	1.00	—
导电缆式电极	套	2.00	—	2.00	—
应急电源箱（EPS）YJ-6kW	台	1.00	—	—	—
扩音对讲话站 室外普通式	台	1.00	—	1.00	—
模拟屏 屏宽≤ 2m	台	1.00	—	1.00	—
水泵远程终端控制器，带显示面板、调制解调器、软件程序，带 I/O 扩展模块及附件 YB	台	1.00	—	1.00	—
浮球开关	台	—	—	3.00	—
潜水泵 Q=80m^3/h，H=9.9m	台	1.00	—	—	—
潜污泵 Q=177m^3/h，H=10m，P=15kW	台	—	—	2.00	—
潜水轴流泵 Q=2.7m^3/s，H=8.3m，P=350kW（最低 6.7m，最高 11.3m）	台	—	—	12.00	—
潜水轴流泵 Q=3.0m^3/h，H=5.8m	台	8.00	—	—	—
电业计量屏 电业规格	套	2.00	—	2.00	—
电动闸门 $B×H$=3000×2500，P=10kW	座	—	—	2.00	—
电动闸门 $B×H$=2500×2500	座	4.00	—	—	—
电动闸门 $B×H$=2800×2500	座	2.00	—	—	—
电缆密封装置	10 个	0.10	—	—	—
直流屏 DC110V，20A·h	台	1.00	—	1.00	—
超声波液位差计 L=0~12m	套	2.00	—	2.00	—
超声波液位计 L=0~12m	套	1.00	—	2.00	—
软启动柜 300kW	台	8.00	—	8.00	—
雨量计	套	1.00	—	1.00	—
设备合计	元	18166000.00	42.75	24620000.00	32.68

1.3.8 深层隧道

1.3.8.1 圆形隧道

工作内容：盾构机安装、拆除；盾构掘进；管片制作、拼装；设置密封条；衬砌压浆；柔性接缝环；弓底及内衬墙；防水防腐层；隧道内照明、运输、通风、通信、监控、测量；弃渣外运。

单位：m

指标编号				3Z-055		3Z-056	
指标名称				土压平衡盾构掘进			
				$D\leqslant 6$m		$D\leqslant 10$m	
项目			单位	指标	费用占比（%）	指标	费用占比（%）
指标基价			元	72889.07	100.00	391395.37	100.00
一、建筑安装工程费			元	59725.56	81.94	320710.73	81.94
1. 建筑工程费			元	59274.28	81.32	319901.06	81.73
2. 安装工程费			元	451.28	0.62	809.67	0.21
二、设备购置费			元	—	—	—	—
三、工程建设其他费用			元	7764.32	10.65	41692.39	10.65
四、基本预备费			元	5399.19	7.41	28992.25	7.41
建筑安装工程费							
直接费	人工费	普工	工日	53.61	—	288.04	—
		一般技工	工日	25.73	—	217.80	—
		高级技工	工日	15.13	—	77.51	—
		人工费小计	元	10720.85	14.71	67108.96	17.15
	材料费	钢筋 ϕ10 以内	t	—	—	2.84	—
		钢筋（综合）	t	0.95	—	7.70	—
		预拌混凝土 C20	m^3	0.00	—	3.38	—
		预拌混凝土 C55	m^3	5.48	—	23.72	—
		水泥（综合）	kg	259.33	—	536.24	—
		水泥 42.5	kg	—	—	864.10	—
		水泥 52.5	kg	79.51	—	18.01	—
		管片连接螺栓	kg	163.49	—	471.27	—
		管片钢模 精加工制作	kg	54.26	—	211.32	—

续前

项目			单位	指标	费用占比（%）	指标	费用占比（%）
直接费	材料费	型钢（综合）	kg	16.04	—	543.17	—
		中厚钢板 δ15 以内	kg	—	—	2402.70	—
		预埋铁件	kg	36.76	—	374.75	—
		复合式防水板	m^2	19.68	—	—	—
		环氧水泥改性聚合物防水防腐涂料	kg	54.83	—	—	—
		铝酸盐水泥砂浆	kg	—	—	406.94	—
		柴油	kg	—	—	338.38	—
		水	m^3	34.27	—	53.58	—
		电	kW·h	989.86	—	2049.83	—
		其他材料费	元	5003.99	—	27350.96	—
		材料费小计	元	15800.24	21.68	102959.46	26.31
	机械费	刀盘式土压平衡盾构掘进机 7000mm	台班	0.54	—	—	—
		刀盘式土压平衡盾构掘进机 11500mm	台班	—	—	0.99	—
		门式起重机 5t	台班	3.74	—	21.66	—
		门式起重机 10t	台班	1.64	—	7.36	—
		载重汽车 12t	台班	2.28	—	—	—
		自卸汽车 4t	台班	—	—	9.77	—
		自卸汽车 12t	台班	2.88	—	—	—
		自卸汽车 15t	台班	—	—	6.14	—
		汽车式起重机 8t	台班	0.18	—	0.60	—
		汽车式起重机 20t	台班	1.52	—	—	—
		汽车式起重机 60t	台班	—	—	0.08	—
		轴流通风机 100kW	台班	1.37	—	2.24	—
		其他机械费	元	4366.04	—	21312.88	—
		机械费小计	元	15929.28	21.85	56055.04	14.32
	措施费		元	2654.82	3.64	14448.32	3.69
	小计		元	45105.19	61.88	240571.78	61.47
综合费			元	14620.37	20.06	80138.95	20.48
合计			元	59725.56	—	320710.73	—

工作内容：盾构机安装、拆除；盾构掘进；管片制作、拼装；设置密封条；衬砌压浆；泥水系统的制作、安装、拆除及泥浆管路铺设、安装、拆除；柔性接缝环；弓底及内衬墙；防水防腐层；隧道内照明、运输、通风、通信、监控、测量；土方、废浆外运。 **单位**：m

指标编号				3Z-057		3Z-058	
指标名称				泥水平衡盾构掘进			
				D≤6m		D≤10m	
项目			单位	指标	费用占比（%）	指标	费用占比（%）
指标基价			元	84130.22	100.00	405353.81	100.00
一、建筑安装工程费			元	70158.16	83.40	332148.32	81.94
1. 建筑工程费			元	69706.88	82.86	331338.65	81.74
2. 安装工程费			元	451.28	0.54	809.67	0.20
二、设备购置费			元	—	—	—	—
三、工程建设其他费用			元	8241.23	9.80	43179.28	10.65
四、基本预备费			元	5730.83	6.81	30026.21	7.41
建筑安装工程费							
直接费	人工费	普工	工日	58.02	—	307.71	—
		一般技工	工日	27.08	—	217.31	—
		高级技工	工日	15.63	—	77.18	—
		人工费小计	元	11359.51	13.50	68629.06	16.93
	材料费	钢筋 ϕ10 以内	t	0.19	—	2.84	—
		钢筋（综合）	t	0.76	—	7.70	—
		预拌混凝土 C20	m^3	—	—	3.38	—
		预拌混凝土 C30	m^3	0.29	—	0.55	—
		预拌混凝土 C55	m^3	5.48	—	—	—
		预拌混凝土 C60	m^3	—	—	23.72	—
		管片连接螺栓	kg	63.78	—	471.27	—
		管片钢模 精加工制作	kg	54.26	—	211.32	—
		型钢（综合）	kg	16.81	—	543.90	—
		预埋铁件	kg	36.76	—	374.75	—

续前

项目			单位	指标	费用占比（%）	指标	费用占比（%）
直接费	材料费	复合式防水板	m^2	19.68	—	—	—
		环氧水泥改性聚合物防水防腐涂料	kg	54.83	—	—	—
		铝酸盐水泥砂浆	kg	—	—	406.94	—
		柴油	kg	—	—	338.38	—
		水	t	30.33	—	1.43	—
		电	kW·h	972.50	—	42.19	—
		其他材料费	元	9935.47	—	40103.02	—
		材料费小计	元	20026.08	23.80	106045.18	26.16
	机械费	刀盘式泥水平衡盾构机 ϕ6000	台班	0.31	—	—	—
		刀盘式泥水平衡盾构掘进机 12000mm	台班	—	—	0.92	—
		门式起重机 5t	台班	3.74	—	21.66	—
		门式起重机 10t	台班	1.15	—	7.19	—
		门式起重机 50t 以内	台班	0.31	—	—	—
		自卸汽车 4t	台班	1.67	—	9.77	—
		自卸汽车 15t	台班	—	—	6.14	—
		载重汽车 12t	台班	2.28	—	—	—
		汽车式起重机 8t	台班	0.18	—	0.60	—
		汽车式起重机 20t	台班	1.52	—	—	—
		泥浆罐车 5000L	台班	3.13	—	—	—
		电动多级离心清水泵 150mm 180m 以下	台班	—	—	2.40	—
		盾构同步压浆泵 D2.1m×7m	台班	0.15	—	1.11	—
		轴流通风机 100kW	台班	—	—	1.04	—
		其他机械费	元	4566.94	—	24649.31	—
		机械费小计	元	18622.23	22.14	59655.92	14.72
	措施费		元	3176.78	3.78	14967.79	3.69
	小计		元	53184.60	63.22	249297.95	61.50
综合费			元	16973.56	20.18	82850.37	20.44
合计			元	70158.16	—	332148.32	—

1.3.8.2 盾构工作井

工作内容：旋挖灌注桩加旋喷桩支护；工作井开挖、土石方外运；安装、拆除支撑围令；降水、地基加固；钢筋制作、安装，模板制作、安装、拆除，混凝土浇筑；内部结构施工。

单位：座

<table>
<tr><td colspan="4">指 标 编 号</td><td colspan="2">3Z-059</td><td colspan="2">3Z-060</td></tr>
<tr><td colspan="4" rowspan="2">指 标 名 称</td><td colspan="4">盾构工作井</td></tr>
<tr><td colspan="2">旋挖灌注桩加旋喷桩支护 35m × 15m × 40m</td><td colspan="2">地下连续墙围护 φ30m × 60m</td></tr>
<tr><td colspan="3">项　目</td><td>单位</td><td>指标</td><td>费用占比（%）</td><td>指标</td><td>费用占比（%）</td></tr>
<tr><td colspan="3">指标基价</td><td>元</td><td>40402193.11</td><td>100.00</td><td>218774386.88</td><td>100.00</td></tr>
<tr><td colspan="3">一、建筑安装工程费</td><td>元</td><td>33105697.40</td><td>81.94</td><td>179264492.69</td><td>81.94</td></tr>
<tr><td colspan="3">1. 建筑工程费</td><td>元</td><td>33105697.40</td><td>81.94</td><td>179264492.69</td><td>81.94</td></tr>
<tr><td colspan="3">2. 安装工程费</td><td>元</td><td>—</td><td>—</td><td>—</td><td>—</td></tr>
<tr><td colspan="3">二、设备购置费</td><td>元</td><td>—</td><td>—</td><td>—</td><td>—</td></tr>
<tr><td colspan="3">三、工程建设其他费用</td><td>元</td><td>4303740.66</td><td>10.65</td><td>23304384.05</td><td>10.65</td></tr>
<tr><td colspan="3">四、基本预备费</td><td>元</td><td>2992755.05</td><td>7.41</td><td>16205510.14</td><td>7.41</td></tr>
<tr><td colspan="8">建筑安装工程费</td></tr>
<tr><td rowspan="26">直接费</td><td rowspan="4">人工费</td><td>普工</td><td>工日</td><td>46293.59</td><td>—</td><td>82913.11</td><td>—</td></tr>
<tr><td>一般技工</td><td>工日</td><td>38596.97</td><td>—</td><td>65063.30</td><td>—</td></tr>
<tr><td>高级技工</td><td>工日</td><td>1814.67</td><td>—</td><td>19820.18</td><td>—</td></tr>
<tr><td>人工费小计</td><td>元</td><td>9193233.60</td><td>22.75</td><td>19141693.83</td><td>8.75</td></tr>
<tr><td rowspan="22">材料费</td><td>钢筋 φ10 以外</td><td>kg</td><td>5632.20</td><td>—</td><td>3940172.12</td><td>—</td></tr>
<tr><td>圆钢（综合）</td><td>kg</td><td>55349.89</td><td>—</td><td>—</td><td>—</td></tr>
<tr><td>钢筋（综合）</td><td>kg</td><td>1022745.41</td><td>—</td><td>—</td><td>—</td></tr>
<tr><td>钢筋网片</td><td>t</td><td>18.77</td><td>—</td><td>2624.69</td><td>—</td></tr>
<tr><td>预拌混凝土 C20</td><td>m^3</td><td>533.08</td><td>—</td><td>464.13</td><td>—</td></tr>
<tr><td>预拌混凝土 C25</td><td>m^3</td><td>35.34</td><td>—</td><td>—</td><td>—</td></tr>
<tr><td>预拌混凝土 C30</td><td>m^3</td><td>6800.10</td><td>—</td><td>—</td><td>—</td></tr>
<tr><td>预拌混凝土 C40</td><td>m^3</td><td>—</td><td>—</td><td>14298.47</td><td>—</td></tr>
<tr><td>预拌水下混凝土 C20</td><td>m^3</td><td>2154.92</td><td>—</td><td>—</td><td>—</td></tr>
<tr><td>预拌水下混凝土 C30</td><td>m^3</td><td>—</td><td>—</td><td>22529.30</td><td>—</td></tr>
<tr><td>喷射混凝土</td><td>m^3</td><td>407.80</td><td>—</td><td>—</td><td>—</td></tr>
<tr><td>水泥 P·O 42.5</td><td>t</td><td>305.49</td><td>—</td><td>17153.47</td><td>—</td></tr>
<tr><td>钢模板</td><td>kg</td><td>8358.75</td><td>—</td><td>5459.32</td><td>—</td></tr>
<tr><td>钢模支撑</td><td>kg</td><td>5634.41</td><td>—</td><td>2926.53</td><td>—</td></tr>
<tr><td>钢支撑</td><td>kg</td><td>5086.72</td><td>—</td><td>—</td><td>—</td></tr>
<tr><td>槽钢 18# 以外</td><td>kg</td><td>3100.86</td><td>—</td><td>9707.08</td><td>—</td></tr>
<tr><td>钢管 D60 × 3.5</td><td>m</td><td>—</td><td>—</td><td>6795.53</td><td>—</td></tr>
<tr><td>原木</td><td>m^3</td><td>2.18</td><td>—</td><td>1.40</td><td>—</td></tr>
<tr><td>木模板</td><td>m^3</td><td>31.13</td><td>—</td><td>27.31</td><td>—</td></tr>
<tr><td>木支撑</td><td>m^3</td><td>72.41</td><td>—</td><td>—</td><td>—</td></tr>
<tr><td>复合模板</td><td>m^2</td><td>186.19</td><td>—</td><td>—</td><td>—</td></tr>
</table>

续前

项目			单位	指标	费用占比（%）	指标	费用占比（%）
直接费	材料费	护壁泥浆	m^3	—	—	19043.77	—
		石屑	m^3	1808.54	—	—	—
		黄砂 毛砂	t	—	—	810.76	—
		柴油	kg	—	—	92094.97	—
		氯化钙	kg	2213.94	—	242012.02	—
		水	m^3	29222.21	—	201959.32	—
		电	kW·h	3302.08	—	53170.75	—
		其他材料费	元	1231462.99	—	13241317.12	—
		材料费小计	元	9814253.47	24.29	61365400.49	28.16
	机械费	岩石切割机 3kW	台班	1928.33	—	—	—
		工程地质液压钻机	台班	51.77	—	1293.42	—
		履带式旋挖钻机 2000mm	台班	273.97	—	—	—
		铣槽机	台班	—	—	1564.48	—
		履带式单斗液压挖掘机 $0.6m^3$	台班	—	—	406.53	—
		履带式单斗液压挖掘机 $1.25m^3$	台班	165.25	—	—	—
		载重汽车 5t	台班	41.40	—	—	—
		载重汽车 6t	台班	19.73	—	110.74	—
		自卸汽车 12t	台班	877.02	—	628.43	—
		自卸汽车 15t	台班	—	—	1963.42	—
		履带式起重机 15t	台班	196.05	—	342.34	—
		履带式起重机 60t	台班	—	—	1075.61	—
		履带式起重机 100t	台班	—	—	452.93	—
		履带式起重机 150t	台班	—	—	211.37	—
		汽车式起重机 8t	台班	23.87	—	3.24	—
		轮胎式起重机 16t	台班	48.84	—	—	—
		双笼施工电梯 2×1t 100m	台班	—	—	454.55	—
		铣槽机配套除砂机	台班	—	—	1564.48	—
		三重管旋喷机	台班	—	—	1279.33	—
		单重管旋喷机	台班	7.07	—	—	—
		泥浆制作循环设备	台班	—		1564.48	—
		泥浆泵 100mm	台班	263.24	—	2355.35	—
		泥浆罐车 5000L	台班	686.30	—	636.61	—
		污水泵 100mm	台班	360.00	—	1388.62	—
		电动单筒慢速卷扬机 30kN	台班	2130.24	—	—	—
		电动空气压缩机 $10m^3/min$	台班	59.53	—	93.48	—
		其他机械费	元	546759.32	—	6722812.97	—
		机械费小计	元	4016355.74	9.94	48850785.36	22.33
	措施费		元	1434075.13	3.55	7977551.94	3.65
	小计		元	24457917.94	60.54	137571783.55	62.88
综合费			元	8647779.46	21.40	41692709.14	19.06
合计			元	33105697.40	—	179264492.69	—

1.3.8.3 入流竖井

工作内容：旋挖灌注桩加旋喷桩围护；工作井土石方开挖、外运；安装、拆除支撑围檩；降水、地基加固；钢筋制作、安装，模板制作、安装、拆除，混凝土浇筑；入流竖井设备安装；内部结构施工。

单位：座

指标编号				3Z-061	
指标名称				入流竖井 $D \leqslant 10m$，$h \leqslant 40m$，入流规模 $12m^3/s$	
项目			单位	指标	费用占比（%）
指标基价			元	33366571.24	100.00
一、建筑安装工程费			元	21273210.40	63.75
1. 建筑工程费			元	15509303.32	46.48
2. 安装工程费			元	5763907.08	17.27
二、设备购置费			元	6067474.00	18.18
三、工程建设其他费用			元	3554288.97	10.65
四、基本预备费			元	2471597.87	7.41
建筑安装工程费					
直接费	人工费	普工	工日	17441.36	—
		一般技工	工日	17829.84	—
		高级技工	工日	1375.75	—
		人工费小计	元	4020562.20	12.05
	材料费	钢筋 ϕ10 以内	t	0.35	—
		钢筋 ϕ10 以外	kg	3456.29	—
		钢筋（综合）	kg	508817.18	—
		圆钢（综合）	kg	34139.40	—
		钢筋网片	t	6.91	—
		预拌混凝土 C30	m^3	682.07	—
		预拌细石混凝土 C20	m^3	15.31	—
		预拌水下混凝土 C20	m^3	1540.22	—
		预拌混凝土 C20	m^3	418.22	—
		防水混凝土 C25 抗渗等级 P6	m^3	1238.93	—
		喷射混凝土	m^3	145.93	—
		水泥 P·O 42.5	t	1016.00	—
		水泥 52.5	kg	15116.40	—
		钢模板	kg	3335.73	—
		钢支撑	kg	1386.15	—
		零星卡具	kg	4031.24	—
		脚手架钢管	kg	5278.47	—
		不锈钢板 δ2.0	m^2	270.00	—
		不锈钢板 δ3.0	m^2	162.00	—
		刀片 D1500	片	50.15	—
		木模板	m^3	30.32	—
		木支撑	m^3	49.74	—
		复合模板	m^2	209.58	—
		SBS 改性沥青防水卷材	m^2	438.26	—
		石屑	m^3	2390.34	—
		砾石 40	m^3	117.67	—
		法兰阀门	个	6.00	—
		电力电缆	m	3030.00	—
		水	m^3	14285.38	—
		电	kW·h	1400.70	—
		其他材料费	元	4414996.57	—
		材料费小计	元	9656190.00	28.94

续前

项目			单位	指标	费用占比(%)
直接费	机械费	岩石切割机 3kW	台班	565.09	—
		工程地质液压钻机	台班	232.26	—
		履带式单斗液压挖掘机 1.25m^3	台班	68.56	—
		履带式旋挖钻机 2000mm	台班	100.89	—
		载重汽车 5t	台班	36.25	—
		载重汽车 6t	台班	17.92	—
		自卸汽车 12t	台班	305.39	—
		汽车式起重机 8t	台班	14.86	—
		履带式起重机 15t	台班	80.57	—
		轮胎式起重机 16t	台班	30.12	—
		单重管旋喷机	台班	23.94	—
		污水泵 100mm	台班	810.00	—
		泥浆泵 100mm	台班	292.19	—
		泥浆罐车 5000L	台班	490.53	—
		电动单筒慢速卷扬机 30kN	台班	728.79	—
		电动空气压缩机 10m^3/min	台班	31.82	—
		轴流通风机 30kW	台班	31.62	—
		其他机械费	元	203886.25	—
	机械费小计		元	1928112.44	5.78
	措施费		元	791192.47	2.37
	小计		元	16396057.11	49.14
综合费			元	4877153.29	14.62
合计			元	21273210.40	—
设备购置费					
设备名称及规格型号			单位	数量	
6kV 高压开关柜			面	10.00	—
10kV 高压开关柜			面	4.00	—
6kV 电容补偿柜			面	5.00	—
叠梁闸 2.5m×1.5m			座	1.00	—
吸砂泵 12L/s 10m 3.0kW			台	1.00	—
应急电源箱(EPS)180min			台	1.00	—
旋流沉砂池成套设备 D=5.5m			台	1.00	—
检修叠梁闸 1.7m×4.4m			座	2.00	—
模拟屏			台	2.00	—
照明配电箱 KXM			台	4.00	—
电业计量屏 电业规格			套	2.00	—
电动单轨吊车 T=1t, H=8.4m, N=0.75kW			台	1.00	—
电动平板闸 2.0m×1.5m 0.75kW			座	1.00	—
电动方闸门 4m×1.5m 2.2kW			座	1.00	—
电动方闸门 4.8m×2.8m 2.2kW			座	1.00	—
电动流量控制闸 1.6m×1.6m 1.5kW 304 材质(含流量测控系统)			座	1.00	—
直流屏 DC110V, 65A·h			台	1.00	—
砂水分离器 15L/s 0.75kW			台	1.00	—
粗格栅 E=40mm B=3.6m 4.5kW			台	1.00	—
综合自动化系统(入流竖井 D≤10m 内; H≤40m)			系统	1.00	—
轴流排风机(Q=3000m^3/h, P=300Pa, N=0.75kW)			台	1.00	—
轴流排风机(Q=58700m^3/h, P=600Pa, N=22kW)			台	1.00	—
轴流排风机(Q=8600m^3/h, P=400Pa, N=2.2kW)			台	1.00	—
轴流通风机 0.25kW			台	2.00	—
闸阀 公称直径 300mm 以内			个	2.00	—
除臭设备 4245m^3/h 1.5kW			台	1.00	—
设备合计			元	6067474.00	18.18

工作内容：井坑土方开挖、外运；钢筋制作、安装，模板制作、安装、拆除，混凝土浇筑；进水闸门、格栅拦截；沉砂及除臭设施、设备泵房安装；清理维护通道；附属建筑物。 **单位：**座

指标编号				3Z-062		3Z-063	
指标名称				入流竖井			
				$D \leqslant 18\text{m}, h \leqslant 60\text{m}$，入流规模 $45\text{m}^3/\text{s}$		$D \leqslant 18\text{m}, h \leqslant 60\text{m}$，入流规模 $65\text{m}^3/\text{s}$	
项目			单位	指标	费用占比（%）	指标	费用占比（%）
指标基价			元	378041168.70	100.00	629605559.18	100.00
一、建筑安装工程费			元	238735747.05	63.15	439398482.61	69.79
1. 建筑工程费			元	235854003.34	62.39	436404660.61	69.31
2. 安装工程费			元	2881743.71	0.76	2993822.00	0.48
二、设备购置费			元	71032500.00	18.79	76502500.00	12.15
三、工程建设其他费用			元	40269872.12	10.65	67067127.74	10.65
四、基本预备费			元	28003049.53	7.41	46637448.83	7.41
建筑安装工程费							
直接费	人工费	普工	工日	119875.62	—	225608.13	—
		一般技工	工日	117321.82	—	241763.11	—
		高级技工	工日	25238.65	—	47626.09	—
		人工费小计	元	30008786.68	7.94	59200067.91	9.40
	材料费	钢筋 $\phi10$ 以外	kg	4595289.75	—	6917844.96	—
		钢筋 $\phi10$ 以内	kg	14419.80	—	31499.21	—
		钢筋（综合）	kg	501471.00	—	1167885.00	—
		钢筋网片	t	3644.88	—	8305.18	—
		预拌混凝土 C20	m^3	652.87	—	1284.96	—
		预拌混凝土 C30	m^3	3058.60	—	6163.02	—
		预拌水下混凝土 C20	m^3	3670.32	—	9838.14	—
		预拌水下混凝土 C30	m^3	32723.09	—	49260.18	—
		防水混凝土 C35 抗渗等级 P12	m^3	24569.51	—	46401.54	—
		水泥 P·O 42.5	t	24271.71	—	55023.90	—
		钢模板	kg	25189.68	—	39167.80	—
		钢支撑	kg	7189.69	—	11345.03	—
		型钢（综合）	kg	7806.24	—	64004.04	—
		中厚钢板 $\delta15$ 以内	kg	37795.68	—	85040.28	—
		脚手架钢管	kg	44703.25	—	78027.49	—
		复合模板	m^2	2498.04	—	4113.70	—
		铝酸盐水泥砂浆	kg	605460.48	—	813019.68	—
		柴油	kg	106989.12	—	161092.15	—
		氯化钙	kg	319056.03	—	550963.62	—
		水	m^3	291283.44	—	572204.42	—
		其他材料费	元	5308146.83	—	8093377.57	—
		材料费小计	元	82516045.76	21.83	149080697.96	23.68
	机械费	铣槽机	台班	1883.89	—	2944.51	—
		铣槽机配套除砂机	台班	1883.89	—	2944.51	—
		三重管旋喷机	台班	1570.05	—	3206.52	—
		履带式单斗液压挖掘机 0.6m^3	台班	272.75	—	774.19	—
		履带式单斗机械挖掘机 1.5m^3	台班	15.37	—	26.52	—
		工程地质液压钻机	台班	994.61	—	1936.65	—
		回旋钻机 1000mm	台班	1078.69	—	5970.48	—
		载重汽车 5t	台班	109.14	—	171.38	—

续前

项目			单位	指标	费用占比（%）	指标	费用占比（%）
直接费	机械费	载重汽车 6t	台班	179.69	—	313.63	—
		载重汽车 10t	台班	24.90	—	24.90	—
		自卸汽车 12t	台班	718.55	—	1135.96	—
		自卸汽车 15t	台班	1526.04	—	4143.48	—
		履带式起重机 15t	台班	612.82	—	1075.58	—
		履带式起重机 50t	台班	694.59	—	2025.83	—
		履带式起重机 100t	台班	526.18	—	792.26	—
		履带式起重机 150t	台班	245.55	—	369.72	—
		轮胎式起重机 16t	台班	88.06	—	205.09	—
		汽车式起重机 8t	台班	58.59	—	90.60	—
		自升式塔式起重机 400kN·m	台班	67.72	—	1181.95	—
		单笼施工电梯 1t 75m	台班	56.43	—	984.96	—
		泥浆制作循环设备	台班	1883.89	—	2944.51	—
		污水泵 100mm	台班	896.71	—	2615.35	—
		泥浆泵 100mm	台班	3095.44	—	9031.57	—
		泥浆罐车 5000L	台班	1231.13	—	3088.22	—
		电动空气压缩机 $10m^3/min$	台班	181.46	—	411.15	—
		其他机械费	元	9573296.59	—	19291228.12	—
		机械费小计	元	58739242.67	15.54	106775659.20	16.96
	措施费		元	10845625.15	2.87	19722242.41	3.13
	小计		元	182109700.26	48.17	334778667.48	53.17
综合费			元	56626046.79	14.98	104619815.13	16.62
合计			元	238735747.05	—	439398482.61	—
设备购置费							
设备名称及规格型号			单位	数量			
高压开关柜 6kV			面	13.00	—	13.00	—
高压开关柜 10kV			面	6.00	—	6.00	—
电容补偿柜 6kV			面	7.00	—	7.00	—
低压开关柜 固定分隔式			台	10.00	—	4.00	—
干式变压器 100kV·A 10/0.4kV			台	2.00	—	2.00	—
干式变压器 2000kV·A 10/6.3kV			台	2.00	—	2.00	—
应急电源箱（EPS）180min			台	1.00	—	1.00	—
放空泵 22kW			台	2.00	—	3.00	—
旋流沉砂池成套设备 D=7.32m			台	2.00	—	6.00	—
模拟屏			台	2.00	—	2.00	—
混流式通风机			台	2.00	—	2.00	—
照明配电箱 KXM			台	5.00	—	5.00	—
电业计量屏 电业规格			套	2.00	—	2.00	—
电动闸门 $B \times H$=2200×2200			座	8.00	—	12.00	—
直流屏 DC110V，65A·h			台	1.00	—	1.00	—
离心风机			台	10.00	—	10.00	—
立柜式分体空调			台	15.00	—	15.00	—
粗格栅 B=2.1m			台	4.00	—	6.00	—
综合自动化系统			系统	1.00	—	—	—
综合自动化系统 $65m^3/s$			系统		—	1.00	—
起重机 10t			台	2.00	—	2.00	—
除臭设备 $80000m^3/h$			台	3.00	—	3.00	—
雨水泵 500kW			台	7.00	—	7.00	—
设备合计			元	71032500.00	18.79	76502500.00	12.15

1.4 铺装工程

1.4.1 车行道

工作内容：路床碾压；盲管铺设；基层铺设；面层铺筑；路缘石、路边石安砌；人行道铺设；植树框安砌；分隔带设置；植物栽植、养护。

单位：100m²

指标编号				4Z-001		4Z-002	
指标名称				透水沥青混凝土			
				八车道 结构层厚度 78cm		六车道 结构层厚度 66cm	
项目			单位	指标	费用占比（%）	指标	费用占比（%）
指标基价			元	88145.46	100.00	76491.00	100.00
一、建筑安装工程费			元	72226.64	81.94	62676.96	81.94
1. 建筑工程费			元	72226.64	81.94	62676.96	81.94
2. 安装工程费			元	—	—	—	—
二、设备购置费			元	—	—	—	—
三、工程建设其他费用			元	9389.47	10.65	8148.01	10.65
四、基本预备费			元	6529.29	7.41	5666.00	7.41
建筑安装工程费							
直接费	人工费	普工	工日	11.78	—	10.56	—
		一般技工	工日	15.99	—	13.68	—
		高级技工	工日	0.92	—	0.71	—
		人工费小计	元	3222.39	3.66	2781.27	3.64
	材料费	透水沥青混凝土	m³	20.54	—	16.16	—
		预拌无砂混凝土 C20	m³	1.90	—	—	—
		水泥 P·O 42.5	t	5.60	—	6.09	—
		混凝土透水砖 300×300×60	m²	20.40	—	29.14	—
		混凝土植树框 1250×80×160	m	4.87	—	6.96	—
		混凝土缘石 150×360×1000	m	10.10	—	20.20	—
		混凝土边石 120×200×1000	m	10.10	—	20.20	—
		法桐 胸径：10~12cm	棵	1.02	—	2.04	—
		金边黄杨 株高或蓬径：*H*=40cm，*P*=25~30cm	m²	23.12	—	12.39	—
		花叶络石 株高或蓬径：*H*=2~25cm，藤长≥25cm	m²	4.16	—	2.23	—
		其他材料费	元	9105.58	—	7932.96	—
		材料费小计	元	46052.30	52.25	39805.76	52.04
	机械费	钢轮振动压路机 12t	台班	0.71	—	0.56	—
		钢轮振动压路机 15t	台班	0.53	—	0.41	—
		钢轮振动压路机 18t	台班	0.11	—	0.22	—
		沥青混凝土摊铺机 8t	台班	0.26	—	0.21	—
		沥青混凝土摊铺机 12t	台班	0.11	—	0.22	—
		轮胎压路机 26t	台班	0.26	—	0.21	—
		水泥稳定碎石拌合站（RB400）功率 92kW/h	台班	0.11	—	0.22	—
		其他机械费	元	822.10	—	631.45	—
		机械费小计	元	3240.86	3.68	3049.95	3.99
	措施费		元	3212.14	3.64	2766.13	3.62
	小计		元	55727.69	63.22	48403.11	63.28
综合费			元	16499.00	18.73	14273.88	18.66
合计			元	88145.46	—	62676.99	—

工作内容:路床碾压;盲管铺设;基层铺设;面层铺筑;路缘石、路边石砌筑;人行道铺设;植树框安砌;植物栽植、养护。

单位:100m²

指标编号				4Z-003		4Z-004	
指标名称				透水沥青混凝土			
				四车道 结构层厚度 57cm		二车道 结构层厚度 38cm	
项目			单位	指标	费用占比（%）	指标	费用占比（%）
指标基价			元	69675.53	100.00	79854.65	100.00
一、建筑安装工程费			元	57092.37	81.94	65433.18	81.94
1. 建筑工程费			元	57092.37	81.94	65433.18	81.94
2. 安装工程费			元	—	—	—	—
二、设备购置费			元	—	—	—	—
三、工程建设其他费用			元	7422.01	10.65	8506.31	10.65
四、基本预备费			元	5161.15	7.41	5915.16	7.41
建筑安装工程费							
直接费	人工费	普工	工日	11.95	—	20.26	—
		一般技工	工日	18.11	—	25.06	—
		高级技工	工日	0.53	—	1.91	—
		人工费小计	元	3434.87	4.93	5290.67	6.63
	材料费	透水沥青混凝土	m³	12.12	—	8.08	—
		混凝土透水砖 300×300×60	m²	51.00	—	116.57	—
		水泥 P·O 42.5	t	5.49	—	3.66	—
		混凝土缘石 150×360×1000	m	10.42	—	20.30	—
		混凝土植树框 1250×80×160	m	6.48	—	17.10	—
		混凝土边石 120×200×1000	m	10.42	—	20.68	—
		法桐 胸径:8~8.9cm	棵	2.04	—	2.04	—
		其他材料费	元	8756.46	—	10216.16	—
		材料费小计	元	34945.86	50.16	39014.08	48.86
	机械费	钢轮振动压路机 12t	台班	0.41	—	0.26	—
		钢轮振动压路机 15t	台班	0.31	—	0.21	—
		钢轮振动压路机 18t	台班	0.22	—	0.22	—
		沥青混凝土摊铺机 8t	台班	0.15	—	0.10	—
		沥青混凝土摊铺机 12t	台班	0.22	—	0.22	—
		轮胎压路机 26t	台班	0.15	—	0.10	—
		水泥稳定碎石拌合站（RB400）功率 92kW/h	台班	0.22	—	0.22	—
		其他机械费	元	685.78	—	893.37	—
		机械费小计	元	2702.68	3.88	2508.67	3.14
	措施费		元	2606.33	3.74	2975.02	3.73
	小计		元	43689.74	62.70	49788.44	62.35
综合费			元	13402.63	19.24	15644.74	19.59
合计			元	57092.37	—	65433.18	—

工作内容：路床碾压；盲管铺设；基层铺设；面层铺筑；路缘石、路边石砌筑；人行道铺设；植树框安砌；分隔带设置；植物栽植、养护。

单位：100m²

指标编号				4Z-005		4Z-006	
指标名称				彩色透水沥青混凝土			
				八车道 结构层厚度78cm		六车道 结构层厚度66cm	
项目			单位	指标	费用占比（%）	指标	费用占比（%）
指标基价			元	177269.18	100.00	146621.14	100.00
一、建筑安装工程费			元	145254.93	81.94	120141.84	81.94
1. 建筑工程费			元	145254.93	81.94	120141.84	81.94
2. 安装工程费			元	—	—	—	—
二、设备购置费			元	—	—	—	—
三、工程建设其他费用			元	18883.15	10.65	15618.44	10.65
四、基本预备费			元	13131.05	7.41	10860.83	7.41
建筑安装工程费							
直接费	人工费	普工	工日	11.78	—	10.56	—
		一般技工	工日	15.99	—	13.68	—
		高级技工	工日	0.92	—	0.71	—
		人工费小计	元	3222.39	1.82	2781.27	1.90
	材料费	彩色透水沥青混凝土	m³	20.54	—	16.16	—
		混凝土透水砖 300×300×60	m²	20.40	—	29.14	—
		预拌无砂混凝土 C20	m³	1.90	—	—	—
		水泥 P·O 42.5	t	5.60	—	6.09	—
		混凝土缘石 150×360×1000	m	10.10	—	20.20	—
		混凝土边石 120×200×1000	m	10.10	—	20.20	—
		混凝土植树框 1250×80×160	m	4.87	—	6.96	—
		法桐 胸径：10~12cm	棵	1.02	—	2.04	—
		金边黄杨 株高或蓬径：H=40cm，P=25~30cm	m²	23.12	—	12.39	—
		花叶络石 株高或蓬径：H=20~25cm，藤长≥25cm	m²	4.16	—	2.23	—
		其他材料费	元	9105.58	—	7932.96	—
		材料费小计	元	99143.79	55.93	81582.67	55.64
	机械费	钢轮振动压路机 12t	台班	0.71	—	0.56	—
		钢轮振动压路机 15t	台班	0.53	—	0.41	—
		钢轮振动压路机 18t	台班	0.11	—	0.22	—
		沥青混凝土摊铺机 8t	台班	0.26	—	0.21	—
		沥青混凝土摊铺机 12t	台班	0.11	—	0.22	—
		轮胎压路机 26t	台班	0.26	—	0.21	—
		水泥稳定碎石拌合站（RB400）功率 92kW/h	台班	0.11	—	0.22	—
		其他机械费	元	822.10	—	631.45	—
		机械费小计	元	3240.86	1.83	3049.95	2.08
	措施费		元	6611.28	3.73	5440.86	3.71
	小计		元	112218.32	63.30	92854.75	63.33
综合费			元	33036.66	18.64	27287.12	18.61
合计			元	145254.98	—	120141.87	—

工作内容：路床碾压；盲管铺设；基层铺设；面层铺筑；路缘石、路边石砌筑；人行道铺设；植树框安砌；植物栽植、养护。

单位：100m²

指标编号				4Z-007		4Z-008	
指标名称				彩色透水沥青混凝土			
				四车道 结构层厚度 57cm		二车道 结构层厚度 38cm	
项目			单位	指标	费用占比（%）	指标	费用占比（%）
指标基价			元	122273.13	100.00	114919.71	100.00
一、建筑安装工程费			元	100191.03	81.94	94165.61	81.94
1. 建筑工程费			元	100191.03	81.94	94165.61	81.94
2. 安装工程费			元	—	—	—	—
二、设备购置费			元	—	—	—	—
三、工程建设其他费用			元	13024.83	10.65	12241.53	10.65
四、基本预备费			元	9057.27	7.41	8512.57	7.41
建筑安装工程费							
直接费	人工费	普工	工日	11.95	—	20.26	—
		一般技工	工日	18.11	—	25.06	—
		高级技工	工日	0.53	—	1.91	—
		人工费小计	元	3434.87	2.81	5290.67	4.60
	材料费	彩色透水沥青混凝土	m³	12.12	—	8.08	—
		混凝土透水砖 300×300×60	m²	51.00	—	116.57	—
		水泥 P·O 42.5	t	5.49	—	3.66	—
		混凝土缘石 150×360×1000	m	10.42	—	20.30	—
		混凝土植树框 1250×80×160	m	6.48	—	17.10	—
		混凝土边石 120×200×1000	m	10.42	—	20.68	—
		法桐 胸径：8~8.9cm	棵	2.04	—	2.04	—
		其他材料费	元	9219.50	—	10524.85	—
		材料费小计	元	66278.54	54.21	59902.53	52.13
	机械费	钢轮振动压路机 12t	台班	0.41	—	0.26	—
		钢轮振动压路机 15t	台班	0.31	—	0.21	—
		钢轮振动压路机 18t	台班	0.22	—	0.22	—
		沥青混凝土摊铺机 8t	台班	0.15	—	0.10	—
		沥青混凝土摊铺机 12t	台班	0.22	—	0.22	—
		轮胎压路机 26t	台班	0.15	—	0.10	—
		水泥稳定碎石拌合站（RB400）功率 92kW/h	台班	0.22	—	0.22	—
		其他机械费	元	685.78	—	893.37	—
		机械费小计	元	2702.68	2.21	2508.67	2.18
	措施费		元	4612.38	3.77	4312.38	3.75
	小计		元	77028.47	63.00	72014.25	62.66
综合费			元	23162.56	18.94	22151.36	19.28
合计			元	100191.03	—	94165.61	—

工作内容：路床碾压；盲管铺设；基层铺设；面层铺筑；路缘石、路边石砌筑；人行道铺设；植树框安砌；分隔带设置；植物栽植、养护。

单位：100m²

指标编号				4Z-009		4Z-010	
指标名称				透水混凝土			
				八车道 结构层厚度 58cm		六车道 结构层厚度 54cm	
项目			单位	指标	费用占比（%）	指标	费用占比（%）
指标基价			元	38871.21	100.00	73212.87	100.00
一、建筑安装工程费			元	31851.18	81.94	59990.85	81.94
1. 建筑工程费			元	31851.18	81.94	59990.85	81.94
2. 安装工程费			元	—	—	—	—
二、设备购置费			元	—	—	—	—
三、工程建设其他费用			元	4140.66	10.65	7789.81	10.65
四、基本预备费			元	2879.35	7.41	5423.18	7.41
建筑安装工程费							
直接费	人工费	普工	工日	12.03	—	19.83	—
		一般技工	工日	16.45	—	30.15	—
		高级技工	工日	0.88	—	0.71	—
		人工费小计	元	3295.79	8.48	5676.60	7.75
	材料费	预拌无砂混凝土 C20	m³	10.82	—	39.78	—
		混凝土透水砖 300×300×60	m²	20.40	—	29.14	—
		混凝土缘石 150×360×1000	m	20.20	—	20.20	—
		混凝土边石 120×200×1000	m	20.20	—	20.20	—
		混凝土植树框 1250×80×160	m	4.87	—	6.96	—
		法桐 胸径：10~12cm	棵	2.04	—	2.04	—
		金边黄杨 株高或蓬径：H=40cm，P=25~30cm	m²	23.12	—	12.39	—
		花叶络石 株高或蓬径：H=20~25cm，藤长≥25cm	m²	4.16	—	2.23	—
		其他材料费	元	5687.70	—	6641.31	—
		材料费小计	元	19232.91	49.48	36271.06	49.54
	机械费	钢轮内燃压路机 12t	台班	0.13	—	0.13	—
		钢轮内燃压路机 15t	台班	0.25	—	0.26	—
		平地机 90kW	台班	0.28	—	0.29	—
		履带式推土机 75kW	台班	0.09	—	0.09	—
		汽车起重机 8t	台班	0.06	—	0.06	—
		洒水车 4000L	台班	0.56	—	2.07	—
		其他机械费	元	83.75	—	137.11	—
		机械费小计	元	807.92	2.08	1203.64	1.64
	措施费		元	1282.24	3.30	2624.70	3.59
	小计		元	24618.86	63.33	45776.00	62.52
综合费			元	7232.35	18.61	14214.88	19.42
合计			元	31851.20	—	59990.88	—

工作内容：路床碾压；盲管铺设；基层铺设；面层铺筑；路缘石、路边石砌筑；人行道铺设；植树框安砌；植物栽植、养护。

单位：100m²

指标编号				4Z-011		4Z-012	
指标名称				透水混凝土			
				四车道 结构层厚度 50cm		二车道 结构层厚度 38cm	
项目			单位	指标	费用占比（%）	指标	费用占比（%）
指标基价			元	54659.49	100.00	74417.95	100.00
一、建筑安装工程费			元	44788.18	81.94	60978.33	81.94
1. 建筑工程费			元	44788.18	81.94	60978.33	81.94
2. 安装工程费			元	—	—	—	—
二、设备购置费			元	—	—	—	—
三、工程建设其他费用			元	5822.46	10.65	7927.18	10.65
四、基本预备费			元	4048.85	7.41	5512.44	7.41
建筑安装工程费							
直接费	人工费	普工	工日	16.54	—	24.12	—
		一般技工	工日	26.03	—	32.11	—
		高级技工	工日	0.53	—	1.91	—
		人工费小计	元	4838.66	8.85	6520.29	8.76
	材料费	预拌无砂混凝土 C20	m³	20.40	—	18.36	—
		混凝土透水砖 300×300×60	m²	51.00	—	116.57	—
		混凝土缘石 150×360×1000	m	10.42	—	20.30	—
		混凝土边石 120×200×1000	m	10.42	—	20.68	—
		混凝土植树框 1250×80×160	m	6.48	—	17.10	—
		法桐 胸径：8~8.9cm	棵	2.04	—	2.04	—
		其他材料费	元	6911.29	—	8956.82	—
		材料费小计	元	26104.78	47.76	35711.11	47.99
	机械费	钢轮内燃压路机 12t	台班	0.13	—	0.13	—
		钢轮内燃压路机 15t	台班	0.26	—	0.36	—
		平地机 90kW	台班	0.29	—	0.40	—
		履带式推土机 75kW	台班	0.09	—	0.09	—
		汽车起重机 8t	台班	0.06	—	0.06	—
		洒水车 4000L	台班	1.06	—	0.95	—
		其他机械费	元	89.61	—	119.95	—
		机械费小计	元	937.34	1.71	1118.11	1.50
		措施费	元	2025.44	3.71	2760.41	3.71
		小计	元	33906.22	62.03	46109.92	61.96
综合费			元	10881.96	19.91	14868.41	19.98
合计			元	44788.18	—	60978.33	—

1.4.2　广　　场

工作内容：原土夯实；基层铺设；面层铺筑；路边石安砌。　　　　**单位**：100m²

<table>
<tr><td colspan="4">指　标　编　号</td><td colspan="2">4Z-013</td><td colspan="2">4Z-014</td></tr>
<tr><td colspan="4" rowspan="2">指　标　名　称</td><td colspan="2">透水沥青混凝土</td><td colspan="2">彩色透水沥青混凝土</td></tr>
<tr><td colspan="4">结构层厚度 41cm</td></tr>
<tr><td colspan="3">项　　目</td><td>单位</td><td>指标</td><td>费用占比（%）</td><td>指标</td><td>费用占比（%）</td></tr>
<tr><td colspan="3">指标基价</td><td>元</td><td>41916.54</td><td>100.00</td><td>68215.34</td><td>100.00</td></tr>
<tr><td colspan="3">一、建筑安装工程费</td><td>元</td><td>34346.56</td><td>81.94</td><td>55895.88</td><td>81.94</td></tr>
<tr><td colspan="3">1. 建筑工程费</td><td>元</td><td>34346.56</td><td>81.94</td><td>55895.88</td><td>81.94</td></tr>
<tr><td colspan="3">2. 安装工程费</td><td>元</td><td>—</td><td>—</td><td>—</td><td>—</td></tr>
<tr><td colspan="3">二、设备购置费</td><td>元</td><td>—</td><td>—</td><td>—</td><td>—</td></tr>
<tr><td colspan="3">三、工程建设其他费用</td><td>元</td><td>4465.05</td><td>10.65</td><td>7266.47</td><td>10.65</td></tr>
<tr><td colspan="3">四、基本预备费</td><td>元</td><td>3104.93</td><td>7.41</td><td>5052.99</td><td>7.41</td></tr>
<tr><td colspan="8">建筑安装工程费</td></tr>
<tr><td rowspan="16">直接费</td><td rowspan="3">人工费</td><td>普工</td><td>工日</td><td>7.08</td><td>—</td><td>7.08</td><td>—</td></tr>
<tr><td>一般技工</td><td>工日</td><td>10.21</td><td>—</td><td>10.21</td><td>—</td></tr>
<tr><td>人工费小计</td><td>元</td><td>1905.35</td><td>4.55</td><td>1905.35</td><td>2.79</td></tr>
<tr><td rowspan="6">材料费</td><td>彩色透水沥青混凝土</td><td>m³</td><td>—</td><td>—</td><td>6.06</td><td>—</td></tr>
<tr><td>透水沥青混凝土</td><td>m³</td><td>6.06</td><td>—</td><td>—</td><td>—</td></tr>
<tr><td>预拌无砂混凝土 C20</td><td>m³</td><td>14.28</td><td>—</td><td>14.28</td><td>—</td></tr>
<tr><td>混凝土边石 120×200×1000</td><td>m</td><td>70.70</td><td>—</td><td>70.70</td><td>—</td></tr>
<tr><td>其他材料费</td><td>元</td><td>3599.31</td><td>—</td><td>3830.83</td><td>—</td></tr>
<tr><td>材料费小计</td><td>元</td><td>21667.54</td><td>51.69</td><td>37333.88</td><td>54.73</td></tr>
<tr><td rowspan="6">机械费</td><td>钢轮振动压路机 12t</td><td>台班</td><td>0.18</td><td>—</td><td>0.18</td><td>—</td></tr>
<tr><td>钢轮振动压路机 15t</td><td>台班</td><td>0.15</td><td>—</td><td>0.15</td><td>—</td></tr>
<tr><td>沥青混凝土摊铺机 8t</td><td>台班</td><td>0.08</td><td>—</td><td>0.08</td><td>—</td></tr>
<tr><td>轮胎压路机 26t</td><td>台班</td><td>0.08</td><td>—</td><td>0.08</td><td>—</td></tr>
<tr><td>其他机械费</td><td>元</td><td>494.90</td><td>—</td><td>494.90</td><td>—</td></tr>
<tr><td>机械费小计</td><td>元</td><td>1044.36</td><td>2.49</td><td>1044.36</td><td>1.53</td></tr>
<tr><td colspan="2">措施费</td><td>元</td><td>1588.42</td><td>3.79</td><td>2591.44</td><td>3.80</td></tr>
<tr><td colspan="2">小计</td><td>元</td><td>26205.67</td><td>62.52</td><td>42875.03</td><td>62.85</td></tr>
<tr><td colspan="3">综合费</td><td>元</td><td>8140.89</td><td>19.42</td><td>13020.85</td><td>19.09</td></tr>
<tr><td colspan="3">合计</td><td>元</td><td>34346.56</td><td>—</td><td>55895.88</td><td>—</td></tr>
</table>

工作内容：原土夯实；基层铺设；面层铺筑；路边石安砌。　　　　单位：100m²

指标编号				4Z-015		4Z-016	
指标名称				透水混凝土		彩色强固透水混凝土	
				结构层厚度 48cm		结构层厚度 51cm	
项目			单位	指标	费用占比（%）	指标	费用占比（%）
指标基价			元	36139.58	100.00	48304.41	100.00
一、建筑安装工程费			元	29612.89	81.94	39580.81	81.94
1. 建筑工程费			元	29612.89	81.94	39580.81	81.94
2. 安装工程费			元	—	—	—	—
二、设备购置费			元	—	—	—	—
三、工程建设其他费用			元	3849.68	10.65	5145.50	10.65
四、基本预备费			元	2677.01	7.41	3578.10	7.41
建筑安装工程费							
直接费	人工费	普工	工日	10.04	—	11.18	—
		一般技工	工日	17.64	—	19.95	—
		高级技工	工日	1.35	—	1.80	—
		人工费小计	元	3370.25	9.33	3852.68	7.98
	材料费	彩色强固透水混凝土 C25	m^3	—	—	3.06	—
		预拌无砂混凝土 C20	m^3	18.36	—	14.28	—
		混凝土边石 120×200×1000	m	70.70	—	70.70	—
		其他材料费	元	4806.55	—	10511.85	—
		材料费小计	元	17246.84	47.72	23921.14	49.52
	机械费	洒水车 4000L	台班	0.95	—	0.90	—
		其他机械费	元	85.22	—	97.12	—
		机械费小计	元	287.65	0.80	288.30	0.60
	措施费		元	1360.19	3.76	1821.56	3.77
	小计		元	22264.93	61.61	29883.68	61.87
综合费			元	7347.96	20.33	9697.13	20.08
合计			元	29612.89	—	39580.81	—

工作内容：原土夯实；基层铺设；面层铺筑；路边石安砌。 **单位**：$100m^2$

指标编号				4Z-017		4Z-018	
指标名称				混凝土透水砖		陶瓷透水砖	
				结构层厚度 33cm		结构层厚度 34.5cm	
项目			单位	指标	费用占比（%）	指标	费用占比（%）
指标基价			元	45050.04	100.00	80335.61	100.00
一、建筑安装工程费			元	36914.16	81.94	65827.27	81.94
1. 建筑工程费			元	36914.16	81.94	65827.27	81.94
2. 安装工程费			元	—	—	—	—
二、设备购置费			元	—	—	—	—
三、工程建设其他费用			元	4798.84	10.65	8557.55	10.65
四、基本预备费			元	3337.04	7.41	5950.79	7.41
建筑安装工程费							
直接费	人工费	普工	工日	12.23	—	15.90	—
		一般技工	工日	14.84	—	22.28	—
		人工费小计	元	2932.95	6.51	4196.88	5.22
	材料费	陶瓷透水砖 300×300×55	m^2	—	—	102.00	—
		混凝土透水砖 300×300×80	m^2	102.00	—	—	—
		预拌无砂混凝土 C20	m^3	—	—	17.54	—
		混凝土边石 120×200×1000	m	70.70	—	70.70	—
		其他材料费	元	4852.30	—	3003.09	—
		材料费小计	元	22494.59	49.93	42330.58	52.69
	机械费	钢轮内燃压路机 8t	台班	0.03	—	0.03	—
		钢轮内燃压路机 15t	台班	0.16	—	0.16	—
		钢轮内燃压路机 18t	台班	0.07	—	—	—
		钢轮振动压路机 18t	台班	0.10	—	—	—
		沥青混凝土摊铺机 12t	台班	0.10	—	—	—
		水泥稳定碎石拌合站（RB400）功率 92kW/h	台班	0.10	—	—	—
		其他机械费	元	262.28	—	423.86	—
		机械费小计	元	866.16	1.92	552.10	0.69
	措施费		元	1702.39	3.78	3041.36	3.79
	小计		元	27996.09	62.14	50120.92	62.39
综合费			元	8918.07	19.80	15706.35	19.55
合计			元	36914.16	—	65827.27	—

工作内容：原土夯实；基层铺设；面层铺筑；路边石安砌。 **单位**：100m²

指标编号			4Z-019	
指标名称			混凝土预制植草砖 结构层厚度 51cm	
项目		单位	指标	费用占比（%）
指标基价		元	45361.84	100.00
一、建筑安装工程费		元	37169.65	81.94
1. 建筑工程费		元	37169.65	81.94
2. 安装工程费		元	—	—
二、设备购置费		元	—	—
三、工程建设其他费用		元	4832.05	10.65
四、基本预备费		元	3360.14	7.41
建筑安装工程费				
直接费	人工费	普工	工日	14.40	—
		一般技工	工日	22.46	—
		高级技工	工日	1.40	—
		人工费小计	元	4367.40	9.63
	材料费	混凝土预制植草砖 C20 8cm	m²	102.00	—
		预拌无砂混凝土 C20	m³	10.20	—
		混凝土边石 120×200×1000	m	70.70	—
		其他材料费	元	5042.86	—
		材料费小计	元	21665.15	47.76
	机械费	洒水车 4000L	台班	0.53	—
		其他机械费	元	68.93	—
		机械费小计	元	181.39	0.40
	措施费		元	1706.56	3.76
	小计		元	27920.50	61.55
综合费			元	9249.15	20.39
合计			元	37169.65	—

1.4.3 步 行 道

工作内容：原土夯实；基层铺设；面层铺筑；路边石安砌。 **单位**：100m^2

指标编号				4Z-020		4Z-021	
指标名称				透水沥青混凝土		彩色透水沥青混凝土	
				结构层厚度 31cm			
项目			单位	指标	费用占比（%）	指标	费用占比（%）
指标基价			元	35438.40	100.00	61079.73	100.00
一、建筑安装工程费			元	29038.35	81.94	50048.95	81.94
1. 建筑工程费			元	29038.35	81.94	50048.95	81.94
2. 安装工程费			元	—	—	—	—
二、设备购置费			元	—	—	—	—
三、工程建设其他费用			元	3774.98	10.65	6506.36	10.65
四、基本预备费			元	2625.07	7.41	4524.42	7.41
建筑安装工程费							
直接费	人工费	普工	工日	5.67	—	5.67	—
		一般技工	工日	7.90	—	7.90	—
		人工费小计	元	1490.16	4.20	1490.16	2.44
	材料费	彩色透水沥青混凝土	m^3	—	—	5.91	—
		透水沥青混凝土	m^3	5.91	—	—	—
		预拌无砂混凝土 C25	m^3	10.20	—	10.20	—
		混凝土边石 120×200×1000	m	70.70	—	70.70	—
		其他材料费	元	2741.81	—	2967.54	—
		材料费小计	元	18369.24	51.83	33643.92	55.08
	机械费	钢轮振动压路机 12t	台班	0.17	—	0.17	—
		钢轮振动压路机 15t	台班	0.15	—	0.15	—
		沥青混凝土摊铺机 8t	台班	0.07	—	0.07	—
		轮胎压路机 26t	台班	0.07	—	0.07	—
		其他机械费	元	441.24	—	441.24	—
		机械费小计	元	975.64	2.75	975.64	1.60
	措施费		元	1343.58	3.79	2321.53	3.80
	小计		元	22178.62	62.58	38431.25	62.92
综合费			元	6859.73	19.36	11617.70	19.02
合计			元	29038.35	—	50048.95	—

工作内容：原土夯实；基层铺设；面层铺筑；路边石安砌。 **单位**：100m²

指标编号				4Z-022		4Z-023	
指标名称				透水混凝土		彩色强固透水混凝土 C25	
				结构层厚度 21cm		结构层厚度 26cm	
项目			单位	指标	费用占比（%）	指标	费用占比（%）
指标基价			元	17309.21	100.00	32634.17	100.00
一、建筑安装工程费			元	14183.23	81.94	26740.55	81.94
1. 建筑工程费			元	14183.23	81.94	26740.55	81.94
2. 安装工程费			元	—	—	—	—
二、设备购置费			元	—	—	—	—
三、工程建设其他费用			元	1843.82	10.65	3476.27	10.65
四、基本预备费			元	1282.16	7.41	2417.35	7.41
建筑安装工程费							
直接费	人工费	普工	工日	5.04	—	6.98	—
		一般技工	工日	8.07	—	10.07	—
		高级技工	工日	0.67	—	0.50	—
		人工费小计	元	1590.63	9.19	1976.18	6.06
	材料费	彩色强固透水混凝土 C25	m³	—	—	3.06	—
		预拌无砂混凝土 C20	m³	6.49	—	6.12	—
		混凝土边石 120×200×1000	m	70.70	—	70.70	—
		其他材料费	元	2395.99	—	7741.65	—
		材料费小计	元	8306.24	47.99	16662.94	51.06
	机械费	洒水车 4000L	台班	0.34	—	0.48	—
		其他机械费	元	48.38	—	334.26	—
		机械费小计	元	119.91	0.69	435.47	1.33
	措施费		元	651.60	3.76	1234.01	3.78
	小计		元	10668.38	61.63	20308.60	62.23
综合费			元	3514.85	20.31	6431.95	19.71
合计			元	14183.23	—	26740.55	—

工作内容：原土夯实；基层铺设；面层铺筑；路边石安砌。 **单位：**100m²

指标编号				4Z-024		4Z-025	
指标名称				混凝土透水砖		陶瓷透水砖	
				结构层厚度 36cm		结构层厚度 28.5cm	
项目			单位	指标	费用占比（%）	指标	费用占比（%）
指标基价			元	42188.84	100.00	65418.61	100.00
一、建筑安装工程费			元	34569.68	81.94	53604.24	81.94
1. 建筑工程费			元	34569.68	81.94	53604.24	81.94
2. 安装工程费			元	—	—	—	—
二、设备购置费			元	—	—	—	—
三、工程建设其他费用			元	4494.06	10.65	6968.55	10.65
四、基本预备费			元	3125.10	7.41	4845.82	7.41
建筑安装工程费							
直接费	人工费	普工	工日	14.55	—	12.95	—
		一般技工	工日	21.08	—	16.24	—
		高级技工	工日	1.30	—	0.22	—
		人工费小计	元	4182.48	9.91	3217.84	4.92
	材料费	陶瓷透水砖 300×300×55	m^2	—	—	102.00	—
		混凝土透水砖 300×300×60	m^2	102.00	—		—
		混凝土边石 120×200×1000	m	70.70	—	70.70	—
		其他材料费	元	5531.06	—	5155.41	—
		材料费小计	元	20113.35	47.67	34833.70	53.25
	机械费	钢轮内燃压路机 15t	台班	—	—	0.16	—
		电动夯实机 250N·m	台班	1.41	—	0.77	—
		其他机械费	元	16.68	—	29.35	—
		机械费小计	元	62.15	0.15	323.10	0.49
	措施费		元	1586.54	3.76	2477.70	3.79
	小计		元	25944.52	61.50	40852.34	62.45
综合费			元	8625.16	20.44	12751.90	19.49
合计			元	34569.68	—	53604.24	—

工作内容：原土夯实；基层铺设；面层铺筑；路边石安砌。 **单位：**100m²

指标编号				4Z-026		4Z-027	
指标名称				透水嵌草砖		砂基透水砖	
				结构层厚度 26cm		结构层厚度 48cm	
项目			单位	指标	费用占比（%）	指标	费用占比（%）
指标基价			元	24295.52	100.00	101976.84	100.00
一、建筑安装工程费			元	19907.83	81.94	83560.18	81.94
1. 建筑工程费			元	19907.83	81.94	83560.18	81.94
2. 安装工程费			元	—	—	—	—
二、设备购置费			元	—	—	—	—
三、工程建设其他费用			元	2588.02	10.65	10862.82	10.65
四、基本预备费			元	1799.67	7.41	7553.84	7.41
建筑安装工程费							
直接费	人工费	普工	工日	9.35	—	19.48	—
		一般技工	工日	11.47	—	25.60	—
		高级技工	工日	0.16	—	—	—
		人工费小计	元	2289.57	9.42	4923.64	4.83
	材料费	砂基透水砖 300×300×80	m²	—	—	102.00	—
		透水植草砖 6cm	m²	102.00	—	—	—
		预拌无砂混凝土 C20	m³	—	—	20.40	—
		混凝土边石 120×200×1000	m	70.70	—	70.70	—
		其他材料费	元	2479.93	—	6489.26	—
		材料费小计	元	11452.22	47.14	54323.55	53.27
	机械费	钢轮内燃压路机 8t	台班	0.03	—	0.03	—
		钢轮内燃压路机 15t	台班	0.16	—	0.16	—
		其他机械费	元	179.15	—	461.42	—
		机械费小计	元	307.39	1.27	589.66	0.58
	措施费		元	914.29	3.76	3862.83	3.79
	小计		元	14963.47	61.59	63699.68	62.46
综合费			元	4944.36	20.35	19860.50	19.48
合计			元	19907.83	—	83560.18	—

工作内容：原土夯实；基层铺设；面层铺筑。 **单位**：$100m^2$

指标编号				4Z-028	
指标名称				卵石散铺	
				结构层厚度 21cm	
项目			单位	指标	费用占比（%）
指标基价			元	9417.59	100.00
一、建筑安装工程费			元	7716.81	81.94
1. 建筑工程费			元	7716.81	81.94
2. 安装工程费			元	—	—
二、设备购置费			元	—	—
三、工程建设其他费用			元	1003.18	10.65
四、基本预备费			元	697.60	7.41
建筑安装工程费					
直接费	人工费	普工	工日	16.63	—
		一般技工	工日	11.56	—
		人工费小计	元	2878.75	30.57
	材料费	水泥砂浆 1∶2.5	m^3	3.60	—
		选净卵石	kg	1.50	—
		其他材料费	元	599.24	—
		材料费小计	元	1723.59	18.30
	机械费	其他机械具费		319.00	—
		电动夯实机 250N·m	台班	4.51	—
		其他机械费	元	11.00	—
		机械费小计	元	474.94	5.04
	措施费		元	343.68	3.65
	小计		元	5420.96	57.56
综合费			元	2295.85	24.38
合计			元	7716.81	—

1.5　环境绿化工程

1.5.1　种 植 屋 面

工作内容：1. 一般种植屋面：屋面清理；排水层铺设；过滤层铺设；柔性保护层铺设；耐根穿刺防水层铺设；垂直运输；植物栽植、养护。

2. 容器种植屋面：屋面清理；过滤层铺设；柔性保护层铺设；耐根穿刺防水层铺设；垂直运输；容器摆放（含植物栽植、养护）。

单位：100m²

指标编号				5Z-001		5Z-002	
指标名称				一般种植屋面		容器种植屋面	
项目			单位	指标	费用占比（%）	指标	费用占比（%）
指标基价			元	58477.46	100	40610.23	100.00
一、建筑安装工程费			元	47916.64	81.94	33276.16	81.94
1. 建筑工程费			元	47916.64	81.94	33276.16	81.94
2. 安装工程费			元	—	—	—	—
二、设备购置费			元	—	—	—	—
三、工程建设其他费用			元	6229.16	10.65	4325.90	10.65
四、基本预备费			元	4331.66	7.41	3008.17	7.41
建筑安装工程费							
直接费	人工费	普工	工日	11.76	—	3.83	—
		一般技工	工日	23.13	—	7.29	—
		高级技工	工日	6.65	—	4.01	—
		人工费小计	元	5246.07	8.97	2033.33	5.01
	材料费	种植屋面耐根穿刺防水卷材 0.8mm	m²	115.64	—	115.64	—
		平式种植容器	m²	—	—	102.00	—
		凹凸型排水板	m²	107.00	—	—	—
		小灌木 49 株 /m²	m²	102.00	—	—	—
		种植土	m³	31.50	—	—	—
		陶粒	m³	18.27	—	18.27	—
		其他材料费	元	4893.09	—	2052.40	—
		材料费小计	元	31807.98	54.39	25274.79	62.24
	机械费	剪草机	台班	2.10	—	—	—
		其他机械费	元	1231.40	—	875.60	—
		机械费小计	元	1483.40	2.54	875.60	2.16
	措施费		元	612.74	1.05	237.49	0.58
	小计		元	39150.19	66.95	28421.21	69.99
综合费			元	8766.45	14.99	4854.95	11.95
合计			元	47916.64	—	33276.16	—

1.5.2　下沉式绿地

工作内容：1. 下沉式绿地（可渗透型）：土方开挖、外运；渗滤层铺筑；溢流井安砌；消能渠铺设；种植土回填；植物栽植、养护。

2. 下沉式绿地（不可渗透型）：土方开挖、外运；溢流井安砌；消能渠铺设；种植土回填；植物栽植、养护。

单位：100m²

指标编号				5Z-003		5Z-004	
指标名称				下沉式绿地			
				可渗透型		不可渗透型	
项目			单位	指标	费用占比（%）	指标	费用占比（%）
指标基价			元	55142.44	100.00	45165.53	100.00
一、建筑安装工程费			元	45183.90	81.94	37008.79	81.94
1. 建筑工程费			元	45183.90	81.94	37008.79	81.94
2. 安装工程费			元	—	—	—	—
二、设备购置费			元	—	—	—	—
三、工程建设其他费用			元	5873.91	10.65	4811.14	10.65
四、基本预备费			元	4084.63	7.41	3345.60	7.41
建筑安装工程费							
直接费	人工费	普工	工日	24.26	—	21.70	—
		一般技工	工日	20.52	—	15.90	—
		高级技工	工日	4.56	—	3.76	—
		人工费小计	元	5551.93	10.07	4589.60	10.16
	材料费	级配卵石	m³	53.37	—	53.37	—
		碎石（综合）	m³	23.86	—	—	—
		砂子 中粗砂	m³	13.55	—	—	—
		种植土	m³	31.50	—	31.50	—
		草卷	m²	106.00	—	106.00	—
		土工布	m²	241.93	—	239.60	—
		塑料溢流井 D=900	套	1.00	—	1.00	—
		透水管	m	33.33	—	33.33	—
		水	m³	46.98	—	43.20	—
		其他材料费	元	1072.43	—	1016.35	—
		材料费小计	元	20636.72	37.42	17149.53	37.97
	机械费	履带式单斗机械挖掘机 1.5m³	台班	0.16	—	0.10	—
		轮胎式装载机 3m³	台班	0.13	—	0.08	—
		自卸汽车 5t	台班	1.05	—	0.66	—
		自卸汽车 8t	台班	0.27	—	0.17	—
		自卸汽车 10t	台班	1.69	—	1.69	—
		自卸汽车 12t	台班	1.08	—	0.67	—
		自卸汽车 15t	台班	1.59	—	0.99	—
		自卸汽车 18t	台班	0.38	—	0.23	—
		自卸汽车 20t	台班	0.11	—	0.07	—
		喷药车	台班	0.12	—	0.12	—
		其他机械费	元	929.95	—	712.07	—
		机械费小计	元	6686.48	12.13	4816.57	10.66
	措施费		元	1532.10	2.78	1430.05	3.17
	小计		元	34407.23	62.40	27985.75	61.96
综合费			元	10776.67	19.54	9023.04	19.98
合计			元	45183.90	—	37008.79	—

1.5.3 下沉式绿化分隔带

工作内容：土方开挖、外运；坡脚混凝土浇筑；渗滤层铺筑；种植土回填；植物栽植、养护。

单位：100m²

指标编号			单位	5Z-005		5Z-006		5Z-007	
指标名称				下沉式绿化分隔带（入渗型）					
				上口宽≤ 2m		上口宽≤ 5m		上口宽≤ 8m	
项目			单位	指标	费用占比（%）	指标	费用占比（%）	指标	费用占比（%）
指标基价			元	69579.53	100.00	59699.99	100.00	54766.57	100.00
一、建筑安装工程费			元	57013.71	81.94	48918.38	81.94	44875.92	81.94
1. 建筑工程费			元	57013.71	81.94	48918.38	81.94	44875.92	81.94
2. 安装工程费			元	—	—	—	—	—	—
二、设备购置费			元	—	—	—	—	—	—
三、工程建设其他费用			元	7411.78	10.65	6359.39	10.65	5833.87	10.65
四、基本预备费			元	5154.04	7.41	4422.22	7.41	4056.78	7.41
建筑安装工程费									
直接费	人工费	普工	工日	21.29	—	18.06	—	16.44	—
		一般技工	工日	34.33	—	30.25	—	28.22	—
		高级技工	工日	3.57	—	3.97	—	4.17	—
		人工费小计	元	6889.74	9.90	6171.65	10.34	5813.43	10.61
	材料费	砂子 中粗砂	m^3	23.68	—	32.80	—	37.37	—
		碎石（综合）	m^3	10.74	—	17.30	—	20.58	—
		预拌混凝土 C20	m^3	8.51	—	4.26	—	2.13	—
		种植土	m^3	39.80	—	46.15	—	49.33	—
		土工布	m^2	339.33	—	169.66	—	84.84	—
		花叶络石 株高或蓬径：H=20~25cm，藤长≥ 25cm	m^2	15.60	—	15.60	—	15.60	—
		金边黄杨 株高或蓬径：H=40cm，P=25~30cm	m^2	86.70	—	86.70	—	86.70	—
		水	m^3	79.76	—	79.55	—	79.45	—
		其他材料费	元	2680.48	—	1422.98	—	794.43	—
		材料费小计	元	26428.03	37.98	21580.58	36.15	19159.72	34.98
	机械费	履带式单斗机械挖掘机 1.5m^3	台班	0.27	—	0.27	—	0.27	—
		轮胎式装载机 3m^3	台班	0.22	—	0.22	—	0.22	—
		自卸汽车 5t	台班	1.78	—	1.78	—	1.78	—
		自卸汽车 8t	台班	0.46	—	0.46	—	0.46	—
		自卸汽车 12t	台班	1.82	—	1.82	—	1.82	—
		自卸汽车 15t	台班	2.69	—	2.69	—	2.69	—
		自卸汽车 18t	台班	0.63	—	0.63	—	0.63	—
		喷药车	台班	0.12	—	0.12	—	0.12	—
		其他机械费	元	1314.65	—	1235.98	—	1196.66	—
		机械费小计	元	8481.09	12.19	8402.42	14.07	8363.10	15.27
	措施费		元	1782.58	2.56	1364.81	2.29	1156.13	2.11
	小计		元	43581.44	62.64	37519.46	62.85	34492.38	62.98
综合费			元	13432.27	19.30	11398.92	19.09	10383.54	18.96
合计			元	57013.71	—	48918.38	—	44875.92	—

工作内容: 土方开挖、外运;坡脚混凝土浇筑;渗滤层铺筑;透水管铺设;溢流井;
种植土回填;植物栽植、养护。

单位: 100m²

0.15 毫米				5Z-008		5Z-009		5Z-010	
指标名称				下沉式绿化分隔带(溢流型)					
				上口宽≤ 2m		上口宽≤ 5m		上口宽≤ 8m	
项目			单位	指标	费用占比(%)	指标	费用占比(%)	指标	费用占比(%)
指标基价			元	79199.49	100.00	67685.79	100.00	62118.41	100.00
一、建筑安装工程费			元	64896.34	81.94	55461.97	81.94	50900.05	81.94
1. 建筑工程费			元	64896.34	81.94	55461.97	81.94	50900.05	81.94
2. 安装工程费			元	—	—	—	—	—	—
二、设备购置费			元	—	—	—	—	—	—
三、工程建设其他费用			元	8436.52	10.65	7210.06	10.65	6617.00	10.65
四、基本预备费			元	5866.63	7.41	5013.76	7.41	4601.36	7.41
建筑安装工程费									
直接费	人工费	普工	工日	23.50	—	19.29	—	17.28	—
		一般技工	工日	38.11	—	32.54	—	29.69	—
		高级技工	工日	4.75	—	4.56	—	4.45	—
		人工费小计	元	7787.34	9.83	6684.40	9.88	6130.48	9.87
	材料费	砂子 中粗砂	m^3	23.41	—	32.80	—	37.10	—
		碎石(综合)	m^3	10.58	—	17.30	—	20.43	—
		预拌混凝土 C20	m^3	8.51	—	4.25	—	2.13	—
		种植土	m^3	39.46	—	46.15	—	48.99	—
		土工布	m^2	426.40	—	252.63	—	173.19	—
		花叶络石 株高或蓬径:H=20~25cm,藤长≥ 25cm	m^2	15.60	—	15.60	—	15.60	—
		金边黄杨 株高或蓬径:H=40cm,P=25~30cm	m^2	86.70	—	86.70	—	86.70	—
		塑料溢流井 D=900	套	1.00	—	1.00	—	1.00	—
		透水管	m	66.67	—	33.33	—	16.66	—
		水	m^3	79.76	—	79.55	—	79.45	—
		其他材料费	元	2900.52	—	1702.13	—	1131.19	—
		材料费小计	元	31012.23	39.16	25683.95	37.95	23137.91	37.25
	机械费	履带式单斗机械挖掘机 1.5m^3	台班	0.27	—	0.27	—	0.27	—
		轮胎式装载机 3m^3	台班	0.22	—	0.22	—	0.22	—
		自卸汽车 5t	台班	1.78	—	1.78	—	1.78	—
		自卸汽车 8t	台班	0.46	—	0.46	—	0.46	—
		自卸汽车 12t	台班	1.82	—	1.82	—	1.82	—
		自卸汽车 15t	台班	2.69	—	2.69	—	2.69	—
		自卸汽车 18t	台班	0.63	—	0.63	—	0.63	—
		喷药车	台班	0.12	—	0.12	—	0.12	—
		其他机械费	元	1439.13	—	1319.91	—	1268.49	—
		机械费小计	元	8605.57	10.87	8486.35	12.54	8434.93	13.58
	措施费		元	2123.14	2.68	1647.46	2.43	1401.22	2.26
	小计		元	49528.28	62.54	42502.16	62.79	39104.54	62.95
综合费			元	15368.06	19.40	12959.81	19.15	11795.51	18.99
合计			元	64896.34	—	55461.97	—	50900.05	—

工作内容： 土方开挖、外运；坡脚混凝土浇筑；渗滤层铺筑；透水管铺设；溢流井安砌；种植土回填；植物栽植、养护。

单位：$100m^2$

指标编号				5Z-011		5Z-012		5Z-013	
指标名称				下沉式绿化分隔带（入渗＋溢流型）					
				上口宽≤ 2m		上口宽≤ 5m		上口宽≤ 8m	
项目			单位	指标	费用占比（%）	指标	费用占比（%）	指标	费用占比（%）
指标基价			元	77340.04	100.00	66031.03	100.00	58723.87	100.00
一、建筑安装工程费			元	63372.70	81.94	54106.05	81.94	48118.54	81.94
1. 建筑工程费			元	63372.70	81.94	54106.05	81.94	48118.54	81.94
2. 安装工程费			元	—	—	—	—	—	—
二、设备购置费			元	—	—	—	—	—	—
三、工程建设其他费用			元	8238.45	10.65	7033.79	10.65	6255.41	10.65
四、基本预备费			元	5728.89	7.41	4891.19	7.41	4349.92	7.41
建筑安装工程费									
直接费	人工费	普工	工日	23.33	—	19.24	—	17.17	—
		一般技工	工日	37.82	—	32.27	—	29.23	—
		高级技工	工日	4.75	—	4.56	—	4.42	—
		人工费小计	元	7737.62	10.00	6644.59	10.06	6055.52	10.31
	材料费	砂子 中粗砂	m^3	23.42	—	32.80	—	37.11	—
		碎石（综合）	m^3	10.74	—	17.30	—	20.58	—
		预拌混凝土 C20	m^3	8.51	—	4.26	—	2.55	—
		种植土	m^3	39.46	—	46.15	—	48.99	—
		土工布	m^2	386.02	—	216.81	—	100.30	—
		花叶络石 株高或蓬径：H=20~25cm，藤长≥ 25cm	m^2	15.60	—	15.60	—	15.60	—
		金边黄杨 株高或蓬径：H=40cm，P=25~30cm	m^2	86.70	—	86.70	—	86.70	—
		塑料溢流井 D=900	套	1.00	—	1.00	—	1.00	—
		透水管	m	66.67	—	33.33	—	2.11	—
		水	m^3	79.76	—	79.55	—	79.47	—
		其他材料费	元	2743.23	—	1562.42	—	891.61	—
		材料费小计	元	29980.86	38.76	24757.16	37.49	21243.33	36.17
	机械费	履带式单斗机械挖掘机 $1.5m^3$	台班	0.27	—	0.27	—	0.27	—
		轮胎式装载机 $3m^3$	台班	0.22	—	0.22	—	0.22	—
		自卸汽车 5t	台班	1.78	—	1.78	—	1.78	—
		自卸汽车 8t	台班	0.46	—	0.46	—	0.46	—
		自卸汽车 12t	台班	1.82	—	1.82	—	1.82	—
		自卸汽车 15t	台班	2.69	—	2.69	—	2.69	—
		自卸汽车 18t	台班	0.63	—	0.63	—	0.63	—
		喷药车	台班	0.12	—	0.12	—	0.12	—
		其他机械费	元	1413.99	—	1300.80	—	1199.44	—
		机械费小计	元	8580.43	11.09	8467.24	12.82	8365.88	14.25
	措施费		元	2056.45	2.66	1588.22	2.41	1297.56	2.21
	小计		元	48355.36	62.52	41457.21	62.78	36962.29	62.94
综合费			元	15017.34	19.42	12648.84	19.16	11156.25	19.00
合计			元	63372.70	—	54106.05	—	48118.54	—

1.5.4 植被缓冲带

工作内容：种植土回填；消能渠铺设；景石布置；植物栽植、养护。 **单位**：100m²

指标编号				5Z-014	
指标名称				植被缓冲带	
项目			单位	指标	费用占比（%）
指标基价			元	57104.83	100.00
一、建筑安装工程费			元	51246.39	89.74
1. 建筑工程费			元	51246.39	89.74
2. 安装工程费			元	—	—
二、设备购置费			元	—	—
三、工程建设其他费用			元	3455.52	6.05
四、基本预备费			元	2402.92	4.21
建筑安装工程费					
直接费	人工费	普工	工日	27.70	—
		一般技工	工日	38.38	—
		高级技工	工日	6.90	—
		人工费小计	元	8590.69	15.04
	材料费	级配卵石	m^3	33.66	—
		景石（天然）	t	10.10	—
		种植土	m^3	42.00	—
		红花继木色带	m^2	51.00	—
		花卉 金娃娃萱草 高10~15cm	m^2	52.00	—
		土工布	m^2	148.79	—
		水	m^3	48.22	—
		其他材料费	元	1043.51	—
		材料费小计	元	25564.64	44.77
	机械费	自卸汽车 10t	台班	1.16	—
		汽车起重机 20t	台班	0.51	—
		喷药车	台班	0.12	—
		其他机械费	元	393.63	—
		机械费小计	元	1844.07	3.23
	措施费		元	2056.86	3.60
	小计		元	38056.26	66.64
综合费			元	13190.13	23.10
合计			元	51246.39	—

1.5.5 驳 岸

工作内容：1. 自然驳岸：干砌石材；植物栽植、养护。

2. 生物有机材料生态驳岸：木桩安装固定；干砌石材；植物栽植、养护。

3. 结合工程材料生态驳岸：沟槽开挖、回填、土方外运；石笼安装固定；石材填充；模板制作、安装、拆除，生态混凝土浇筑；路缘石安砌、人行道铺装；植物栽植、养护。

单位：100m

指标编号				5Z-015		5Z-016		5Z-017	
指标名称				自然驳岸		生物有机材料生态驳岸		结合工程材料生态驳岸	
项目			单位	指标	费用占比（%）	指标	费用占比（%）	指标	费用占比（%）
指标基价			元	72646.58	100.00	249052.16	100.00	2063176.36	100.00
一、建筑安装工程费			元	59526.86	81.94	204074.20	81.94	1690615.97	81.94
1. 建筑工程费			元	59526.86	81.94	204074.20	81.94	1690615.97	81.94
2. 安装工程费			元	—	—	—	—	—	—
二、设备购置费			元	—	—	—	—	—	—
三、工程建设其他费用			元	7738.49	10.65	26529.65	10.65	219749.78	10.65
四、基本预备费			元	5381.23	7.41	18448.31	7.41	152810.61	7.41
建筑安装工程费									
直接费	人工费	普工	工日	34.42	—	74.41	—	1600.68	—
		一般技工	工日	48.00	—	131.75	—	950.18	—
		高级技工	工日	5.98	—	20.74	—	30.94	—
		人工费小计	元	10212.11	14.06	27195.06	10.92	262248.58	12.71
	材料费	砂子 中粗砂	m^3	—	—	—	—	10.98	—
		碎石（综合）	m^3	—	—	—	—	225.38	—
		片石	m^3	—	—	—	—	1632.00	—
		块石	m^3	57.50	—	34.50	—	—	—
		预拌混凝土 C15	m^3	—	—	6.06	—	—	—
		预拌无砂混凝土 C20	m^3	—	—	—	—	102.00	—

续前

项目			单位	指标	费用占比（%）	指标	费用占比（%）	指标	费用占比（%）
直接费	材料费	生态混凝土	m^3	—	—	—	—	38.08	—
		防腐杉木桩	m^3	—	—	37.09	—	—	—
		格宾网	m^2	—	—	—	—	11040.00	—
		土工布	m^2	—	—	—	—	978.03	—
		无纺布	m^2	—	—	—	—	413.19	—
		种植土	m^3	—	—	—	—	423.12	—
		砂基透水砖 300×300×80	m^2	—	—	—	—	510.00	—
		混凝土缘石 100×300×495	m	—	—	—	—	202.00	—
		草卷	m^2	355.10	—	212.00	—	1256.10	—
		水生植物 16 株 /m^2	m^2	208.00	—	—	—	—	—
		水	m^3	133.74	—	75.72	—	689.24	—
		其他材料费	元	573.61	—	2282.39	—	27422.92	—
		材料费小计	元	32742.87	45.07	115465.11	46.36	851862.20	41.29
	机械费	履带式单斗液压挖掘机 $1m^3$	台班	0.10	—	0.08	—	3.52	—
		轮胎式装载机 $1.5m^3$	台班	0.11	—	0.08	—	3.72	—
		自卸汽车 10t	台班	2.32	—	1.67	—	81.74	—
		履带式起重机 15t	台班	—	—	—	—	2.31	—
		喷药车	台班	0.60	—	0.24	—	1.87	—
		其他机械费	元	279.67	—	762.34	—	8101.66	—
		机械费小计	元	2530.24	3.48	2321.26	0.93	81466.51	3.95
	措施费		元	1266.37	1.74	8513.72	3.42	68658.37	3.33
	小计		元	46751.59	64.35	153495.15	61.63	1264235.66	61.28
综合费			元	12775.27	17.59	50579.05	20.31	426380.31	20.67
合计			元	59526.86	—	204074.20	—	1690615.97	—

2 分项指标

说　明

一、土石方工程：

1. 本节适用于竖向布置的土石方工程。

2. 本节包括人工及机械土石方开挖、回填、运输，人工及机械土石方开挖已包括 1km 基本运距。

3. 人工挖淤泥、流砂按深度 2m 以内编制，机械挖淤泥、流砂按深度 6m 以内编制。

4. 人工开挖石方按人工凿打平基石方编制，石方类别按极软岩、软岩、较软岩比例为 2∶4∶4 考虑。

5. 机械非爆破石方考虑石方类别按软质岩、较硬岩、坚硬岩比例为 4∶5∶1 考虑。

6. 人工运输土方、人工运输淤泥及流砂、人工运输石方按 50m 运距考虑。

7. 本指标未考虑现场障碍物清除、土石方边坡支护、地下常水位以下的施工降水措施，发生时另行计算。

8. 本指标未考虑湿陷性黄土区、永久性冻土和地质情况十分复杂等地区的特殊要求，若遇此情况综合指标可以调整。

9. 本指标未包含弃渣费用。

二、管网工程：

1. 本节适用于室外给排水工程。

2. 本节包括金属给水管道安装、塑料给水管道安装、金属排水管道安装、塑料排水管道安装、玻璃钢夹砂管安装、钢筋混凝土管安装、架空金属管道安装、混凝土顶管、钢管顶管、钢管挤压顶进、铸铁管挤压顶进、顶管工作井及接收井、地下水平导向钢管敷设、混凝土沟渠、砌筑沟渠、成品检查井、砌筑检查井、混凝土检查井、砌筑跌水井、混凝土跌水井、混凝土消能井、环保型雨水口。

3. 排水管道管径 800mm 以内时，管道按 2m 埋深考虑；管道管径 1400mm 以内时，管道按 3m 埋深考虑；管道管径 1600mm 以内时，管道按 3.5m 埋深考虑；管道管径 2000mm 以内时，管道按 4m 埋深考虑；管道管径 2000mm 以上时，管道按 5m 埋深考虑。给水管道埋深按 1m 考虑。

4. 管道管径 500mm 以内时，沟槽按放坡开挖考虑；管道管径 500mm 以上时，沟槽按挡土板支护开挖考虑。

5. 管道砂砾石垫层：管道管径 800mm 以内时，垫层厚度按 100mm 考虑；管道管径 1600mm 以内时，垫层厚度按 150mm 考虑；管道管径 1600mm 以上时，垫层厚度按 200mm 考虑。

6. 混凝土管道基础按 180° 混凝土基础考虑。

7. 混凝土管道管径 500mm 以内时，考虑为企口管混凝土管道，橡胶圈柔性接口；混凝土管道管径 500mm 以上时，考虑为平口管混凝土管道，钢丝网水泥砂浆抹带刚性接口。

8. 沟槽开挖按土方考虑，如遇开挖石方时，按石方所占土石方比例系数乘以下表石方增加费单价，调整指标费用。

石方增加费单价表

序号	管径（mm 以内）	埋深（m 以内）	石方增加费（元 /100m）
1	800	2	32
2	1400	3	150
3	1600	3.5	250
4	2000	4	365
5	2400	5	485

9. 管道顶进已对土石方的土石比进行了综合，使用时不做调整。

10. 检查井、跌水井、沟渠、架空管道基础已对土石方的土石比进行了综合，使用时不做调整。

11. 管沟回填已考虑砂石保护性回填。

12. 本指标已考虑余方外运 20km，未包含弃渣费用。

13. 本指标未考虑地下常水位以下的施工降水措施，发生时另行计算。

三、雨水调蓄工程：

1. 本节适用于雨水调蓄工程。

2. 本指标包括玻璃钢成品池、钢筋混凝土预制拼装池、成品集水樽、钢筋混凝土水池、砌筑水池、模块调蓄池、现浇混凝土挡墙、砌筑挡墙、混凝土沉砂井、砌筑沉砂井、单孔箱涵、架空箱涵、生物滞留带设施、雨水湿地、湿塘、调节塘、渗透塘、渗井、渗管、渗渠、雨水泵房、深层隧道、渗滤设备系统、调蓄设备系统、净化设备系统、回用设备系统、排放设备系统、拆除道路、拆除管道、拆除构筑物、拆除井等。

3. 本指标工作内容中包含的土石方外运，是按余方外运 20km 考虑的，未包含弃渣费用。

4. 渗透塘、雨水湿地、湿塘、调节塘土石方按局部开挖考虑，不做调整。

5. 池体、箱涵是按开挖土方编制的，如遇开挖石方时，按石方所占土石方比例系数乘以下表石方增加费单价，调整指标费用。

石方增加费单价表

编号	指标名称	单位	增加费用（元）
1	玻璃钢成品池 10~100m^3	容积 10m^3	556.6
2	钢筋混凝土预制拼装池 50~400m^3		440.6
3	钢筋混凝土水池 50~100m^3		801.6
4	钢筋混凝土水池 150~500m^3		587.3
5	钢筋混凝土水池 800~4000m^3		724.0
6	砖砌水池 100~300m^3		340.9
7	毛石砌筑水池 100~300m^3		357.7
8	条石砌筑水池 100~300m^3		357.7
9	硅砂模块调蓄池 100~200m^3		514.2
10	硅砂模块调蓄池 500~1000m^3		873.1
11	PP 模块调蓄池 100~200m^3		649.8
12	PP 模块调蓄池 500~1000m^3		873.0
13	单孔箱涵 5m^2	10m	2426.5
14	单孔箱涵 7.5~12m^2		5784.5
15	单孔箱涵 24m^2		16095.2

6. 若池体有效容积与本指标不同时，采用内插法计算；若箱涵净断面积与本指标不同时，采用内插法计算。

7. 深层隧道（$D \leq 6$m）指标适用于各类风化泥岩、泥灰岩、粉砂岩、碎裂岩等地层。深层隧道（$D \leq 10$m）指标适用于沿海地区的细颗粒软弱冲积土层，包括黏土、亚黏土、淤泥质亚黏土、淤泥质黏土、亚砂土、粉砂土、细砂土、人工填土和人工冲填土层等软土地层。

8. 盾构掘进指标按不同土质综合编制。

9. 土压平衡盾构掘进的土方已包含土方吊出井口至堆土场地及 20km 场外运输。泥水平衡盾构掘进时已包含排放的泥浆输送至沉淀池及 20km 场外运输。

10. 盾构机在穿越密集建筑群、古文物建筑及堤防江河、重要管线的基础、桩群且对地表沉降有特殊要求者,其施工措施费另行计算。

11. 预制钢筋混凝土管片制作按环宽 1.5m 考虑,已包含管片精模摊销费用。

12. 管片密封条分氯丁橡胶条和三元乙丙橡胶条两种,主材不同时,允许换算。

13. 盾构基座用于盾构机组装、始发和接收阶段,按钢结构编制。

14. 手孔封堵材料以水泥加外掺剂为主,主材不同时,允许换算。

15. 结构防水层分为卷材防水与涂膜防水,主材不同时,允许换算。

16. 拆除工程废渣外运距离按 20km 编制。

17. 高压旋喷桩水泥设计用量与指标不同时,允许调整。

18. 渗滤、调蓄、净化、回用、排放设备系统安装所需线缆按 500m 长编制。

19. 管道拆除指标中开挖沟槽土方及级配砂石垫层考虑恢复时利用回填,混凝土基础拆除后外弃。

20. 拆除金属管道,按 *DN*500 以内综合考虑,金属管道未考虑利旧;拆除混凝土管、拆除混塑料管子目,按 *DN*300~*DN*1800 综合考虑,混凝土管道未考虑利旧。

21. 拆除指标均未考虑恢复。

四、铺装工程:

本节适用于道路及附属铺装工程中的基层、面层及附属工程。

五、环境绿化工程:

1. 本节适用于建筑小区、公园、广场、城市绿地、滨水带、绿色屋顶等区域。

2. 成片栽植适用于片植的小乔木、灌木、水生植物。

3. 本指标未考虑孤植的乔木、灌木,发生时另行计算。

4. 种植屋面种植土厚度按 600mm 考虑,实际不同时允许调整。

5. 花草栽植适用于片植的草本花卉。

6. 铺草卷种植土厚度按 300mm 考虑,实际不同时允许调整。

7. 木桩护(驳)岸按单排木桩、桩长 4m、桩径 150mm 编制,干铺石材护(驳)岸按片石考虑,干砌石材护(驳)岸按块石考虑,石笼护(驳)岸按石笼内填片石考虑,实际不同时允许调整。

8. 生态混凝土护(驳)岸的生态混凝土按 100mm 厚考虑,有机营养客土喷播按 100mm 厚考虑。

9. 护(驳)岸不包括围堰、桩基及地基处理。

10. 碎石消能渠按 0.5m 宽、1m 深考虑,填筑石材超出沟渠 0.1m 考虑。如实际项目尺寸不同时,按截面积等比例调整。

11. 本节指标中涉及土石方外运的项目,均已包含 20km 的运距。

12. 设计苗木品种、规格与本指标取定不同时,可按设计品种、规格调整。

13. 植物养护包括规范要求的施工期养护及一年内的成活养护。

工程量计算规则

各节工程量计算规则具体如下：

一、土石方工程：

1. 人工及机械开挖土石方按设计图示天然密实体积（自然方）以“m^3”计算。

2. 人工及机械挖淤泥、流砂工程量按设计图示位置、界限体积以“m^3”计算。

3. 回填方按设计图示体积以“m^3”计算。

4. 人工及机械运输土石方按以下公式计算：土石方余方 = 挖方 – 回填方，余方为正则为外运，余方为负则为借方内运。

二、管网工程：

1. 管道按设计中心线长度以“m”计算，不扣除管井所占位置长度。

2. 沟渠按设计中心线长度以“m”计算。

3. 工作井、接收井、检查井、跌水井、消能井按设计图示数量以“座”计算。

三、雨水调蓄工程：

1. 玻璃钢成品池、钢筋混凝土预制拼装池、成品罐、现浇钢筋混凝土池、砌筑水池、模块水池按设计有效容积以“m^3”计算。

2. 混凝土挡墙、砌筑挡墙按设计图示体积以“m^3”计算。

3. 砌筑沉砂井、混凝土沉砂井、渗井按设计图示数量以“座”计算。

4. 箱涵按设计图示中心线长度以“m”计算。

5. 渗透塘、湿塘、调节塘按设计图示调蓄水位的水域面积以“m^2”计算。

6. 雨水湿地按设计图示水平投影面积以“m^2”计算。

7. 生物滞留设施按设计图示滞水层顶面或蓄水层顶面的水平投影面积以“m^2”计算。

8. 渗管、渗渠按设计图示中心线长度以“m”计算。

9. 盾构机安装、拆除按安拆次数以“台次”计算。

10. 盾构掘进按设计图示掘进长度以“m”计算。

11. 管片制作、安装按设计图示数量以“环”计算。

12. 洞口处理按设计图示数量以“处”计算。

13. 结构防水层按设计图示面积以“m^2”计算。

14. 地下连续墙、灌注桩、旋喷桩按设计图示体积以“m^3”计算。

15. 工作井、入流井开挖按设计图示开挖体积以“m^3”计算。

16. 钢筋混凝土构件及支撑按设计图示体积以“m^3”计算。

17. 钢格栅支撑、砂浆锚杆、药卷锚杆、钢筋网制作安装按设计图示质量以“t”计算。

18. 中空注浆锚杆按设计图示长度以“m”计算。

19. 基坑监测的水位观察、土体分层沉降监测、土体水平位移监测、墙体位移监测孔按设计图示数量以“孔”计算。

20. 地表桩监测孔、混凝土构件变形监测孔、建筑物倾斜监测孔、混凝土构件界面土压力监测孔按设计图示数量以“只”计算。

21. 混凝土支撑轴力监测孔按“端面”计算。

22. 地面监测按“组日”计算。

23. 拆除道路基层、面层按拆除面积以“m^2”计算。

24. 拆路缘石按拆除长度以“m”计算。

25. 拆除管道按拆除管道中心线长度以“m”计算。

26. 拆除构筑物按构筑物体积以“m^3”计算。

27. 拆除井按井数量以“座”计算。

28. 雨水泵房按设计图示数量以“座”计算。

29. 渗滤、调蓄、净化、回用、排放设备系统按设计数量以“套”计算。

四、铺装工程：

1. 基层、面层按设计图示面积以“m^2”计算。

2. 成品路缘石、植树框按设计图示长度以“m”计算。

五、环境绿化工程：

1. 种植屋面按设计图示水平投影面积以“m^2”计算。

2. 种植土按设计图示体积以“m^3”计算。

3. 成片栽植、铺设草坪、花草栽植按设计图示绿化面积以“m^2”计算。

4. 植草沟按设计图示水平投影面积以“m^2”计算。

5. 木桩护（驳）岸按设计图示长度以“m”计算。

6. 景观石（小品）按设计图示质量以“t”计算。

7. 干铺石材、植草砖、生态混凝土、植被护（驳）岸按设计图示护岸展开面积以“m^2”计算。

8. 干砌石材、石笼、生态袋护（驳）岸按设计图示体积以“m^3”计算。

9. 混凝土护脚、压脚按设计图示体积以“m^3”计算。

10. 消能渠按设计图示长度以“m”计算。

2.1 土石方工程

工作内容：1. 人工开挖土方：排地表水；土方开挖；运输。

2. 机械开挖土方：排地表水；土方开挖；运输。

3. 人工挖淤泥、流沙：淤泥、流砂开挖；运输。 **单位**：$1000m^3$

指标编号				1F-001		1F-002		1F-003	
指标名称				人工开挖土方		机械开挖土方		人工挖淤泥、流砂	
项目			单位	指标	费用占比（%）	指标	费用占比（%）	指标	费用占比（%）
指标基价			元	90721.64	100.00	18957.83	100.00	133447.57	100.00
一、建筑安装工程费			元	90721.64	100.00	18957.83	100.00	133447.57	100.00
1. 建筑工程费			元	90721.64	100.00	18957.83	100.00	133447.57	100.00
2. 安装工程费			元	—	—	—	—	—	—
二、设备购置费			元	—	—	—	—	—	—
建筑安装工程费									
直接费	人工费	普工	工日	535.81	—	8.00	—	806.52	—
		人工费小计	元	44836.58	49.42	669.44	3.53	67489.59	50.57
	材料费	水	m^3	12.00	—	12.00	—	21.60	—
		其他材料费	元	—	—	—	—	—	—
		材料费小计	元	100.92	0.11	100.92	0.53	181.66	0.14
	机械费	履带式单斗机械挖掘机 $1.5m^3$	台班	—	—	1.98	—	—	—
		轮胎式装载机 $3m^3$	台班	1.60	—	1.60	—	1.60	—
		自卸汽车 15t	台班	7.01	—	7.01	—	12.61	—
		洒水车 4000L	台班	0.48	—	0.48	—	0.87	—
		其他机械费	元	—	—	197.62	—	—	—
		机械费小计	元	9833.65	10.84	12969.91	68.41	16046.76	12.02
	措施费		元	9885.71	10.90	1197.63	6.32	10618.07	7.96
	小计		元	64656.86	71.27	14937.90	78.80	94336.08	70.69
综合费			元	26064.78	28.73	4019.93	21.20	39111.49	29.31
合计			元	90721.64	—	18957.83	—	133447.57	—

工作内容：1. 机械挖淤泥、流砂：淤泥、流砂开挖；运输。

2. 人工非爆破开挖石方：排地表水；凿石；运输。

3. 机械爆破开挖石方：布置孔位、钻孔、测孔；装药、爆破；运输。 **单位**：$1000m^3$

指标编号				1F-004		1F-005		1F-006	
指标名称				机械挖淤泥、流砂		人工非爆破开挖石方		机械爆破开挖石方	
项目			单位	指标	费用占比（%）	指标	费用占比（%）	指标	费用占比（%）
指标基价			元	33526.67	100.00	130563.16	100.00	48998.87	100.00
一、建筑安装工程费			元	33526.67	100.00	130563.16	100.00	48998.87	100.00
1. 建筑工程费			元	33526.67	100.00	130563.16	100.00	48998.87	100.00
2. 安装工程费			元	—	—	—	—	—	—
二、设备购置费			元	—	—	—	—	—	—
建筑安装工程费									
直接费	人工费	普工	工日	32.98	—	797.74	—	56.95	—
		人工费小计	元	2759.77	8.23	66754.88	51.13	4765.24	9.73
	材料费	硝铵 2#	kg	—	—	—	—	335.63	—
		电雷管	个	—	—	—	—	589.52	—
		水	m^3	21.60	—	12.00	—	68.97	—
		其他材料费	元	—	—	—	—	1317.16	—
		材料费小计	元	181.66	0.54	100.92	0.08	3829.24	7.81
	机械费	履带式单斗液压挖掘机 $1m^3$	台班	—	—	4.19	—	4.19	—
		抓铲挖掘机 $1m^3$	台班	6.80	—	—	—	—	—
		履带式推土机 90kW	台班	—	—	1.26	—	1.26	—
		轮胎式装载机 $3m^3$	台班	1.60	—	—	—	—	—
		自卸汽车 15t	台班	12.61	—	11.40	—	11.40	—
		内燃空气压缩机 $9m^3/min$	台班	—	—	—	—	5.70	—
		洒水车 4000L	台班	0.87	—	0.48	—	0.48	—
		其他机械费	元	—	—	—	—	2657.23	—
		机械费小计	元	21643.30	64.56	19415.17	14.87	25221.94	51.47
	措施费		元	1471.99	4.39	5242.66	4.02	4425.56	9.03
	小计		元	26056.72	77.72	91513.63	70.09	38241.98	78.05
综合费			元	7469.95	22.28	39049.53	29.91	10756.89	21.95
合计			元	33526.67	—	130563.16	—	48998.87	—

工作内容：1. 机械非爆破开挖石方：排地表水；凿石；运输。

2. 回填方：回填；压实。

3. 人工运输土方：人工及双(单)轮车运输。　　　　单位：1000m³

指标编号				1F-007		1F-008		1F-009	
指标名称				机械非爆破开挖石方		回填方		人工运输土方	
项目			单位	指标	费用占比(%)	指标	费用占比(%)	指标	费用占比(%)
指标基价			元	90788.82	100.00	8151.27	100.00	17485.35	100.00
一、建筑安装工程费			元	90788.82	100.00	8151.27	100.00	17485.35	100.00
1. 建筑工程费			元	90788.82	100.00	8151.27	100.00	17485.35	100.00
2. 安装工程费			元	—	—	—	—	—	—
二、设备购置费			元	—	—	—	—	—	—
建筑安装工程费									
直接费	人工费	普工	工日	27.64	—	4.00	—	137.03	—
		人工费小计	元	2312.58	2.55	334.72	4.11	11466.67	65.58
	材料费	水	m³	12.00	—	15.00	—	—	—
		其他材料费	元	1069.20	—	—	—	—	—
		材料费小计	元	1170.12	1.29	126.15	1.55	—	—
	机械费	履带式液压岩石破碎机 大	台班	39.00	—	—	—	—	—
		履带式单斗液压挖掘机 1m³	台班	4.19	—	—	—	—	—
		履带式推土机 90kW	台班	1.26	—	—	—	—	—
		自卸汽车 15t	台班	11.40	—	—	—	—	—
		钢轮振动压路机 15t	台班	—	—	3.93	—	—	—
		其他机械费	元	218.47	—	699.75	—	—	—
		机械费小计	元	62901.17	69.28	5750.94	70.55	—	—
	措施费		元	5249.51	5.78	157.16	1.93	290.11	1.66
	小计		元	71633.38	78.90	6368.97	78.13	11756.78	67.24
综合费			元	19155.44	21.10	1782.30	21.87	5728.57	32.76
合计			元	90788.82	—	8151.27	—	17485.35	—

工作内容：人工及双（单）轮车运输。 **单位**：1000m³

指标编号				1F-010		1F-011	
指标名称				人工运输淤泥、流砂		人工运输石方	
项目			单位	指标	费用占比（%）	指标	费用占比（%）
指标基价			元	27361.77	100.00	42029.66	100.00
一、建筑安装工程费			元	27361.77	100.00	42029.66	100.00
1. 建筑工程费			元	27361.77	100.00	42029.66	100.00
2. 安装工程费			元	—	—	—	—
二、设备购置费			元	—	—	—	—
建筑安装工程费							
直接费	人工费	普工	工日	214.43	—	329.38	—
		人工费小计	元	17943.50	65.58	27562.52	65.58
	材料费	其他材料费	元	—	—	—	—
		材料费小计	元	—	—	—	—
	机械费	其他机械费	元	—	—	—	—
		机械费小计	元	—	—	—	—
	措施费		元	453.97	1.66	697.33	1.66
	小计		元	18397.47	67.24	28259.85	67.24
综合费			元	8964.30	32.76	13769.81	32.76
合计			元	27361.77	—	42029.66	—

工作内容：土、石方运输。 单位：1000m³

指标编号				1F-012		1F-013	
指标名称				机械运输土方 每增减 1km		机械运输石方 每增减 1km	
项目			单位	指标	费用占比（%）	指标	费用占比（%）
指标基价			元	3080.11	100.00	3640.13	100.00
一、建筑安装工程费			元	3080.11	100.00	3640.13	100.00
1. 建筑工程费			元	3080.11	100.00	3640.13	100.00
2. 安装工程费			元	—	—	—	—
二、设备购置费			元	—	—	—	—
建筑安装工程费							
直接费	人工费	普工	工日	—	—	—	—
		人工费小计	元	—	—	—	—
	材料费	其他材料费	元	—	—	—	—
		材料费小计	元	—	—	—	—
	机械费	自卸汽车 15t	台班	2.20	—	2.60	—
		其他机械费	元	—	—	—	—
		机械费小计	元	2369.11	76.92	2799.86	76.92
	措施费		元	59.94	1.95	70.84	1.95
	小计		元	2429.05	78.86	2870.70	78.86
综合费			元	651.06	21.14	769.43	21.14
合计			元	3080.11	—	3640.13	—

2.2 管 网 工 程

2.2.1 金属给水管道安装

工作内容：沟槽土方开挖、回填、外运；垫层、基础铺筑；管道铺设；管道检验及试验。 **单位**：100m

指标编号				2F-001		2F-002	
指标名称				金属给水管道安装			
				*DN*100		*DN*200	
项目			单位	指标	费用占比（%）	指标	费用占比（%）
指标基价			元	22686.07	100.00	32809.75	100.00
一、建筑安装工程费			元	22686.07	100.00	32809.75	100.00
1. 建筑工程费			元	22686.07	100.00	32809.75	100.00
2. 安装工程费			元	—	—	—	—
二、设备购置费			元	—	—	—	—
建筑安装工程费							
直接费	人工费	普工	工日	47.81	—	56.52	—
		一般技工	工日	15.34	—	22.97	—
		高级技工	工日	2.11	—	3.39	—
		人工费小计	元	6388.78	28.16	8340.48	25.42
	材料费	钢管 *DN*100	m	101.20	—	—	—
		钢管 *DN*200	m	—	—	100.90	—
		砾石 40	m^3	11.23	—	12.25	—
		砂子 中砂	m^3	4.72	—	5.15	—
		水	m^3	8.44	—	24.24	—
		其他材料费	元	1376.89	—	2654.16	—
		材料费小计	元	8302.27	36.60	13059.75	39.80
	机械费	履带式单斗液压挖掘机 1m^3	台班	0.32	—	0.34	—
		电动夯实机 20~62N·m	台班	11.44	—	12.16	—
		其他机械费	元	256.09	—	573.33	—
		机械费小计	元	982.61	4.33	1345.26	4.10
	措施费		元	826.18	3.64	1248.63	3.81
	小计		元	16499.84	72.73	23994.12	73.13
综合费			元	6186.23	27.27	8815.63	26.87
合计			元	22686.07	—	32809.75	—

2.2.2 塑料给水管道安装

工作内容：沟槽土方开挖、回填、外运；垫层、基础铺筑；管道铺设；管道检验及试验。

单位：100m

指标编号				2F-003		2F-004	
指标名称				塑料给水管道安装			
				*DN*100		*DN*200	
项目			单位	指标	费用占比（%）	指标	费用占比（%）
指标基价			元	25112.65	100.00	48313.98	100.00
一、建筑安装工程费			元	25112.65	100.00	48313.98	100.00
1. 建筑工程费			元	25112.65	100.00	48313.98	100.00
2. 安装工程费			元	—	—	—	—
二、设备购置费			元	—	—	—	—
建筑安装工程费							
直接费	人工费	普工	工日	58.55	—	70.58	—
		一般技工	工日	11.05	—	18.25	—
		高级技工	工日	0.86	—	1.83	—
		人工费小计	元	6489.57	25.84	8607.94	17.82
	材料费	塑料给水管 *DN*100	m	100.00	—	—	—
		塑料给水管 *DN*200	m	—	—	100.00	—
		级配砂石	t	61.86	—	85.85	—
		砾石 40	m^3	11.23	—	12.25	—
		砂子 中砂	m^3	4.72	—	5.15	—
		水	m^3	8.44	—	24.24	—
		其他材料费	元	245.00	—	462.83	—
		材料费小计	元	10127.94	40.33	24578.13	50.87
	机械费	履带式单斗液压挖掘机 $1m^3$	台班	0.32	—	0.34	—
		电动夯实机 20~62N·m	台班	11.44	—	12.16	—
		其他机械费	元	89.45	—	101.50	—
		机械费小计	元	815.97	3.25	873.43	1.81
	措施费		元	931.33	3.71	1922.53	3.98
	小计		元	18364.81	73.13	35982.03	74.48
综合费			元	6747.84	26.87	12331.95	25.52
合计			元	25112.65	—	48313.98	—

2.2.3 金属排水管道安装

工作内容：沟槽土方开挖、回填、外运；垫层、基础铺筑；管道铺设；管道检验及试验。 **单位：**100m

指标编号				2F-005		2F-006	
指标名称				金属排水管道安装			
				*DN*300		*DN*500	
项目			单位	指标	费用占比（%）	指标	费用占比（%）
指标基价			元	75658.87	100.00	124886.12	100.00
一、建筑安装工程费			元	75658.87	100.00	124886.12	100.00
1. 建筑工程费			元	75658.87	100.00	124886.12	100.00
2. 安装工程费			元	—	—	—	—
二、设备购置费			元	—	—	—	—
建筑安装工程费							
直接费	人工费	普工	工日	129.25	—	159.68	—
		一般技工	工日	26.68	—	48.44	—
		高级技工	工日	4.00	—	7.58	—
		人工费小计	元	15023.33	19.86	21063.79	16.87
	材料费	钢板卷管 *DN*300	m	103.80	—	—	—
		钢板卷管 *DN*500	m	—	—	103.59	—
		砾石 40	m^3	13.27	—	16.34	—
		砂子 中砂	m^3	5.58	—	6.87	—
		水	m^3	14.29	—	34.16	—
		其他材料费	元	4353.52	—	7291.77	—
		材料费小计	元	35133.80	46.44	63212.92	50.62
	机械费	履带式单斗液压挖掘机 $1m^3$	台班	0.97	—	1.09	—
		电动夯实机 20~62N·m	台班	34.53	—	39.04	—
		载重汽车 8t	台班	0.27	—	0.45	—
		汽车式起重机 8t	台班	0.53	—	0.88	—
		其他机械费	元	446.40	—	713.26	—
		机械费小计	元	3209.43	4.24	4139.65	3.31
	措施费		元	2829.64	3.74	4891.07	3.92
	小计		元	56196.20	74.28	93307.43	74.71
综合费			元	19462.67	25.72	31578.69	25.29
合计			元	75658.87	—	124886.12	—

2.2.4 塑料排水管道安装

工作内容： 沟槽土方开挖、回填、外运；垫层、基础铺筑；管道铺设；管道检验及试验。

单位：100m

指标编号				2F-007		2F-008	
指标名称				塑料排水管道安装			
				*DN*300		*DN*500	
项目			单位	指标	费用占比（%）	指标	费用占比（%）
指标基价			元	60563.84	100.00	94154.83	100.00
一、建筑安装工程费			元	60563.84	100.00	94154.83	100.00
1. 建筑工程费			元	60563.84	100.00	94154.83	100.00
2. 安装工程费			元	—	—	—	—
二、设备购置费			元	—	—	—	—
建筑安装工程费							
直接费	人工费	普工	工日	167.17	—	206.83	—
		一般技工	工日	25.36	—	34.07	—
		高级技工	工日	2.18	—	2.83	—
		人工费小计	元	17673.59	29.18	22241.13	23.62
	材料费	HDPE 双壁波纹管 *DN*300	m	100.00	—	—	—
		HDPE 双壁波纹管 *DN*500	m	—	—	100.00	—
		HDPE 双壁波纹管 *DN*800	m	—	—	—	—
		级配砂石	t	185.49	—	268.92	—
		砾石 40	m^3	13.27	—	16.34	—
		砂子 中砂	m^3	5.58	—	6.87	—
		水	m^3	14.29	—	34.16	—
		其他材料费	元	458.12	—	751.46	—
		材料费小计	元	21771.34	35.95	40743.47	43.27
	机械费	履带式单斗液压挖掘机 $1m^3$	台班	0.97	—	1.09	—
		电动夯实机 20~62N·m	台班	34.53	—	39.04	—
		轮胎式装载机 $1.5m^3$	台班	—	—	—	—
		自卸汽车 10t	台班	—	—	—	—
		汽车式起重机 8t	台班	—	—	—	—
		其他机械费	元	171.88	—	209.30	—
		机械费小计	元	2365.06	3.91	2688.55	2.86
	措施费		元	2157.77	3.56	3546.07	3.77
	小计		元	43967.76	72.60	69219.22	73.52
综合费			元	16596.08	27.40	24935.61	26.48
合计			元	60563.84	—	94154.83	—

工作内容：沟槽土方开挖、回填、外运；挡土板支设、拆除；垫层、基础铺筑；管道铺设；管道检验及试验。

单位：100m

<table>
<tr><td colspan="4">指 标 编 号</td><td colspan="2">2F-009</td><td colspan="2">2F-010</td><td colspan="2">2F-011</td></tr>
<tr><td colspan="4" rowspan="2">指 标 名 称</td><td colspan="6">塑料排水管道安装</td></tr>
<tr><td colspan="2">DN800</td><td colspan="2">DN1200</td><td colspan="2">DN1600</td></tr>
<tr><td colspan="3">项 目</td><td>单位</td><td>指标</td><td>费用占比（%）</td><td>指标</td><td>费用占比（%）</td><td>指标</td><td>费用占比（%）</td></tr>
<tr><td colspan="3">指标基价</td><td>元</td><td>172737.68</td><td>100.00</td><td>313166.55</td><td>100.00</td><td>507588.18</td><td>100.00</td></tr>
<tr><td colspan="3">一、建筑安装工程费</td><td>元</td><td>172737.68</td><td>100.00</td><td>313166.55</td><td>100.00</td><td>507588.18</td><td>100.00</td></tr>
<tr><td colspan="3">1. 建筑工程费</td><td>元</td><td>172737.68</td><td>100.00</td><td>313166.55</td><td>100.00</td><td>507588.18</td><td>100.00</td></tr>
<tr><td colspan="3">2. 安装工程费</td><td>元</td><td>—</td><td>—</td><td>—</td><td>—</td><td>—</td><td>—</td></tr>
<tr><td colspan="3">二、设备购置费</td><td>元</td><td>—</td><td>—</td><td>—</td><td>—</td><td>—</td><td>—</td></tr>
<tr><td colspan="10">建筑安装工程费</td></tr>
<tr><td rowspan="24">直接费</td><td rowspan="4">人工费</td><td>普工</td><td>工日</td><td>203.14</td><td>—</td><td>331.79</td><td>—</td><td>532.81</td><td>—</td></tr>
<tr><td>一般技工</td><td>工日</td><td>78.97</td><td>—</td><td>116.15</td><td>—</td><td>162.48</td><td>—</td></tr>
<tr><td>高级技工</td><td>工日</td><td>3.75</td><td>—</td><td>4.99</td><td>—</td><td>6.55</td><td>—</td></tr>
<tr><td>人工费小计</td><td>元</td><td>27889.40</td><td>16.15</td><td>43678.42</td><td>13.95</td><td>66768.45</td><td>13.15</td></tr>
<tr><td rowspan="9">材料费</td><td>HDPE 双壁波纹管 DN800</td><td>m</td><td>100.00</td><td>—</td><td>—</td><td>—</td><td>—</td><td>—</td></tr>
<tr><td>HDPE 双壁波纹管 DN1200</td><td>m</td><td>—</td><td>—</td><td>100.00</td><td>—</td><td>—</td><td>—</td></tr>
<tr><td>HDPE 双壁波纹管 DN1600</td><td>m</td><td>—</td><td>—</td><td>—</td><td>—</td><td>100.00</td><td>—</td></tr>
<tr><td>级配砂石</td><td>t</td><td>400.55</td><td>—</td><td>591.28</td><td>—</td><td>1010.30</td><td>—</td></tr>
<tr><td>砾石 40</td><td>m^3</td><td>20.42</td><td>—</td><td>38.29</td><td>—</td><td>71.27</td><td>—</td></tr>
<tr><td>砂子 中砂</td><td>m^3</td><td>8.58</td><td>—</td><td>16.10</td><td>—</td><td>29.96</td><td>—</td></tr>
<tr><td>水</td><td>m^3</td><td>59.25</td><td>—</td><td>127.77</td><td>—</td><td>227.83</td><td>—</td></tr>
<tr><td>其他材料费</td><td>元</td><td>4262.30</td><td>—</td><td>6991.85</td><td>—</td><td>9865.94</td><td>—</td></tr>
<tr><td>材料费小计</td><td>元</td><td>81332.41</td><td>47.08</td><td>157261.62</td><td>50.22</td><td>257112.67</td><td>50.65</td></tr>
<tr><td rowspan="9">机械费</td><td>履带式单斗液压挖掘机 1m^3</td><td>台班</td><td>0.84</td><td>—</td><td>1.58</td><td>—</td><td>2.58</td><td>—</td></tr>
<tr><td>电动夯实机 20~62N·m</td><td>台班</td><td>9.09</td><td>—</td><td>21.88</td><td>—</td><td>32.64</td><td>—</td></tr>
<tr><td>轮胎式装载机 1.5m^3</td><td>台班</td><td>0.62</td><td>—</td><td>1.02</td><td>—</td><td>1.77</td><td>—</td></tr>
<tr><td>自卸汽车 10t</td><td>台班</td><td>13.60</td><td>—</td><td>22.36</td><td>—</td><td>38.77</td><td>—</td></tr>
<tr><td>汽车式起重机 8t</td><td>台班</td><td>0.50</td><td>—</td><td>0.92</td><td>—</td><td>—</td><td>—</td></tr>
<tr><td>汽车式起重机 16t</td><td>台班</td><td>—</td><td>—</td><td>—</td><td>—</td><td>1.67</td><td>—</td></tr>
<tr><td>其他机械费</td><td>元</td><td>355.23</td><td>—</td><td>620.08</td><td>—</td><td>1087.72</td><td>—</td></tr>
<tr><td>机械费小计</td><td>元</td><td>13092.10</td><td>7.58</td><td>22081.37</td><td>7.05</td><td>38419.72</td><td>7.57</td></tr>
<tr><td>措施费</td><td></td><td>元</td><td>6822.68</td><td>3.95</td><td>12422.17</td><td>3.97</td><td>20103.93</td><td>3.96</td></tr>
<tr><td>小计</td><td></td><td>元</td><td>129136.59</td><td>74.76</td><td>235443.58</td><td>75.18</td><td>382404.77</td><td>75.34</td></tr>
<tr><td colspan="3">综合费</td><td>元</td><td>43601.09</td><td>25.24</td><td>77722.97</td><td>24.82</td><td>125183.41</td><td>24.66</td></tr>
<tr><td colspan="3">合计</td><td>元</td><td>172737.68</td><td>—</td><td>313166.55</td><td>—</td><td>507588.18</td><td>—</td></tr>
</table>

2.2.5 玻璃钢夹砂管安装

工作内容：1. 玻璃钢夹砂管安装 *DN*300、*DN*500：沟槽土方开挖、回填、外运；垫层、基础铺筑；管道铺设；管道检验及试验。

2. 玻璃钢夹砂管安装 *DN*800：沟槽土方开挖、回填、外运；挡土板支设、拆除；垫层、基础铺筑；管道铺设；管道检验及试验。

单位：100m

指标编号				2F-012		2F-013		2F-014	
指标名称				玻璃钢夹砂管安装					
				*DN*300		*DN*500		*DN*800	
项目			单位	指标	费用占比（%）	指标	费用占比（%）	指标	费用占比（%）
指标基价			元	67808.42	100.00	99694.75	100.00	177266.48	100.00
一、建筑安装工程费			元	67808.42	100.00	99694.75	100.00	177266.48	100.00
1. 建筑工程费			元	67808.42	100.00	99694.75	100.00	177266.48	100.00
2. 安装工程费			元	—	—	—	—	—	—
二、设备购置费			元	—	—	—	—	—	—
建筑安装工程费									
直接费	人工费	普工	工日	166.69	—	207.97	—	204.64	—
		一般技工	工日	24.41	—	36.35	—	81.97	—
		高级技工	工日	2.02	—	3.21	—	4.25	—
		人工费小计	元	17480.23	25.78	22703.44	22.77	28497.69	16.08
	材料费	玻璃钢夹砂管 *DN*300	m	100.00	—	—	—	—	—
		玻璃钢夹砂管 *DN*500	m	—	—	100.00	—	—	—
		玻璃钢夹砂管 *DN*800	m	—	—	—	—	100.00	—
		级配砂石	t	185.49	—	268.92	—	400.55	—
		砾石 40	m^3	13.27	—	16.34	—	20.42	—
		砂子 中砂	m^3	5.58	—	6.87	—	8.58	—
		水	m^3	14.29	—	34.16	—	59.25	—
		其他材料费	元	499.98	—	756.79	—	4248.57	—
		材料费小计	元	26629.20	39.27	43274.80	43.41	82970.68	46.81
	机械费	履带式单斗液压挖掘机 $1m^3$	台班	0.97	—	1.09	—	0.84	—
		电动夯实机 20~62N·m	台班	34.53	—	39.04	—	9.09	—
		载重汽车 8t	台班	0.22	—	0.36	—	0.43	—
		自卸汽车 10t	台班	—	—	—	—	13.60	—
		汽车式起重机 8t	台班	0.71	—	0.99	—	1.50	—
		其他机械费	元	171.87	—	209.30	—	780.06	—
		机械费小计	元	3046.38	4.49	3669.40	3.68	14051.80	7.93
	措施费		元	2474.39	3.65	3784.88	3.80	7016.66	3.96
	小计		元	49630.20	73.19	73432.52	73.66	132536.83	74.77
综合费			元	18178.22	26.81	26262.23	26.34	44729.65	25.23
合计			元	67808.42	—	99694.75	—	177266.48	—

工作内容：沟槽土方开挖、回填、外运；挡土板支设、拆除；垫层、基础铺筑；管道铺设；管道检验及试验。

单位：100m

指标编号			2F-015		2F-016		2F-017	
指标名称			玻璃钢夹砂管安装					
			*DN*1200		*DN*1400		*DN*1600	
项目		单位	指标	费用占比（%）	指标	费用占比（%）	指标	费用占比（%）
指标基价		元	305062.04	100.00	374148.68	100.00	510672.03	100.00
一、建筑安装工程费		元	305062.04	100.00	374148.68	100.00	510672.03	100.00
1. 建筑工程费		元	305062.04	100.00	374148.68	100.00	510672.03	100.00
2. 安装工程费		元	—	—	—	—	—	—
二、设备购置费		元	—	—	—	—	—	—
建筑安装工程费								
直接费	人工费	普工	工日	333.70	—	387.64	—	534.10	—
		一般技工	工日	119.96	—	130.64	—	165.06	—
		高级技工	工日	5.63	—	5.92	—	6.98	—
		人工费小计	元	44452.33	14.57	50397.96	13.47	67291.58	13.18
	材料费	玻璃钢夹砂管 *DN*1200	m	100.00	—	—	—	—	—
		玻璃钢夹砂管 *DN*1400	m	—	—	100.00	—	—	—
		玻璃钢夹砂管 *DN*1600	m	—	—	—	—	100.00	—
		级配砂石	t	591.28	—	745.21	—	1010.30	—
		砾石 40	m^3	38.29	—	44.11	—	71.27	—
		砂子 中砂	m^3	16.10	—	18.54	—	29.96	—
		水	m^3	127.77	—	165.28	—	227.83	—
		其他材料费	元	6829.48	—	7415.26	—	9828.62	—
		材料费小计	元	148910.25	48.81	186728.84	49.91	257083.35	50.34
	机械费	履带式单斗液压挖掘机 1m^3	台班	1.58	—	1.81	—	2.58	—
		电动夯实机 20~62N·m	台班	21.88	—	20.92	—	32.64	—
		轮胎式装载机 1.5m^3	台班	1.02	—	1.30	—	1.77	—
		载重汽车 8t	台班	0.65	—	0.86	—	1.08	—
		自卸汽车 10t	台班	22.36	—	28.54	—	38.77	—
		汽车式起重机 12t	台班	2.20	—	—	—	—	—
		汽车式起重机 16t	台班	—	—	2.47	—	—	—
		汽车式起重机 20t	台班	—	—	—	—	2.69	—
		其他机械费	元	492.68	—	593.03	—	856.10	—
		机械费小计	元	23574.77	7.73	29643.23	7.92	40088.93	7.85
	措施费		元	12064.96	3.95	14848.53	3.97	20235.43	3.96
	小计		元	229002.31	75.07	281618.56	75.27	384699.29	75.33
综合费			元	76059.73	24.93	92530.12	24.73	125972.74	24.67
合计			元	305062.04	—	374148.68	—	510672.03	—

工作内容：沟槽土方开挖、回填、外运；挡土板支设、拆除；垫层、基础铺筑；管道铺设；管道检验及试验。

单位：100m

指标编号				2F-018		2F-019		2F-020	
指标名称				玻璃钢夹砂管安装					
				*DN*2000		*DN*2200		*DN*2400	
项目			单位	指标	费用占比（%）	指标	费用占比（%）	指标	费用占比（%）
指标基价			元	661130.35	100.00	793401.96	100.00	973546.94	100.00
一、建筑安装工程费			元	661130.35	100.00	793401.96	100.00	973546.94	100.00
1. 建筑工程费			元	661130.35	100.00	793401.96	100.00	973546.94	100.00
2. 安装工程费			元	—	—	—	—	—	—
二、设备购置费			元	—	—	—	—	—	—
建筑安装工程费									
直接费	人工费	普工	工日	655.55	—	793.86	—	837.59	—
		一般技工	工日	195.22	—	225.18	—	241.12	—
		高级技工	工日	8.41	—	9.72	—	11.21	—
		人工费小计	元	81613.33	12.34	97294.95	12.26	103293.20	10.61
	材料费	玻璃钢夹砂管 *DN*2000	m	100.00	—	—	—	—	—
		玻璃钢夹砂管 *DN*2200	m	—	—	101.00	—	—	—
		玻璃钢夹砂管 *DN*2400	m	—	—	—	—	101.00	—
		级配砂石	t	1254.58	—	1376.19	—	1501.01	—
		砾石 40	m^3	79.84	—	83.93	—	88.01	—
		水	m^3	353.50	—	427.04	—	507.09	—
		砂子 中砂	m^3	33.56	—	35.28	—	37.00	—
		其他材料费	元	12236.91	—	10330.93	—	10804.90	—
		材料费小计	元	339672.66	51.38	413896.76	52.17	533178.22	54.77
	机械费	履带式单斗液压挖掘机 1m^3	台班	3.28	—	4.27	—	4.48	—
		电动夯实机 20~62N·m	台班	38.92	—	64.42	—	61.39	—
		轮胎式装载机 1.5m^3	台班	2.32	—	2.61	—	2.92	—
		载重汽车 8t	台班	1.12	—	—	—	—	—
		自卸汽车 10t	台班	50.99	—	57.41	—	64.21	—
		汽车式起重机 5t	台班	—	—	2.93	—	3.22	—
		汽车式起重机 20t	台班	2.93	—	—	—	—	—
		其他机械费	元	1059.11	—	1224.06	—	1314.42	—
		机械费小计	元	51555.68	7.80	56537.17	7.13	62469.53	6.42
	措施费		元	26238.00	3.97	31418.36	3.96	39041.95	4.01
	小计		元	499079.67	75.49	599147.24	75.52	737982.90	75.80
综合费			元	162050.68	24.51	194254.72	24.48	235564.04	24.20
合计			元	661130.35	—	793401.96	—	973546.94	—

2.2.6 钢筋混凝土管道安装

工作内容：1. 钢筋混凝土管道安装 *DN*300、*DN*500：沟槽土方开挖、回填、外运；垫层、基础铺筑；模板制作、安装、拆除；管道铺设；管道检验及试验。

2. 钢筋混凝土管道安装 *DN*800：沟槽土方开挖、回填、外运；垫层、基础铺筑；模板制作、安装、拆除；挡土板支设、拆除；管道铺设；管道接口；管道检验及试验。

单位：100m

指标编号				2F-021		2F-022		2F-023	
指标名称				钢筋混凝土管道安装					
				*DN*300		*DN*500		*DN*800	
项目			单位	指标	费用占比（%）	指标	费用占比（%）	指标	费用占比（%）
指标基价			元	43597.30	100.00	67187.08	100.00	132237.14	100.00
一、建筑安装工程费			元	43597.30	100.00	67187.08	100.00	132237.14	100.00
1. 建筑工程费			元	43597.30	100.00	67187.08	100.00	132237.14	100.00
2. 安装工程费			元	—	—	—	—	—	—
二、设备购置费			元	—	—	—	—	—	—
建筑安装工程费									
直接费	人工费	普工	工日	121.61	—	149.57	—	172.91	—
		一般技工	工日	27.09	—	47.36	—	99.10	—
		高级技工	工日	1.91	—	3.57	—	3.87	—
		人工费小计	元	14032.66	32.19	19302.25	28.73	27973.40	21.15
	材料费	预应力混凝土管 *DN*300	m	100.00	—	—	—	—	—
		预应力混凝土管 *DN*500	m	—	—	100.00	—	—	—
		钢筋混凝土管 *DN*800	m	—	—	—	—	101.00	—
		预拌混凝土 C15	m^3	9.00	—	20.04	—	46.21	—
		水	m^3	15.75	—	37.41	—	65.89	—
		其他材料费	元	1984.36	—	3042.91	—	8206.37	—
		材料费小计	元	12776.52	29.31	23170.62	34.49	56791.06	42.95
	机械费	履带式单斗液压挖掘机 $1m^3$	台班	0.97	—	1.09	—	1.07	—
		电动夯实机 20~62N·m	台班	34.53	—	39.04	—	29.88	—
		载重汽车 8t	台班	0.34	—	0.56	—	0.17	—
		自卸汽车 10t	台班	—	—	—	—	5.48	—
		汽车式起重机 8t	台班	0.95	—	1.35	—	1.22	—
		其他机械费	元	105.30	—	122.33	—	357.29	—
		机械费小计	元	3242.25	7.44	3980.87	5.93	7852.72	5.94
	措施费		元	1438.43	3.30	2387.28	3.55	5094.66	3.85
	小计		元	31489.86	72.23	48841.02	72.69	97711.84	73.89
综合费			元	12107.44	27.77	18346.06	27.31	34525.30	26.11
合计			元	43597.30	—	67187.08	—	132237.14	—

工作内容：沟槽土方开挖、回填、外运；垫层、基础铺筑；模板制作、安装、拆除；挡土板支设、拆除；管道铺设；管道接口；管道检验及试验。

单位：100m

指标编号				2F-024		2F-025		2F-026	
指标名称				钢筋混凝土管道安装					
				*DN*1200		*DN*1350		*DN*1650	
项目			单位	指标	费用占比（%）	指标	费用占比（%）	指标	费用占比（%）
指标基价			元	259701.30	100.00	332562.78	100.00	469329.58	100.00
一、建筑安装工程费			元	259701.30	100.00	332562.78	100.00	469329.58	100.00
1. 建筑工程费			元	259701.30	100.00	332562.78	100.00	469329.58	100.00
2. 安装工程费			元	—	—	—	—	—	—
二、设备购置费			元	—	—	—	—	—	—
建筑安装工程费									
直接费	人工费	普工	工日	321.81	—	349.96	—	522.29	—
		一般技工	工日	160.88	—	183.30	—	243.45	—
		高级技工	工日	5.63	—	6.74	—	9.62	—
		人工费小计	元	48725.94	18.76	54181.91	16.29	76905.46	16.39
	材料费	钢筋混凝土管 *DN*1200	m	101.00	—	—	—	—	—
		钢筋混凝土管 *DN*1350	m	—	—	101.00	—	—	—
		钢筋混凝土管 *DN*1650	m	—	—	—	—	101.00	—
		预拌混凝土 C15	m^3	103.96	—	131.57	—	196.55	—
		水	m^3	144.47	—	186.01	—	259.07	—
		其他材料费	元	13550.06	—	15360.97	—	19955.24	—
		材料费小计	元	117781.22	45.35	161650.03	48.61	225309.63	48.01
	机械费	履带式单斗液压挖掘机 $1m^3$	台班	2.11	—	2.26	—	3.53	—
		电动夯实机 20~62N·m	台班	56.51	—	56.61	—	90.21	—
		载重汽车 8t	台班	0.25	—	0.29	—	0.35	—
		自卸汽车 10t	台班	12.34	—	15.62	—	23.33	—
		汽车式起重机 8t	台班	0.25	—	0.29	—	0.35	—
		汽车式起重机 12t	台班	1.76	—	—	—	—	—
		汽车式起重机 16t	台班	—	—	1.83	—	—	—
		汽车式起重机 20t	台班	—	—	—	—	3.10	—
		其他机械费	元	842.16	—	1015.23	—	1557.12	—
		机械费小计	元	16576.14	6.38	19812.66	5.96	30534.61	6.51
	措施费		元	10011.43	3.85	13046.22	3.92	18251.52	3.89
	小计		元	193094.73	74.35	248690.82	74.78	351001.22	74.79
综合费			元	66606.57	25.65	83871.96	25.22	118328.36	25.21
合计			元	259701.30	—	332562.78	—	469329.58	—

工作内容：沟槽土方开挖、回填、外运；垫层、基础铺筑；模板制作、安装、拆除；挡土板支设、拆除；管道铺设；管道接口；管道检验及试验。

单位：100m

指标编号				2F-027		2F-028		2F-029	
指标名称				钢筋混凝土管道安装					
				*DN*2000		*DN*2200		*DN*2400	
项目			单位	指标	费用占比（%）	指标	费用占比（%）	指标	费用占比（%）
指标基价			元	674258.91	100.00	819208.30	100.00	941439.63	100.00
一、建筑安装工程费			元	674258.91	100.00	819208.30	100.00	941439.63	100.00
1. 建筑工程费			元	674258.91	100.00	819208.30	100.00	941439.63	100.00
2. 安装工程费			元	—	—	—	—	—	—
二、设备购置费			元	—	—	—	—	—	—
建筑安装工程费									
直接费	人工费	普工	工日	671.46	—	864.83	—	913.81	—
		一般技工	工日	323.99	—	387.53	—	429.72	—
		高级技工	工日	13.88	—	16.91	—	20.04	—
		人工费小计	元	100575.13	14.92	125524.64	15.32	135656.76	14.41
	材料费	钢筋混凝土管 *DN*2000	m	101.00	—	—	—	—	—
		钢筋混凝土管 *DN*2200	m	—	—	101.00	—	—	—
		钢筋混凝土管 *DN*2400	m	—	—	—	—	101.00	—
		预拌混凝土 C15	m^3	288.78	—	349.42	—	397.30	—
		水	m^3	400.11	—	484.10	—	572.26	—
		其他材料费	元	25632.49	—	30075.16	—	32801.40	—
		材料费小计	元	334232.36	49.57	401409.13	49.00	469637.33	49.89
	机械费	履带式单斗液压挖掘机 $1m^3$	台班	4.48	—	5.92	—	6.18	—
		电动夯实机 20~62N·m	台班	107.39	—	147.78	—	146.90	—
		载重汽车 8t	台班	0.42	—	0.47	—	0.50	—
		自卸汽车 10t	台班	34.28	—	41.48	—	48.09	—
		汽车式起重机 8t	台班	0.42	—	0.47	—	0.50	—
		汽车式起重机 32t	台班	4.73	—	5.85	—	—	—
		汽车式起重机 40t	台班	—	—	—	—	6.99	—
		其他机械费	元	2331.27	—	2873.01	—	3274.19	—
		机械费小计	元	44662.99	6.62	55337.60	6.76	65007.52	6.91
	措施费		元	26496.81	3.93	31987.76	3.90	37048.55	3.94
	小计		元	505967.29	75.04	614259.13	74.98	707350.16	75.13
综合费			元	168291.62	24.96	204949.17	25.02	234089.47	24.87
合计			元	674258.91	—	819208.30	—	941439.63	—

2.2.7 架空金属管道安装

工作内容：机械钻桩孔；钢筋笼制作安装；灌注桩混凝土；支墩制作、安装；脚手架搭设；其他配件制作、安装；管道架设；管道检验及试验；管道防腐；余土外运。

单位：100m

指标编号				2F-030		2F-031		2F-032	
指标名称				架空金属管道安装					
				*DN*400		*DN*800		*DN*1500	
项目			单位	指标	费用占比（%）	指标	费用占比（%）	指标	费用占比（%）
指标基价			元	230984.18	100.00	349527.82	100.00	682655.55	100.00
一、建筑安装工程费			元	230984.18	100.00	349527.82	100.00	682655.55	100.00
1. 建筑工程费			元	230984.18	100.00	349527.82	100.00	682655.55	100.00
2. 安装工程费			元	—	—	—	—	—	—
二、设备购置费			元	—	—	—	—	—	—
建筑安装工程费									
直接费	人工费	普工	工日	135.68	—	195.88	—	400.44	—
		一般技工	工日	206.13	—	305.37	—	702.07	—
		高级技工	工日	33.83	—	44.86	—	89.92	—
		人工费小计	元	44419.10	19.23	64358.96	18.41	141254.00	20.69
	材料费	钢管 $D60\times3.5$	m	267.12	—	267.12	—	267.12	—
		钢板卷管 *DN*400	m	103.69	—	—	—	—	—
		钢板卷管 *DN*800	m	—	—	103.44	—	—	—
		钢板卷管 *DN*1500	m	—	—	—	—	103.18	—
		钢筋	kg	56.03	—	382.26	—	2244.59	—
		预拌水下混凝土 C30	m^3	63.94	—	63.94	—	63.94	—
		预拌混凝土 C25	m^3	2.02	—	7.27	—	30.52	—
		水	m^3	42.92	—	87.59	—	236.28	—
		其他材料费	元	31155.52	—	43836.77	—	87417.57	—
		材料费小计	元	106024.86	45.90	165312.20	47.30	300460.25	44.01
	机械费	载重汽车 6t	台班	0.54	—	0.54	—	0.54	—
		载重汽车 8t	台班	0.36	—	0.72	—	1.16	—
		自卸汽车 10t	台班	2.94	—	2.94	—	2.94	—
		汽车式起重机 8t	台班	1.11	—	2.61	—	0.49	—
		汽车式起重机 16t	台班	—	—	—	—	3.98	—
		履带式起重机 15t	台班	2.92	—	2.92	—	2.92	—
		轮胎式起重机 16t	台班	2.56	—	2.56	—	2.56	—
		直流弧焊机 32kV·A	台班	11.35	—	24.61	—	116.53	—
		其他机械费	元	1222.13	—	2242.09	—	6644.89	—
		机械费小计	元	10760.32	4.66	14711.48	4.21	32535.00	4.77
	措施费		元	9719.56	4.21	14775.32	4.23	28869.99	4.23
	小计		元	170923.84	74.00	259157.96	74.15	503119.24	73.70
综合费			元	60060.34	26.00	90369.86	25.85	179536.31	26.30
合计			元	230984.18	—	349527.82	—	682655.55	—

2.2.8　混凝土顶管

工作内容：钢筋混凝土后座浇筑；管道顶进；管道接口；中继间、工具管及附属设备安装、拆除；管内挖、运土及土方提升；机械顶管设备调向；纠偏、监测；触变泥浆制作、注浆；洞口止水；管道检测及试验；泥浆、土方外运。

单位：100m

指标编号				2F-033		2F-034		2F-035	
指标名称				钢筋混凝土顶管					
				DN800		DN1000		DN1200	
项目			单位	指标	费用占比（%）	指标	费用占比（%）	指标	费用占比（%）
指标基价			元	497056.31	100.00	543381.40	100.00	629672.17	100.00
一、建筑安装工程费			元	497056.31	100.00	543381.40	100.00	629672.17	100.00
1. 建筑工程费			元	497056.31	100.00	543381.40	100.00	629672.17	100.00
2. 安装工程费			元	—	—	—	—	—	—
二、设备购置费			元	—	—	—	—	—	—
建筑安装工程费									
直接费	人工费	普工	工日	312.68	—	327.18	—	351.86	—
		一般技工	工日	609.51	—	629.58	—	668.05	—
		高级技工	工日	101.60	—	104.94	—	111.35	—
		人工费小计	元	124248.93	25.00	128691.25	23.68	136947.30	21.75
	材料费	加强钢筋混凝土顶管 DN800	m	101.00	—	—	—	—	—
		加强钢筋混凝土顶管 DN1000	m	—	—	101.00	—	—	—
		加强钢筋混凝土顶管 DN1200	m	—	—	—	—	101.00	—
		预拌混凝土 C20	m^3	10.10	—	10.10	—	10.10	—
		膨润土 200 目	kg	1012.50	—	1266.30	—	1522.50	—
		钢板外套环	个	50.00	—	50.00	—	50.00	—
		钢板内套环	个	50.00	—	50.00	—	50.00	—
		水	m^3	66.02	—	95.86	—	136.92	—
		其他材料费	元	25189.81	—	27020.95	—	31026.81	—
		材料费小计	元	142221.05	28.61	156449.14	28.79	200264.30	31.80
	机械费	遥控顶管掘进机 800mm	台班	5.84	—	—	—	—	—
		遥控顶管掘进机 1200mm	台班	—	—	7.08	—	7.08	—
		载重汽车 8t	台班	8.03	—	9.12	—	9.12	—
		自卸汽车 10t	台班	2.33	—	3.65	—	5.25	—
		汽车式起重机 8t	台班	21.97	—	25.22	—	12.69	—
		汽车式起重机 16t	台班	—	—	—	—	14.03	—
		泥浆制作循环设备	台班	14.11	—	16.95	—	19.16	—
		电动双筒慢速卷扬机 30kN	台班	42.21	—	47.96	—	50.38	—
		油泵车	台班	5.90	—	7.15	—	7.15	—
		高压油泵 50MPa	台班	42.21	—	47.96	—	50.38	—
		立式油压千斤顶 200t	台班	84.41	—	95.91	—	100.74	—
		其他机械费	元	866.19	—	911.91	—	920.42	—
		机械费小计	元	74873.25	15.06	89404.15	16.45	99134.08	15.74
	措施费		元	20898.43	4.20	22846.93	4.20	26505.59	4.21
	小计		元	362241.66	72.88	397391.47	73.13	462851.27	73.51
综合费			元	134814.65	27.12	145989.93	26.87	166820.90	26.49
合计			元	497056.31	—	543381.40	—	629672.17	—

工作内容：钢筋混凝土后座浇筑；管道顶进；管道接口；中继间、工具管及附属设备安装、拆除；管内挖、运土及土方提升；机械顶管设备调向；纠偏、监测；触变泥浆制作、注浆；洞口止水；管道检测及试验；泥浆、土方外运。

单位：100m

指标编号				2F-036		2F-037		2F-038	
指标名称				钢筋混凝土顶管					
				*DN*1350		*DN*1500		*DN*1650	
项目			单位	指标	费用占比（%）	指标	费用占比（%）	指标	费用占比（%）
指标基价			元	712550.52	100.00	822972.62	100.00	872729.51	100.00
一、建筑安装工程费			元	712550.52	100.00	822972.62	100.00	872729.51	100.00
1. 建筑工程费			元	712550.52	100.00	822972.62	100.00	872729.51	100.00
2. 安装工程费			元	—	—	—	—	—	—
二、设备购置费			元	—	—	—	—	—	—
建筑安装工程费									
直接费	人工费	普工	工日	392.52	—	419.51	—	443.79	—
		一般技工	工日	739.96	—	783.36	—	820.25	—
		高级技工	工日	123.33	—	130.58	—	136.72	—
		人工费小计	元	151921.18	21.32	161162.32	19.58	169132.29	19.38
	材料费	加强钢筋混凝土顶管 *DN*1350	m	101.00	—	—	—	—	—
		加强钢筋混凝土顶管 *DN*1500	m	—	—	101.00	—	—	—
		加强钢筋混凝土顶管 *DN*1650	m	—	—	—	—	101.00	—
		预拌混凝土 C20	m^3	10.10	—	10.10	—	10.10	—
		膨润土 200 目	kg	1755.00	—	2666.30	—	2666.30	—
		钢板外套环	个	50.00	—	50.00	—	50.00	—
		钢板内套环	个	50.00	—	50.00	—	50.00	—
		水	m^3	174.96	—	214.55	—	242.66	—
		其他材料费	元	35116.69	—	46248.80	—	49274.35	—
		材料费小计	元	222454.09	31.22	279415.18	33.95	302877.13	34.70
	机械费	遥控顶管掘进机 1650mm	台班	8.38	—	8.38	—	8.38	—
		载重汽车 8t	台班	3.70	—	3.70	—	3.70	—
		自卸汽车 10t	台班	6.64	—	8.20	—	9.93	—
		汽车式起重机 8t	台班	7.35	—	7.35	—	7.35	—
		汽车式起重机 16t	台班	20.41	—	5.57	—	5.57	—
		汽车式起重机 20t	台班	—	—	18.51	—	19.89	—
		汽车式起重机 50t	台班	2.78	—	2.78	—	2.78	—
		泥浆制作循环设备	台班	21.47	—	24.93	—	24.93	—
		电动双筒慢速卷扬机 30kN	台班	51.52	—	56.24	—	58.42	—
		油泵车	台班	8.46	—	8.46	—	8.46	—
		高压油泵 50MPa	台班	51.52	—	56.24	—	58.42	—
		平板拖车组 20t	台班	2.69	—	2.69	—	2.69	—
		立式油压千斤顶 200t	台班	103.04	—	112.48	—	116.84	—
		其他机械费	元	1008.88	—	1017.18	—	1029.37	—
		机械费小计	元	120009.63	16.84	133109.75	16.17	136761.53	15.67
	措施费		元	29986.50	4.21	34692.54	4.22	36757.27	4.21
	小计		元	524371.40	73.59	608379.79	73.92	645528.22	73.97
综合费			元	188179.12	26.41	214592.83	26.08	227201.29	26.03
合计			元	712550.52	—	822972.62	—	872729.51	—

工作内容：钢筋混凝土后座浇筑；管道顶进；管道接口；中继间、工具管及附属设备安装、拆除；管内挖、运土及土方提升；机械顶管设备调向；纠偏、监测；触变泥浆制作、注浆；洞口止水；管道检测及试验；泥浆、土方外运。 **单位：**100m

指标编号				2F-039		2F-040	
指标名称				钢筋混凝土顶管			
				*DN*1800		*DN*2000	
项目			单位	指标	费用占比(%)	指标	费用占比(%)
指标基价			元	996664.83	100.00	1133872.64	100.00
一、建筑安装工程费			元	996664.83	100.00	1133872.64	100.00
1. 建筑工程费			元	996664.83	100.00	1133872.64	100.00
2. 安装工程费			元	—	—	—	—
二、设备购置费			元	—	—	—	—
建筑安装工程费							
直接费	人工费	普工	工日	477.96	—	532.23	—
		一般技工	工日	875.79	—	965.53	—
		高级技工	工日	145.97	—	160.93	—
		人工费小计	元	180926.61	18.15	199909.86	17.63
	材料费	加强钢筋混凝土顶管 *DN*1800	m	101.00	—	—	—
		加强钢筋混凝土顶管 *DN*2000	m	—	—	101.00	—
		预拌混凝土 C20	m^3	10.10	—	10.10	—
		膨润土 200 目	kg	2977.50	—	3300.00	—
		钢板外套环	个	50.00	—	50.00	—
		钢板内套环	个	50.00	—	50.00	—
		水	m^3	303.38	—	371.21	—
		其他材料费	元	54242.04	—	57687.84	—
		材料费小计	元	359019.47	36.02	401805.71	35.44
	机械费	遥控顶管掘进机 1800mm	台班	9.60	—	—	—
		刀盘式泥水平衡顶管掘进机 2200mm	台班	—	—	10.97	—
		载重汽车 8t	台班	3.70	—	1.96	—
		自卸汽车 10t	台班	11.81	—	14.58	—
		汽车式起重机 8t	台班	7.35	—	5.70	—
		汽车式起重机 12t	台班	—	—	2.23	—
		汽车式起重机 16t	台班	6.39	—	7.29	—
		汽车式起重机 32t	台班	20.81	—	—	—
		汽车式起重机 40t	台班	—	—	22.66	—
		汽车式起重机 50t	台班	3.18	—	—	—
		汽车式起重机 75t	台班	—	—	3.64	—
		泥浆制作循环设备	台班	28.04	—	32.47	—
		油泵车	台班	9.69	—	22.15	—
		电动双筒慢速卷扬机 30kN	台班	60.49	—	63.93	—
		高压油泵 50MPa	台班	60.49	—	63.93	—
		平板拖车组 20t	台班	2.69	—	—	—
		立式油压千斤顶 200t	台班	120.98	—	127.88	—
		其他机械费	元	1083.82	—	7508.31	—
		机械费小计	元	157575.29	15.81	192997.16	17.02
	措施费		元	42026.80	4.22	47805.01	4.22
	小计		元	739548.17	74.20	842517.74	74.30
综合费			元	257116.66	25.80	291354.90	25.70
合计			元	996664.83	—	1133872.64	—

工作内容： 钢筋混凝土后座浇筑；管道顶进；管道接口；中继间、工具管及附属设备安装、拆除；管内挖、运土及土方提升；机械顶管设备调向；纠偏、监测；触变泥浆制作、注浆；洞口止水；管道检测及试验；泥浆、土方外运。

单位：100m

指标编号				2F-041		2F-042	
指标名称				钢筋混凝土顶管			
				*DN*2200		*DN*2400	
项目			单位	指标	费用占比（%）	指标	费用占比（%）
指标基价			元	1312734.94	100.00	1563841.98	100.00
一、建筑安装工程费			元	1312734.94	100.00	1563841.98	100.00
1. 建筑工程费			元	1312734.94	100.00	1563841.98	100.00
2. 安装工程费			元	—	—	—	—
二、设备购置费			元	—	—	—	—
建筑安装工程费							
直接费	人工费	普工	工日	594.32	—	670.51	—
		一般技工	工日	1068.94	—	1198.54	—
		高级技工	工日	178.17	—	199.77	—
		人工费小计	元	221746.77	16.89	248978.26	15.92
	材料费	加强钢筋混凝土顶管 *DN*2200	m	101.00	—	—	—
		加强钢筋混凝土顶管 *DN*2400	m	—	—	101.00	—
		预拌混凝土 C20	m^3	10.10	—	10.10	—
		膨润土 200目	kg	3611.30	—	3955.00	—
		钢板外套环	个	50.00	—	50.00	—
		钢板内套环	个	50.00	—	50.00	—
		水	m^3	446.25	—	528.02	—
		其他材料费	元	64358.37	—	69002.53	—
		材料费小计	元	485023.29	36.95	549749.22	35.15
	机械费	刀盘式泥水平衡顶管掘进机 2200mm	台班	10.97	—	—	—
		刀盘式泥水平衡顶管掘进机 2400mm	台班	—	—	11.52	—
		载重汽车 8t	台班	1.96	—	1.96	—
		自卸汽车 10t	台班	17.64	—	21.00	—
		汽车式起重机 8t	台班	5.70	—	5.70	—
		汽车式起重机 12t	台班	2.23	—	2.23	—
		汽车式起重机 16t	台班	7.29	—	7.66	—
		汽车式起重机 40t	台班	27.14	—	—	—
		汽车式起重机 50t	台班	—	—	31.97	—
		汽车式起重机 75t	台班	3.64	—	—	—
		汽车式起重机 125t	台班	—	—	3.82	—
		泥浆制作循环设备	台班	39.04	—	46.22	—
		油泵车	台班	22.15	—	23.26	—
		电动双筒慢速卷扬机 30kN	台班	70.15	—	76.70	—
		高压油泵 50MPa	台班	70.15	—	76.70	—
		立式油压千斤顶 300t	台班	140.30	—	153.30	—
		其他机械费	元	7523.75	—	8849.59	—
		机械费小计	元	215150.18	16.39	302364.92	19.33
	措施费		元	55372.14	4.22	66046.92	4.22
	小计		元	977292.38	74.45	1167139.32	74.63
综合费			元	335442.56	25.55	396702.66	25.37
合计			元	1312734.94	—	1563841.98	—

2.2.9 钢管顶管

工作内容: 钢筋混凝土后座浇筑;管道顶进;管道接口;中继间、工具管及附属设备安装、拆除;管内挖、运土及土方提升;机械顶管设备调向;纠偏、监测;触变泥浆制作、注浆;洞口止水;管道检测及试验;管道防腐;泥浆、土方外运。

单位: 100m

指标编号				2F-043		2F-044		2F-045	
指标名称				钢管顶管					
				*DN*800		*DN*1000		*DN*1200	
项目			单位	指标	费用占比(%)	指标	费用占比(%)	指标	费用占比(%)
指标基价			元	507725.84	100.00	577820.86	100.00	683946.78	100.00
一、建筑安装工程费			元	507725.84	100.00	577820.86	100.00	683946.78	100.00
1. 建筑工程费			元	507725.84	100.00	577820.86	100.00	683946.78	100.00
2. 安装工程费			元	—	—	—	—	—	—
二、设备购置费			元	—	—	—	—	—	—
建筑安装工程费									
直接费	人工费	普工	工日	255.43	—	274.48	—	314.20	—
		一般技工	工日	495.01	—	524.20	—	592.74	—
		高级技工	工日	82.51	—	87.38	—	98.80	—
		人工费小计	元	101031.77	19.90	107325.34	18.57	121678.73	17.79
	材料费	钢管顶管 *DN*800	m	102.00	—	—	—	—	—
		钢管顶管 *DN*1000	m	—	—	102.00	—	—	—
		钢管顶管 *DN*1200	m	—	—	—	—	102.00	—
		预拌混凝土 C20	m^3	10.10	—	10.10	—	10.10	—
		膨润土 200目	kg	1012.50	—	1266.30	—	1522.50	—
		钢板外套环	个	50.00	—	50.00	—	50.00	—
		钢板内套环	个	50.00	—	50.00	—	50.00	—
		水	m^3	66.02	—	95.86	—	136.92	—
		其他材料费	元	25471.66	—	27528.13	—	31148.82	—
		材料费小计	元	168692.90	33.23	192396.32	33.30	242286.31	35.42
	机械费	遥控顶管掘进机 800mm	台班	5.84	—	—	—	—	—
		遥控顶管掘进机 1200mm	台班	—	—	7.08	—	7.08	—
		人工挖土法顶管设备 1200mm	台班	34.37	—	39.56	—	42.33	—
		载重汽车 8t	台班	8.03	—	9.12	—	9.12	—
		自卸汽车 10t	台班	2.33	—	3.65	—	5.25	—
		汽车式起重机 8t	台班	21.97	—	12.69	—	12.69	—
		汽车式起重机 12t	台班	—	—	12.77	—	—	—
		直流弧焊机 32kV·A	台班	48.53	—	77.29	—	95.91	—
		电动双筒慢速卷扬机 30kN	台班	34.27	—	39.44	—	42.21	—
		立式油压千斤顶 200t	台班	68.54	—	78.88	—	84.41	—
		油泵车	台班	5.90	—	7.15	—	7.15	—
		高压油泵 50MPa	台班	34.27	—	39.44	—	42.21	—
		泥浆制作循环设备	台班	14.11	—	16.95	—	19.16	—
		其他机械费	元	1021.16	—	1159.11	—	1227.05	—
		机械费小计	元	83755.56	16.50	104037.67	18.01	114999.80	16.81
	措施费		元	21488.80	4.23	24462.68	4.23	28952.35	4.23
	小计		元	374969.03	73.85	428222.01	74.11	507917.19	74.26
综合费			元	132756.81	26.15	149598.85	25.89	176029.59	25.74
合计			元	507725.84	—	577820.86	—	683946.78	—

工作内容：钢筋混凝土后座浇筑；管道顶进；管道接口；中继间、工具管及附属设备安装、拆除；管内挖、运土及土方提升；机械顶管设备调向；纠偏、监测；触变泥浆制作、注浆；洞口止水；管道检测及试验；管道防腐；泥浆、土方外运。

单位：100m

指标编号				2F-046		2F-047		2F-048	
指标名称				钢管顶管					
				DN1350		DN1500		DN1650	
项目			单位	指标	费用占比（%）	指标	费用占比（%）	指标	费用占比（%）
指标基价			元	805291.58	100.00	965940.93	100.00	977843.50	100.00
一、建筑安装工程费			元	805291.58	100.00	965940.93	100.00	977843.50	100.00
1. 建筑工程费			元	805291.58	100.00	965940.93	100.00	977843.50	100.00
2. 安装工程费			元	—	—	—	—	—	—
二、设备购置费			元	—	—	—	—	—	—
建筑安装工程费									
直接费	人工费	普工	工日	378.93	—	422.49	—	437.80	—
		一般技工	工日	712.79	—	789.31	—	808.25	—
		高级技工	工日	118.80	—	131.57	—	134.72	—
		人工费小计	元	146412.23	18.18	162372.15	16.81	166701.72	17.05
	材料费	钢管顶管 DN1350	m	102.00	—	—	—	—	—
		钢管顶管 DN1600	m	—	—	102.00	—	102.00	—
		预拌混凝土 C20	m^3	10.10	—	10.10	—	10.10	—
		膨润土 200目	kg	1755.00	—	2666.30	—	2666.30	—
		钢板外套环	个	50.00	—	50.00	—	50.00	—
		钢板内套环	个	50.00	—	50.00	—	50.00	—
		水	m^3	174.96	—	214.55	—	242.66	—
		其他材料费	元	35209.75	—	46329.12	—	48436.43	—
		材料费小计	元	271717.15	33.74	352395.50	36.48	354739.21	36.28
	机械费	遥控顶管掘进机 1650mm	台班	8.38	—	8.38	—	8.38	—
		人工挖土法顶管设备 1650mm	台班	46.83	—	54.09	—	54.09	—
		载重汽车 8t	台班	3.70	—	3.70	—	3.70	—
		自卸汽车 10t	台班	6.64	—	8.20	—	9.93	—
		汽车式起重机 8t	台班	7.35	—	7.35	—	7.35	—
		汽车式起重机 16t	台班	20.98	—	5.57	—	5.57	—
		汽车式起重机 20t	台班	—	—	19.32	—	19.32	—
		汽车式起重机 50t	台班	2.78	—	2.78	—	2.78	—
		泥浆制作循环设备	台班	21.47	—	24.93	—	24.93	—
		直流弧焊机 32kV·A	台班	131.33	—	150.19	—	150.19	—
		电动双筒慢速卷扬机 30kN	台班	46.70	—	53.94	—	53.94	—
		油泵车	台班	8.46	—	8.46	—	8.46	—
		高压油泵 50MPa	台班	46.70	—	53.94	—	53.94	—
		平板拖车组 20t	台班	2.69	—	2.69	—	2.69	—
		立式油压千斤顶 200t	台班	93.38	—	107.99	—	107.99	—
		其他机械费	元	1428.52	—	1497.06	—	1509.25	—
		机械费小计	元	145253.80	18.04	163482.38	16.92	164824.58	16.86
	措施费		元	34056.01	4.23	40913.55	4.24	41349.09	4.23
	小计		元	597439.19	74.19	719163.58	74.45	727614.60	74.41
综合费			元	207852.39	25.81	246777.35	25.55	250228.90	25.59
合计			元	805291.58	—	965940.93	—	977843.50	—

工作内容：钢筋混凝土后座浇筑；管道顶进；管道接口；中继间、工具管及附属设备安装、拆除；管内挖、运土及土方提升；机械顶管设备调向；纠偏、监测；触变泥浆制作、注浆；洞口止水；管道检测及试验；管道防腐；泥浆、土方外运。

单位：100m

指标编号				2F-049		2F-050		2F-051	
指标名称				钢管顶管					
				*DN*1800		*DN*2000		*DN*2200	
项目			单位	指标	费用占比（%）	指标	费用占比（%）	指标	费用占比（%）
指标基价			元	1122428.77	100.00	1276230.29	100.00	1401478.63	100.00
一、建筑安装工程费			元	1122428.77	100.00	1276230.29	100.00	1401478.63	100.00
1. 建筑工程费			元	1122428.77	100.00	1276230.29	100.00	1401478.63	100.00
2. 安装工程费			元	—	—	—	—	—	—
二、设备购置费			元	—	—	—	—	—	—
建筑安装工程费									
直接费	人工费	普工	工日	491.11	—	546.44	—	607.57	—
		一般技工	工日	902.10	—	993.94	—	1095.46	—
		高级技工	工日	150.36	—	165.66	—	182.59	—
		人工费小计	元	186264.70	16.59	205670.85	16.12	227124.78	16.21
	材料费	钢管顶管 *DN*1800	m	102.00	—	—	—	—	—
		钢管顶管 *DN*2000	m	—	—	102.00	—	—	—
		钢管顶管 *DN*2200	m	—	—	—	—	102.00	—
		预拌混凝土 C20	m^3	10.10	—	10.10	—	10.10	—
		膨润土 200 目	kg	2977.50	—	3300.00	—	3611.30	—
		钢板外套环	个	50.00	—	50.00	—	50.00	—
		钢板内套环	个	50.00	—	50.00	—	50.00	—
		水	m^3	303.38	—	371.21	—	446.25	—
		其他材料费	元	53327.22	—	56134.46	—	61564.42	—
		材料费小计	元	407164.65	36.28	457792.33	35.87	500679.34	35.73
	机械费	遥控顶管掘进机 1800mm	台班	9.60	—	—	—	—	—
		刀盘式泥水平衡顶管掘进机 2200mm	台班	—	—	10.97	—	10.97	—
		人工挖土法顶管设备 2000mm	台班	56.06	—	59.75	—	—	—
		人工挖土法顶管设备 2460mm	台班	—	—	—	—	62.86	—
		载重汽车 8t	台班	3.70	—	1.96	—	1.96	—
		自卸汽车 10t	台班	11.81	—	14.58	—	17.64	—
		汽车式起重机 8t	台班	7.35	—	5.70	—	5.70	—
		汽车式起重机 12t	台班	—	—	2.23	—	2.23	—
		汽车式起重机 16t	台班	6.39	—	7.29	—	7.29	—
		汽车式起重机 32t	台班	20.81	—	—	—	—	—
		汽车式起重机 40t	台班	—	—	22.66	—	27.14	—
		汽车式起重机 50t	台班	3.18	—	—	—	—	—
		汽车式起重机 75t	台班	—	—	3.64	—	3.64	—
		泥浆制作循环设备	台班	28.04	—	32.47	—	39.04	—
		直流弧焊机 32kV·A	台班	197.91	—	220.45	—	240.12	—
		电动双筒慢速卷扬机 30kN	台班	55.89	—	59.57	—	62.67	—
		油泵车	台班	9.69	—	22.15	—	22.15	—
		高压油泵 50MPa	台班	55.89	—	59.57	—	62.67	—
		平板拖车组 20t	台班	2.69	—	—	—	—	—
		立式油压千斤顶 200t	台班	111.77	—	119.15	—	125.35	—
		其他机械费	元	1716.18	—	8212.97	—	8291.15	—
		机械费小计	元	195277.40	17.40	234518.54	18.38	258160.30	18.42
	措施费		元	47476.07	4.23	53974.80	4.23	59208.63	4.22
	小计		元	836182.82	74.50	951956.52	74.59	1045173.05	74.58
综合费			元	286245.95	25.50	324273.77	25.41	356305.58	25.42
合计			元	1122428.77	—	1276230.29	—	1401478.63	—

工作内容： 钢筋混凝土后座浇筑；管道顶进；管道接口；中继间、工具管及附属设备安装、拆除；管内挖、运土及土方提升；机械顶管设备调向；纠偏、监测；触变泥浆制作、注浆；洞口止水；管道检测及试验；管道防腐；泥浆、土方外运。

单位： 100m

指标编号				2F-052		2F-053	
指标名称				钢管顶管			
				*DN*2400		*DN*2600	
项目			单位	指标	费用占比（%）	指标	费用占比（%）
指标基价			元	1638932.96	100.00	1727663.55	100.00
一、建筑安装工程费			元	1638932.96	100.00	1727663.55	100.00
1. 建筑工程费			元	1638932.96	100.00	1727663.55	100.00
2. 安装工程费			元	—	—	—	—
二、设备购置费			元	—	—	—	—
建筑安装工程费							
直接费	人工费	普工	工日	684.52	—	738.08	—
		一般技工	工日	1226.57	—	1308.97	—
		高级技工	工日	204.44	—	218.17	—
		人工费小计	元	254660.66	15.54	272403.57	15.77
	材料费	钢管顶管 *DN*2400	m	102.00	—	—	—
		钢管顶管 *DN*2600	m	—	—	102.00	—
		预拌混凝土 C20	m^3	10.10	—	10.10	—
		膨润土 200 目	kg	3955.00	—	3955.00	—
		钢板外套环	个	50.00	—	50.00	—
		钢板内套环	个	50.00	—	50.00	—
		水	m^3	528.02	—	613.32	—
		其他材料费	元	65726.93	—	67039.03	—
		材料费小计	元	553203.62	33.75	585833.08	33.91
	机械费	刀盘式泥水平衡顶管掘进机 2400mm	台班	11.52	—	11.52	—
		人工挖土法顶管设备 2460mm	台班	64.94	—	67.94	—
		载重汽车 8t	台班	1.96	—	1.96	—
		自卸汽车 10t	台班	21.00	—	24.64	—
		汽车式起重机 8t	台班	5.70	—	5.70	—
		汽车式起重机 12t	台班	2.23	—	2.23	—
		汽车式起重机 16t	台班	7.66	—	7.66	—
		汽车式起重机 50t	台班	31.97	—	33.46	—
		汽车式起重机 125t	台班	3.82	—	3.82	—
		泥浆制作循环设备	台班	46.22	—	46.22	—
		直流弧焊机 32kV·A	台班	264.50	—	286.59	—
		油泵车	台班	23.26	—	23.26	—
		高压油泵 50MPa	台班	64.74	—	67.73	—
		电动双筒慢速卷扬机 30kN	台班	64.74	—	67.73	—
		立式油压千斤顶 200t	台班	129.49	—	135.47	—
		其他机械费	元	9695.10	—	9786.39	—
		机械费小计	元	347209.03	21.19	358776.61	20.77
	措施费		元	69287.07	4.23	72930.15	4.22
	小计		元	1224360.38	74.70	1289943.41	74.66
综合费			元	414572.58	25.30	437720.14	25.34
合计			元	1638932.96	—	1727663.55	—

2.2.10 钢管挤压顶进

工作内容：基坑土方开挖、回填、外运；挤压顶进。 **单位**：100m

指标编号				2F-054		2F-055		2F-056	
指标名称				钢管挤压顶进					
				*DN*150		*DN*200		*DN*300	
项目			单位	指标	费用占比（%）	指标	费用占比（%）	指标	费用占比（%）
指标基价			元	58842.04	100.00	69051.17	100.00	86054.12	100.00
一、建筑安装工程费			元	58842.04	100.00	69051.17	100.00	86054.12	100.00
1. 建筑工程费			元	58842.04	100.00	69051.17	100.00	86054.12	100.00
2. 安装工程费			元	—	—	—	—	—	—
二、设备购置费			元	—	—	—	—	—	—
建筑安装工程费									
直接费	人工费	普工	工日	70.54	—	80.15	—	87.15	—
		一般技工	工日	126.41	—	145.19	—	157.97	—
		高级技工	工日	21.07	—	24.20	—	26.33	—
		人工费小计	元	26243.98	44.60	30069.93	43.55	32713.04	38.01
	材料费	挤压顶进钢管 *DN*150	m	102.00	—	—	—	—	—
		挤压顶进钢管 *DN*200	m	—	—	102.00	—	—	—
		挤压顶进钢管 *DN*300	m	—	—	—	—	102.00	—
		水	m^3	14.42	—	14.44	—	14.49	—
		其他材料费	元	899.00	—	979.03	—	1419.66	—
		材料费小计	元	6120.31	10.40	8240.47	11.93	16841.50	19.57
	机械费	挤压法顶管设备 1000mm	台班	15.88	—	18.19	—	19.78	—
		高压油泵 50MPa	台班	15.83	—	18.13	—	19.73	—
		自卸汽车 10t	台班	0.52	—	0.58	—	0.76	—
		其他机械费	元	226.70	—	237.86	—	302.36	—
		机械费小计	元	5913.10	10.05	6741.90	9.76	7478.76	8.69
	措施费		元	2403.19	4.08	2824.99	4.09	3545.01	4.12
	小计		元	40680.58	69.14	47877.29	69.34	60578.31	70.40
综合费			元	18161.46	30.86	21173.88	30.66	25475.81	29.60
合计			元	58842.04	—	69051.17	—	86054.12	—

工作内容：基坑土方开挖、回填、外运；挤压顶进。 **单位**：100m

指标编号				2F-057		2F-058		2F-059	
指标名称				钢管挤压顶进					
				*DN*400		*DN*500		*DN*600	
项目			单位	指标	费用占比（%）	指标	费用占比（%）	指标	费用占比（%）
指标基价			元	102482.60	100.00	129793.98	100.00	146163.29	100.00
一、建筑安装工程费			元	102482.60	100.00	129793.98	100.00	146163.29	100.00
1. 建筑工程费			元	102482.60	100.00	129793.98	100.00	146163.29	100.00
2. 安装工程费			元	—	—	—	—	—	—
二、设备购置费			元	—	—	—	—	—	—
建筑安装工程费									
直接费	人工费	普工	工日	94.99	—	107.64	—	115.68	—
		一般技工	工日	171.91	—	185.60	—	198.96	—
		高级技工	工日	28.66	—	30.93	—	33.16	—
		人工费小计	元	35613.21	34.75	38873.45	29.95	41696.75	28.53
	材料费	挤压顶进钢管 *DN*400	m	102.00	—	—	—	—	—
		挤压顶进钢管 *DN*500	m	—	—	102.00	—	—	—
		挤压顶进钢管 *DN*600	m	—	—	—	—	102.00	—
		水	m^3	14.55	—	34.58	—	34.69	—
		其他材料费	元	1556.37	—	1981.80	—	2088.90	—
		材料费小计	元	22078.77	21.54	35932.65	27.68	43180.62	29.54
	机械费	挤压法顶管设备 1000mm	台班	20.85	—	22.00	—	24.13	—
		高压油泵 50MPa	台班	20.79	—	21.94	—	24.06	—
		汽车式起重机 8t	台班	3.54	—	5.31	—	5.31	—
		自卸汽车 10t	台班	1.02	—	1.64	—	2.04	—
		其他机械费	元	367.20	—	455.72	—	861.78	—
		机械费小计	元	10857.54	10.59	13189.75	10.16	14613.79	10.00
	措施费		元	4236.12	4.13	5386.69	4.15	6070.60	4.15
	小计		元	72785.64	71.02	93382.54	71.95	105561.76	72.22
综合费			元	29696.96	28.98	36411.44	28.05	40601.53	27.78
合计			元	102482.60	—	129793.98	—	146163.29	—

2.2.11 铸铁管挤压顶进

工作内容：基坑土方开挖、回填、外运；挤压顶进。 **单位**：100m

指标编号				2F-060		2F-061		2F-062	
指标名称				铸铁管挤压顶进					
				*DN*150		*DN*200		*DN*300	
项目			单位	指标	费用占比（%）	指标	费用占比（%）	指标	费用占比（%）
指标基价			元	59548.30	100.00	70463.69	100.00	88879.17	100.00
一、建筑安装工程费			元	59548.30	100.00	70463.69	100.00	88879.17	100.00
1. 建筑工程费			元	59548.30	100.00	70463.69	100.00	88879.17	100.00
2. 安装工程费			元	—	—	—	—	—	—
二、设备购置费			元	—	—	—	—	—	—
建筑安装工程费									
直接费	人工费	普工	工日	70.54	—	80.15	—	87.15	—
		一般技工	工日	126.41	—	145.19	—	157.97	—
		高级技工	工日	21.07	—	24.20	—	26.33	—
		人工费小计	元	26243.98	44.07	30069.93	42.67	32713.04	36.81
	材料费	挤压顶进铸铁管 *DN*150	m	102.00	—	—	—	—	—
		挤压顶进铸铁管 *DN*200	m	—	—	102.00	—	—	—
		挤压顶进铸铁管 *DN*300	m	—	—	—	—	102.00	—
		水	m^3	14.42	—	14.44	—	14.49	—
		其他材料费	元	906.65	—	994.33	—	1450.26	—
		材料费小计	元	6637.96	11.15	9275.77	13.16	18912.10	21.28
	机械费	挤压法顶管设备 1000mm	台班	15.88	—	18.19	—	19.78	—
		高压油泵 50MPa	台班	15.83	—	18.13	—	19.73	—
		自卸汽车 10t	台班	0.52	—	0.58	—	0.76	—
		其他机械费	元	226.70	—	237.86	—	302.36	—
		机械费小计	元	5913.10	9.93	6741.90	9.57	7478.76	8.41
	措施费		元	2433.95	4.09	2886.51	4.10	3668.07	4.13
	小计		元	41228.99	69.24	48974.11	69.50	62771.97	70.63
综合费			元	18319.31	30.76	21489.58	30.50	26107.20	29.37
合计			元	59548.30	—	70463.69	—	88879.17	—

工作内容：基坑土方开挖、回填、外运；挤压顶进。 **单位**：100m

指标编号				2F-063		2F-064		2F-065	
指标名称				铸铁管挤压顶进					
				DN400		DN500		DN600	
项目			单位	指标	费用占比（%）	指标	费用占比（%）	指标	费用占比（%）
指标基价			元	106720.18	100.00	131206.51	100.00	148988.34	100.00
一、建筑安装工程费			元	106720.18	100.00	131206.51	100.00	148988.34	100.00
1. 建筑工程费			元	106720.18	100.00	131206.51	100.00	148988.34	100.00
2. 安装工程费			元	—	—	—	—	—	—
二、设备购置费			元	—	—	—	—	—	—
建筑安装工程费									
直接费	人工费	普工	工日	94.99	—	107.64	—	115.68	—
		一般技工	工日	171.91	—	185.60	—	198.96	—
		高级技工	工日	28.66	—	30.93	—	33.16	—
		人工费小计	元	35613.21	33.37	38873.45	29.63	41696.75	27.99
	材料费	挤压顶进铸铁管 DN400	m	102.00	—	—	—	—	—
		挤压顶进铸铁管 DN500	m	—	—	102.00	—	—	—
		挤压顶进铸铁管 DN600	m	—	—	—	—	102.00	—
		水	m^3	14.55	—	34.58	—	34.69	—
		其他材料费	元	1602.27	—	1997.10	—	2119.50	—
		材料费小计	元	25184.67	23.60	36967.95	28.18	45251.22	30.37
	机械费	挤压法顶管设备 1000mm	台班	20.85	—	22.00	—	24.13	—
		高压油泵 50MPa	台班	20.79	—	21.94	—	24.06	—
		汽车式起重机 8t	台班	3.54	—	5.31	—	5.31	—
		自卸汽车 10t	台班	1.02	—	1.64	—	2.04	—
		其他机械费	元	367.20	—	455.72	—	861.78	—
		机械费小计	元	10857.54	10.17	13189.75	10.05	14613.79	9.81
	措施费		元	4420.71	4.14	5448.22	4.15	6193.66	4.16
	小计		元	76076.13	71.29	94479.37	72.01	107755.42	72.32
综合费			元	30644.05	28.71	36727.14	27.99	41232.92	27.68
合计			元	106720.18	—	131206.51	—	148988.34	—

2.2.12 顶管工作井及接收井

工作内容：基坑土方开挖、回填、外运；钢筋制作、安装，模板制作、安装、拆除，垫层、底板、井壁浇筑。

单位：座

指标编号				2F-066		2F-067		2F-068	
指标名称				顶管工作井 D=5m，H=10m		顶管接收井 D=3.5m，H=10m		顶管工作井 D=4m，H=8m	
项目			单位	指标	费用占比（%）	指标	费用占比（%）	指标	费用占比（%）
指标基价			元	174362.81	100.00	116940.08	100.00	113040.72	100.00
一、建筑安装工程费			元	174362.81	100.00	116940.08	100.00	113040.72	100.00
1. 建筑工程费			元	174362.81	100.00	116940.08	100.00	113040.72	100.00
2. 安装工程费			元	—	—	—	—	—	—
二、设备购置费			元	—	—	—	—	—	—
建筑安装工程费									
直接费	人工费	普工	工日	97.67	—	64.19	—	62.42	—
		一般技工	工日	141.13	—	97.87	—	93.97	—
		高级技工	工日	0.40	—	0.25	—	0.24	—
		人工费小计	元	26419.32	15.15	18021.32	15.41	17367.36	15.36
	材料费	钢筋	kg	10854.75	—	7492.75	—	7175.00	—
		预拌混凝土 C20	m^3	2.67	—	1.46	—	1.83	—
		预拌混凝土 C25	m^3	9.95	—	5.33	—	6.71	—
		预拌混凝土 C30	m^3	61.34	—	43.85	—	40.45	—
		水	m^3	57.86	—	39.35	—	37.94	—
		其他材料费	元	13322.78	—	9400.46	—	9012.03	—
		材料费小计	元	79712.13	45.72	55109.97	47.13	52928.26	46.82
	机械费	履带式单斗液压挖掘机 0.6m^3	台班	1.68	—	0.91	—	0.92	—
		履带式推土机 105kW	台班	1.06	—	0.57	—	0.58	—
		载重汽车 5t	台班	0.74	—	0.52	—	0.50	—
		载重汽车 6t	台班	0.15	—	0.10	—	0.09	—
		自卸汽车 10t	台班	12.26	—	6.62	—	6.73	—
		履带式起重机 15t	台班	3.88	—	2.10	—	2.13	—
		其他机械费	元	1890.70	—	1132.16	—	1121.08	—
		机械费小计	元	17667.86	10.13	9721.87	8.31	9828.95	8.70
	措施费		元	6863.36	3.94	4678.24	4.00	4506.88	3.99
	小计		元	130662.67	74.94	87531.40	74.85	84631.45	74.87
综合费			元	43700.14	25.06	29408.68	25.15	28409.27	25.13
合计			元	174362.81	—	116940.08	—	113040.72	—

工作内容：基坑土方开挖、回填、外运；钢筋制作、安装，模板制作、安装、拆除，垫层、底板、井壁浇筑。

单位：座

指标编号				2F-069		2F-070		2F-071	
指标名称				顶管接收井 D=3m，H=8m		顶管工作井 D=3.5m，H=6m		顶管接收井 D=3m，H=6m	
项目			单位	指标	费用占比（%）	指标	费用占比（%）	指标	费用占比（%）
指标基价			元	82999.41	100.00	83714.10	100.00	54861.03	100.00
一、建筑安装工程费			元	82999.41	100.00	83714.10	100.00	54861.03	100.00
1. 建筑工程费			元	82999.41	100.00	83714.10	100.00	54861.03	100.00
2. 安装工程费			元	—	—	—	—	—	—
二、设备购置费			元	—	—	—	—	—	—
建筑安装工程费									
直接费	人工费	普工	工日	45.16	—	45.39	—	28.85	—
		一般技工	工日	70.54	—	67.51	—	47.94	—
		高级技工	工日	0.16	—	0.15	—	0.12	—
		人工费小计	元	12892.41	15.53	12518.78	14.95	8609.02	15.69
	材料费	钢筋	kg	5381.25	—	5166.00	—	3618.25	—
		预拌混凝土 C20	m^3	1.14	—	1.46	—	0.86	—
		预拌混凝土 C25	m^3	4.11	—	5.33	—	3.05	—
		预拌混凝土 C30	m^3	31.22	—	28.59	—	20.68	—
		水	m^3	28.13	—	27.79	—	18.82	—
		其他材料费	元	6833.34	—	6459.57	—	4693.68	—
		材料费小计	元	39688.72	47.82	38116.02	45.53	26803.41	48.86
	机械费	履带式单斗液压挖掘机 0.6m^3	台班	0.57	—	1.09	—	0.39	—
		载重汽车 5t	台班	0.38	—	0.36	—	0.26	—
		自卸汽车 10t	台班	4.15	—	6.62	—	2.37	—
		履带式起重机 15t	台班	1.31	—	1.38	—	0.49	—
		其他机械费	元	1204.20	—	1466.95	—	657.52	—
		机械费小计	元	6164.83	7.43	8842.99	10.56	3356.84	6.12
	措施费		元	3346.32	4.03	3288.79	3.93	2239.53	4.08
	小计		元	62092.28	74.81	62766.58	74.98	41008.80	74.75
综合费			元	20907.13	25.19	20947.52	25.02	13852.23	25.25
合计			元	82999.41	—	83714.10	—	54861.03	—

2.2.13 地下水平导向钢管敷设

工作内容：基坑土方开挖、回填、外运；设备安装、拆除；定位、成孔；管道接口；拉管；纠偏、监测；管道检测及试验。

单位：100m

指标编号				2F-072		2F-073		2F-074	
指标名称				地下水平导向钢管敷设					
				*DN*100		*DN*200		*DN*300	
项目			单位	指标	费用占比（%）	指标	费用占比（%）	指标	费用占比（%）
指标基价			元	26567.72	100.00	43104.60	100.00	85488.66	100.00
一、建筑安装工程费			元	26567.72	100.00	43104.60	100.00	85488.66	100.00
1. 建筑工程费			元	26567.72	100.00	43104.60	100.00	85488.66	100.00
2. 安装工程费			元	—	—	—	—	—	—
二、设备购置费			元	—	—	—	—	—	—
建筑安装工程费									
直接费	人工费	普工	工日	13.73	—	14.87	—	21.84	—
		一般技工	工日	13.35	—	15.63	—	29.57	—
		高级技工	工日	2.23	—	2.61	—	4.93	—
		人工费小计	元	3297.92	12.41	3760.22	8.72	6586.09	7.70
	材料费	地下水平导向钢管 *DN*100	m	101.00	—	—	—	—	—
		地下水平导向钢管 *DN*200	m	—	—	101.00	—	—	—
		地下水平导向钢管 *DN*300	m	—	—	—	—	101.00	—
		水	m^3	18.50	—	22.52	—	47.19	—
		其他材料费	元	1310.68	—	1723.11	—	5006.70	—
		材料费小计	元	6551.64	24.66	16106.06	37.37	33213.94	38.85
	机械费	水平定向钻机（小型）	台班	1.42	—	1.68	—	3.50	—
		载重汽车 8t	台班	2.70	—	3.35	—	4.38	—
		自卸汽车 10t	台班	0.44	—	0.44	—	0.44	—
		汽车式起重机 8t	台班	0.53	—	1.03	—	2.79	—
		其他机械费	元	83.54	—	119.79	—	249.87	—
		机械费小计	元	9034.37	34.01	11052.29	25.64	21658.26	25.33
	措施费		元	1124.34	4.23	1842.17	4.27	3673.09	4.30
	小计		元	20008.27	75.31	32760.74	76.00	65131.38	76.19
综合费			元	6559.45	24.69	10343.86	24.00	20357.28	23.81
合计			元	26567.72	—	43104.60	—	85488.66	—

工作内容：基坑土方开挖、回填、外运；设备安装、拆除；定位、成孔；管道接口；拉管；纠偏、监测；管道检测及试验。

单位：100m

<table>
<tr><td colspan="4">指 标 编 号</td><td colspan="2">2F-075</td><td colspan="2">2F-076</td><td colspan="2">2F-077</td></tr>
<tr><td colspan="4" rowspan="2">指 标 名 称</td><td colspan="6">地下水平导向钢管敷设</td></tr>
<tr><td colspan="2">DN500</td><td colspan="2">DN600</td><td colspan="2">DN800</td></tr>
<tr><td colspan="3">项 目</td><td>单位</td><td>指标</td><td>费用占比（%）</td><td>指标</td><td>费用占比（%）</td><td>指标</td><td>费用占比（%）</td></tr>
<tr><td colspan="3">指标基价</td><td>元</td><td>156977.90</td><td>100.00</td><td>202736.04</td><td>100.00</td><td>307006.93</td><td>100.00</td></tr>
<tr><td colspan="3">一、建筑安装工程费</td><td>元</td><td>156977.90</td><td>100.00</td><td>202736.04</td><td>100.00</td><td>307006.93</td><td>100.00</td></tr>
<tr><td colspan="3">1. 建筑工程费</td><td>元</td><td>156977.90</td><td>100.00</td><td>202736.04</td><td>100.00</td><td>307006.93</td><td>100.00</td></tr>
<tr><td colspan="3">2. 安装工程费</td><td>元</td><td>—</td><td>—</td><td>—</td><td>—</td><td>—</td><td>—</td></tr>
<tr><td colspan="3">二、设备购置费</td><td>元</td><td>—</td><td>—</td><td>—</td><td>—</td><td>—</td><td>—</td></tr>
<tr><td colspan="10">建筑安装工程费</td></tr>
<tr><td rowspan="18">直接费</td><td rowspan="4">人工费</td><td>普工</td><td>工日</td><td>42.44</td><td>—</td><td>50.20</td><td>—</td><td>95.74</td><td>—</td></tr>
<tr><td>一般技工</td><td>工日</td><td>61.37</td><td>—</td><td>76.89</td><td>—</td><td>128.02</td><td>—</td></tr>
<tr><td>高级技工</td><td>工日</td><td>10.24</td><td>—</td><td>12.82</td><td>—</td><td>21.34</td><td>—</td></tr>
<tr><td>人工费小计</td><td>元</td><td>13429.43</td><td>8.55</td><td>16575.03</td><td>8.18</td><td>28612.98</td><td>9.32</td></tr>
<tr><td rowspan="6">材料费</td><td>地下水平导向钢管 DN500</td><td>m</td><td>101.00</td><td>—</td><td>—</td><td>—</td><td>—</td><td>—</td></tr>
<tr><td>地下水平导向钢管 DN600</td><td>m</td><td>—</td><td>—</td><td>101.00</td><td>—</td><td>—</td><td>—</td></tr>
<tr><td>地下水平导向钢管 DN800</td><td>m</td><td>—</td><td>—</td><td>—</td><td>—</td><td>101.00</td><td>—</td></tr>
<tr><td>水</td><td>m^3</td><td>75.62</td><td>—</td><td>89.81</td><td>—</td><td>120.71</td><td>—</td></tr>
<tr><td>其他材料费</td><td>元</td><td>9596.14</td><td>—</td><td>17637.98</td><td>—</td><td>30371.15</td><td>—</td></tr>
<tr><td>材料费小计</td><td>元</td><td>61980.45</td><td>39.48</td><td>80702.19</td><td>39.81</td><td>114820.39</td><td>37.40</td></tr>
<tr><td rowspan="7">机械费</td><td>水平定向钻机（中型）</td><td>台班</td><td>5.00</td><td>—</td><td>6.58</td><td>—</td><td>—</td><td>—</td></tr>
<tr><td>水平定向钻机（大型）</td><td>台班</td><td>—</td><td>—</td><td>—</td><td>—</td><td>9.50</td><td>—</td></tr>
<tr><td>载重汽车 8t</td><td>台班</td><td>7.93</td><td>—</td><td>9.27</td><td>—</td><td>13.62</td><td>—</td></tr>
<tr><td>自卸汽车 10t</td><td>台班</td><td>0.73</td><td>—</td><td>0.73</td><td>—</td><td>1.97</td><td>—</td></tr>
<tr><td>汽车式起重机 8t</td><td>台班</td><td>5.72</td><td>—</td><td>7.84</td><td>—</td><td>10.48</td><td>—</td></tr>
<tr><td>其他机械费</td><td>元</td><td>418.88</td><td>—</td><td>494.36</td><td>—</td><td>851.70</td><td>—</td></tr>
<tr><td>机械费小计</td><td>元</td><td>37190.00</td><td>23.69</td><td>48275.93</td><td>23.81</td><td>76375.73</td><td>24.88</td></tr>
<tr><td colspan="2">措施费</td><td>元</td><td>6739.96</td><td>4.29</td><td>8716.12</td><td>4.30</td><td>13150.10</td><td>4.28</td></tr>
<tr><td colspan="2">小计</td><td>元</td><td>119339.84</td><td>76.02</td><td>154269.27</td><td>76.09</td><td>232959.20</td><td>75.88</td></tr>
<tr><td colspan="3">综合费</td><td>元</td><td>37638.06</td><td>23.98</td><td>48466.77</td><td>23.91</td><td>74047.73</td><td>24.12</td></tr>
<tr><td colspan="3">合计</td><td>元</td><td>156977.90</td><td>—</td><td>202736.04</td><td>—</td><td>307006.93</td><td>—</td></tr>
</table>

2.2.14 混凝土沟渠

工作内容：沟槽土方开挖、回填、外运；钢筋制作、安装，模板制作、安装、拆除，垫层、底板、侧壁混凝土浇筑；盖板制作、安装。

单位：100m

指标编号				2F-078		2F-079	
指标名称				混凝土沟渠 净空面积（m^2）			
				1.0		4.0	
项目			单位	指标	费用占比（%）	指标	费用占比（%）
指标基价			元	314980.77	100.00	952607.47	100.00
一、建筑安装工程费			元	314980.77	100.00	952607.47	100.00
1. 建筑工程费			元	314980.77	100.00	952607.47	100.00
2. 安装工程费			元	—	—	—	—
二、设备购置费			元	—	—	—	—
建筑安装工程费							
直接费	人工费	普工	工日	403.23	—	2221.84	—
		一般技工	工日	262.17	—	647.23	—
		人工费小计	元	67494.45	21.43	269249.43	28.26
	材料费	钢筋	kg	18706.25	—	45510.00	—
		预拌混凝土 C10	m^3	23.33	—	33.43	—
		预拌混凝土 C15	m^3	31.71	—	62.82	—
		预拌混凝土 C25	m^3	18.42	—	55.99	—
		预拌混凝土 C30	m^3	72.72	—	180.14	—
		水	m^3	81.34	—	198.67	—
		其他材料费	元	15017.86	—	37221.54	—
		材料费小计	元	133710.48	42.45	318812.39	33.47
	机械费	履带式单斗液压挖掘机 $1m^3$	台班	2.64	—	17.83	—
		电动夯实机 20~62N·m	台班	71.27	—	581.96	—
		自卸汽车 10t	台班	14.91	—	35.97	—
		其他机械费	元	2450.51	—	7069.17	—
		机械费小计	元	19341.01	6.14	73852.89	7.75
	措施费		元	12068.31	3.83	32366.21	3.40
	小计		元	232614.25	73.85	694280.92	72.88
综合费			元	82366.52	26.15	258326.55	27.12
合计			元	314980.77	—	952607.47	—

2.2.15 砌筑沟渠

工作内容：沟槽土方开挖、回填、外运；钢筋制作、安装，模板制作、安装、拆除，垫层、底板混凝土浇筑；侧壁砌筑、抹面；盖板制作、安装。

单位：100m

指标编号				2F-080		2F-081	
指标名称				砌筑沟渠 净空面积（m^2）			
				1.0		4.0	
项目			单位	指标	费用占比（%）	指标	费用占比（%）
指标基价			元	228376.44	100.00	738096.70	100.00
一、建筑安装工程费			元	228376.44	100.00	738096.70	100.00
1. 建筑工程费			元	228376.44	100.00	738096.70	100.00
2. 安装工程费			元	—	—	—	—
二、设备购置费			元	—	—	—	—
建筑安装工程费							
直接费	人工费	普工	工日	380.54	—	2165.64	—
		一般技工	工日	185.50	—	457.32	—
		人工费小计	元	55724.58	24.40	240097.52	32.53
	材料费	钢筋	kg	7636.25	—	18091.25	—
		预拌混凝土 C10	m^3	23.33	—	33.43	—
		预拌混凝土 C15	m^3	31.71	—	62.82	—
		预拌混凝土 C25	m^3	18.42	—	55.99	—
		标准砖 240×115×53	千块	39.23	—	97.19	—
		水	m^3	41.42	—	99.79	—
		其他材料费	元	13077.88	—	32415.96	—
		材料费小计	元	84609.60	37.05	197192.89	26.72
	机械费	履带式单斗液压挖掘机 $1m^3$	台班	2.64	—	17.83	—
		电动夯实机 20~62N·m	台班	71.27	—	581.96	—
		自卸汽车 10t	台班	14.91	—	35.97	—
		其他机械费	元	2033.56	—	6036.53	—
		机械费小计	元	18924.06	8.29	72820.25	9.87
	措施费		元	8359.59	3.66	23180.06	3.14
	小计		元	167617.83	73.40	533290.72	72.25
综合费			元	60758.61	26.60	204805.98	27.75
合计			元	228376.44	—	738096.70	—

2.2.16 成品检查井

工作内容：基坑土石方开挖、回填、外运；垫层铺筑；成品检查井安装。 **单位：**座

指标编号				2F-082		2F-083	
指标名称				成品检查井			
				断面积 0.3m² 以内，井深 1m 以内		断面积 0.5m² 以内，井深 1.5m 以内	
项目			单位	指标	费用占比（%）	指标	费用占比（%）
指标基价			元	1495.04	100.00	1964.38	100.00
一、建筑安装工程费			元	1495.04	100.00	1964.38	100.00
1. 建筑工程费			元	1495.04	100.00	1964.38	100.00
2. 安装工程费			元	—	—	—	—
二、设备购置费			元	—	—	—	—
建筑安装工程费							
直接费	人工费	普工	工日	1.30	—	2.02	—
		一般技工	工日	1.04	—	1.50	—
		人工费小计	元	243.48	16.29	363.02	18.48
	材料费	ϕ600 成品检查井	套	1.00	—	1.00	—
		铸铁井盖、井座 ϕ600 重型	套	1.00	—	1.00	—
		砂子 中砂	m³	0.35	—	0.67	—
		碎石 40	m³	0.27	—	0.56	—
		土工布	m²	1.72	—	3.78	—
		其他材料费	元	73.18	—	102.70	—
		材料费小计	元	738.05	49.37	868.78	44.23
	机械费	履带式液压岩石破碎机 300mm	台班	0.06	—	0.10	—
		履带式单斗液压挖掘机 0.6m³	台班	0.00	—	0.01	—
		电动夯实机 20~62N·m	台班	0.23	—	0.36	—
		自卸汽车 10t	台班	0.02	—	0.05	—
		自卸汽车 12t	台班	0.00	—	0.01	—
		自卸汽车 15t	台班	0.00	—	0.01	—
		其他机械费	元	11.69	—	24.97	—
		机械费小计	元	75.44	5.05	152.44	7.76
	措施费		元	59.92	4.01	76.33	3.89
	小计		元	1116.89	74.71	1460.57	74.35
综合费			元	378.15	25.29	503.81	25.65
合计			元	1495.04	—	1964.38	—

工作内容：基坑土石方开挖、回填、外运；垫层铺筑；成品检查井安装。 **单位**：座

指标编号				2F-084		2F-085	
指标名称				成品检查井			
				断面积 $0.8m^2$ 以内，井深 2m 以内		断面积 $1.2m^2$ 以内，井深 2.5m 以内	
项目			单位	指标	费用占比（%）	指标	费用占比（%）
指标基价			元	2572.37	100.00	3332.63	100.00
一、建筑安装工程费			元	2572.37	100.00	3332.63	100.00
1. 建筑工程费			元	2572.37	100.00	3332.63	100.00
2. 安装工程费			元	—	—	—	—
二、设备购置费			元	—	—	—	—
建筑安装工程费							
直接费	人工费	普工	工日	2.91	—	3.92	—
		一般技工	工日	2.06	—	2.71	—
		人工费小计	元	507.97	19.75	679.33	20.38
	材料费	ϕ600 成品检查井	套	1.00	—	1.00	—
		铸铁井盖、井座 ϕ600 重型	套	1.00	—	1.00	—
		砂子 中砂	m^3	1.07	—	1.57	—
		碎石 40	m^3	0.93	—	1.39	—
		土工布	m^2	6.55	—	10.01	—
		其他材料费	元	137.38	—	177.34	—
		材料费小计	元	1035.57	40.26	1239.67	37.20
	机械费	履带式液压岩石破碎机 300mm	台班	0.16	—	0.23	—
		履带式单斗液压挖掘机 $0.6m^3$	台班	0.02	—	0.03	—
		自卸汽车 10t	台班	0.10	—	0.17	—
		自卸汽车 12t	台班	0.02	—	0.04	—
		自卸汽车 15t	台班	0.02	—	0.03	—
		其他机械费	元	59.33	—	93.44	—
		机械费小计	元	267.04	10.38	427.20	12.82
	措施费		元	97.24	3.78	122.99	3.69
	小计		元	1907.82	74.17	2469.19	74.09
综合费			元	664.55	25.83	863.44	25.91
合计			元	2572.37	—	3332.63	—

2.2.17 砌筑检查井

工作内容：基坑土石方开挖、回填、外运；垫层、基础浇筑；井身砌筑、抹灰；井座、井圈、井盖安装；盖板安装。

单位：座

指标编号				2F-086		2F-087	
指标名称				砌筑检查井			
				断面积 1.0m² 以内，井深 1m 以内		断面积 1.5m² 以内，井深 2m 以内	
项目			单位	指标	费用占比（%）	指标	费用占比（%）
指标基价			元	3751.97	100.00	6857.98	100.00
一、建筑安装工程费			元	3751.97	100.00	6857.98	100.00
1. 建筑工程费			元	3751.97	100.00	6857.98	100.00
2. 安装工程费			元	—	—	—	—
二、设备购置费			元	—	—	—	—
建筑安装工程费							
直接费	人工费	普工	工日	3.32	—	6.97	—
		一般技工	工日	3.38	—	6.89	—
		人工费小计	元	712.69	19.00	1468.75	21.42
	材料费	铸铁井盖、井座 ϕ800 重型	套	1.00	—	1.00	—
		钢筋	kg	23.02	—	35.60	—
		预拌混凝土 C10	m^3	0.51	—	0.68	—
		预拌混凝土 C25	m^3	0.16	—	0.25	—
		标准砖 240×115×53	千块	0.63	—	1.46	—
		预拌混合砂浆 M7.5	m^3	0.29	—	0.63	—
		其他材料费	元	302.64	—	582.25	—
		材料费小计	元	1654.69	44.10	2644.10	38.56
	机械费	履带式液压岩石破碎机 300mm	台班	0.13	—	0.30	—
		履带式单斗液压挖掘机 0.6m³	台班	0.02	—	0.04	—
		自卸汽车 10t	台班	0.11	—	0.28	—
		自卸汽车 12t	台班	0.02	—	0.06	—
		自卸汽车 15t	台班	0.02	—	0.06	—
		其他机械费	元	69.06	—	170.42	—
		机械费小计	元	267.00	7.12	682.64	9.95
	措施费		元	149.03	3.97	264.39	3.86
	小计		元	2783.41	74.19	5059.88	73.78
综合费			元	968.56	25.81	1798.10	26.22
合计			元	3751.97	—	6857.98	—

工作内容：基坑土石方开挖、回填、外运；垫层、基础浇筑；井身砌筑、抹灰；井座、井圈、井盖安装；盖板安装。

单位：座

指标编号				2F-088		2F-089	
指标名称				砌筑检查井 断面积 $2.0m^2$ 以内，井深 3m 以内		砌筑检查井 断面积 $2.5m^2$ 以内，井深 5m 以内	
项目			单位	指标	费用占比（%）	指标	费用占比（%）
指标基价			元	9220.58	100.00	16625.67	100.00
一、建筑安装工程费			元	9220.58	100.00	16625.67	100.00
1. 建筑工程费			元	9220.58	100.00	16625.67	100.00
2. 安装工程费			元	—	—	—	—
二、设备购置费			元	—	—	—	—
建筑安装工程费							
直接费	人工费	普工	工日	9.95	—	18.74	—
		一般技工	工日	9.24	—	17.43	—
		人工费小计	元	2023.53	21.95	3814.68	22.94
	材料费	铸铁井盖、井座 ϕ800 重型	套	1.00	—	1.00	—
		钢筋	kg	38.11	—	61.09	—
		预拌混凝土 C10	m^3	0.81	—	0.98	—
		预拌混凝土 C25	m^3	0.27	—	0.43	—
		标准砖 240×115×53	千块	1.94	—	3.98	—
		预拌混合砂浆 M7.5	m^3	0.83	—	1.67	—
		其他材料费	元	779.96	—	1371.08	—
		材料费小计	元	3238.89	35.13	5434.93	32.69
	机械费	履带式液压岩石破碎机 300mm	台班	0.52	—	0.99	—
		履带式单斗液压挖掘机 $0.6m^3$	台班	0.08	—	0.16	—
		自卸汽车 10t	台班	0.51	—	1.04	—
		自卸汽车 12t	台班	0.11	—	0.21	—
		自卸汽车 15t	台班	0.10	—	0.20	—
		其他机械费	元	283.46	—	562.40	—
		机械费小计	元	1192.59	12.93	2369.28	14.25
	措施费		元	344.69	3.74	613.60	3.69
	小计		元	6799.70	73.74	12232.49	73.58
综合费			元	2420.88	26.26	4393.18	26.42
合计			元	9220.58	—	16625.67	—

2.2.18 混凝土检查井

工作内容: 基坑土石方开挖、回填、外运;钢筋制作、安装,模板制作、安装、拆除,垫层、底板、井壁混凝土浇筑;井座、井圈、井盖安装。

单位:座

指标编号				2F-090		2F-091		2F-092	
指标名称				混凝土检查井					
				断面积 $1.5m^2$ 以内,井深2m以内		断面积 $2.0m^2$ 以内,井深3m以内		断面积 $2.5m^2$ 以内,井深5m以内	
项目			单位	指标	费用占比(%)	指标	费用占比(%)	指标	费用占比(%)
指标基价			元	13225.40	100.00	17472.45	100.00	32493.53	100.00
一、建筑安装工程费			元	13225.40	100.00	17472.45	100.00	32493.53	100.00
1. 建筑工程费			元	13225.40	100.00	17472.45	100.00	32493.53	100.00
2. 安装工程费			元	—	—	—	—	—	—
二、设备购置费			元	—	—	—	—	—	—
建筑安装工程费									
直接费	人工费	普工	工日	11.67	—	16.05	—	30.00	—
		一般技工	工日	16.88	—	22.11	—	41.95	—
		人工费小计	元	3148.21	23.80	4189.56	23.98	7913.14	24.35
	材料费	铸铁井盖、井座 $\phi800$ 重型	套	1.00	—	1.00	—	1.00	—
		钢筋	kg	490.50	—	617.05	—	1243.53	—
		预拌混凝土 C10	m^3	0.68	—	1.00	—	1.19	—
		预拌混凝土 C20	m^3	3.65	—	4.71	—	9.11	—
		其他材料费	元	1393.13	—	1827.20	—	3393.67	—
		材料费小计	元	5214.79	39.43	6572.61	37.62	11942.80	36.75
	机械费	履带式液压岩石破碎机 300mm	台班	0.33	—	0.55	—	1.05	—
		履带式单斗液压挖掘机 $0.6m^3$	台班	0.05	—	0.08	—	0.17	—
		自卸汽车 10t	台班	0.32	—	0.56	—	1.11	—
		自卸汽车 12t	台班	0.07	—	0.12	—	0.23	—
		自卸汽车 15t	台班	0.06	—	0.11	—	0.22	—
		其他机械费	元	227.14	—	358.00	—	704.66	—
		机械费小计	元	790.85	5.98	1343.70	7.69	2640.28	8.13
	措施费		元	530.31	4.01	688.92	3.94	1276.75	3.93
	小计		元	9684.16	73.22	12794.79	73.23	23772.97	73.16
综合费			元	3541.24	26.78	4677.66	26.77	8720.56	26.84
合计			元	13225.40	—	17472.45	—	32493.53	—

工作内容： 基坑土石方开挖、回填、外运；钢筋制作、安装，模板制作、安装、拆除，垫层、底板、井壁混凝土浇筑；井座、井圈、井盖安装。

单位：座

指标编号				2F-093		2F-094	
指标名称				混凝土检查井			
				断面积 3.0m² 以内，井深 7m 以内		断面积 3.0m² 以内，井深 10m 以内	
项目			单位	指标	费用占比（%）	指标	费用占比（%）
指标基价			元	48929.25	100.00	71417.44	100.00
一、建筑安装工程费			元	48929.25	100.00	71417.44	100.00
1. 建筑工程费			元	48929.25	100.00	71417.44	100.00
2. 安装工程费			元	—	—	—	—
二、设备购置费			元	—	—	—	—
建筑安装工程费							
直接费	人工费	普工	工日	45.23	—	67.47	—
		一般技工	工日	63.44	—	95.36	—
		人工费小计	元	11952.98	24.43	17921.87	25.09
	材料费	铸铁井盖、井座 ϕ800 重型	套	1.00	—	1.00	—
		钢筋	kg	1923.32	—	2848.90	—
		预拌混凝土 C10	m^3	1.34	—	1.34	—
		预拌混凝土 C20	m^3	13.90	—	20.41	—
		其他材料费	元	5124.49	—	7311.00	—
		材料费小计	元	17785.56	36.35	25501.26	35.71
	机械费	履带式液压岩石破碎机 300mm	台班	1.61	—	2.30	—
		履带式单斗液压挖掘机 $0.6m^3$	台班	0.27	—	0.38	—
		自卸汽车 10t	台班	1.76	—	2.52	—
		自卸汽车 12t	台班	0.36	—	0.52	—
		自卸汽车 15t	台班	0.35	—	0.49	—
		其他机械费	元	1099.71	—	1587.20	—
		机械费小计	元	4136.85	8.45	5925.93	8.30
	措施费		元	1917.57	3.92	2800.95	3.92
	小计		元	35792.96	73.15	52150.01	73.02
综合费			元	13136.29	26.85	19267.43	26.98
合计			元	48929.25	—	71417.44	—

2.2.19 砌筑跌水井

工作内容：基坑土石方开挖、回填、外运；垫层、基础浇筑；井身砌筑、抹灰；井座、井圈、井盖安装；盖板安装。

单位：座

指标编号				2F-095		2F-096	
指标名称				砌筑跌水井			
				断面积 $2.0m^2$ 以内，井深 3m 以内		断面积 $3.0m^2$ 以内，井深 5m 以内	
项目			单位	指标	费用占比（%）	指标	费用占比（%）
指标基价			元	11230.85	100.00	20048.44	100.00
一、建筑安装工程费			元	11230.85	100.00	20048.44	100.00
1. 建筑工程费			元	11230.85	100.00	20048.44	100.00
2. 安装工程费			元	—	—	—	—
二、设备购置费			元	—	—	—	—
建筑安装工程费							
直接费	人工费	普工	工日	12.13	—	22.44	—
		一般技工	工日	11.87	—	21.92	—
		人工费小计	元	2544.75	22.66	4699.36	23.44
	材料费	铸铁井盖、井座 φ800 重型	套	1.00	—	1.00	—
		钢筋	kg	48.96	—	61.66	—
		预拌混凝土 C10	m^3	0.79	—	0.97	—
		预拌混凝土 C25	m^3	0.34	—	0.43	—
		标准砖 240×115×53	千块	2.79	—	5.45	—
		其他材料费	元	1451.96	—	2627.36	—
		材料费小计	元	3998.65	35.60	6645.21	33.15
	机械费	履带式液压岩石破碎机 300mm	台班	0.55	—	1.06	—
		履带式单斗液压挖掘机 $0.6m^3$	台班	0.08	—	0.17	—
		自卸汽车 10t	台班	0.55	—	1.15	—
		自卸汽车 12t	台班	0.11	—	0.24	—
		自卸汽车 15t	台班	0.11	—	0.23	—
		其他机械费	元	319.98	—	641.51	—
		机械费小计	元	1292.83	11.51	2630.43	13.12
	措施费		元	426.42	3.80	750.14	3.74
	小计		元	8262.65	73.57	14725.14	73.45
综合费			元	2968.20	26.43	5323.30	26.55
合计			元	11230.85	—	20048.44	—

2.2.20 混凝土跌水井

工作内容: 基坑土石方开挖、回填、外运;钢筋制作、安装,模板制作、安装、拆除,垫层、底板、井壁混凝土浇筑;井座、井圈、井盖安装。 **单位:** 座

指标编号				2F-097		2F-098	
指标名称				混凝土跌水井			
				断面积 $2.0m^2$ 以内,井深 3m 以内		断面积 $3.0m^2$ 以内,井深 5m 以内	
项目			单位	指标	费用占比(%)	指标	费用占比(%)
指标基价			元	18833.37	100.00	34347.43	100.00
一、建筑安装工程费			元	18833.37	100.00	34347.43	100.00
1. 建筑工程费			元	18833.37	100.00	34347.43	100.00
2. 安装工程费			元	—	—	—	—
二、设备购置费			元	—	—	—	—
建筑安装工程费							
直接费	人工费	普工	工日	17.40	—	31.96	—
		一般技工	工日	24.51	—	45.17	—
		人工费小计	元	4613.29	24.50	8488.87	24.71
	材料费	铸铁井盖、井座 φ800 重型	套	1.00	—	1.00	—
		钢筋	kg	683.90	—	1305.26	—
		预拌混凝土 C10	m^3	0.73	—	0.94	—
		预拌混凝土 C20	m^3	5.16	—	9.54	—
		其他材料费	元	2113.42	—	3875.55	—
		材料费小计	元	7162.43	38.03	12710.04	37.00
	机械费	履带式液压岩石破碎机 300mm	台班	0.51	—	1.00	—
		履带式单斗液压挖掘机 $0.6m^3$	台班	0.08	—	0.16	—
		自卸汽车 10t	台班	0.50	—	1.06	—
		自卸汽车 12t	台班	0.10	—	0.22	—
		自卸汽车 15t	台班	0.10	—	0.21	—
		其他机械费	元	351.39	—	704.62	—
		机械费小计	元	1242.44	6.60	2541.42	7.40
	措施费		元	750.06	3.98	1359.23	3.96
	小计		元	13768.22	73.11	25099.56	73.08
综合费			元	5065.15	26.89	9247.87	26.92
合计			元	18833.37	—	34347.43	—

工作内容：基坑土石方开挖、回填、外运；钢筋制作、安装，模板制作、安装、拆除，垫层、底板、井壁混凝土浇筑；井座、井圈、井盖安装。

单位：座

指标编号				2F-099		2F-100	
指标名称				混凝土跌水井			
				断面积 4.0m² 以内，井深 7m 以内		断面积 5.0m² 以内，井深 10m 以内	
项目			单位	指标	费用占比（%）	指标	费用占比（%）
指标基价			元	54428.87	100.00	86935.88	100.00
一、建筑安装工程费			元	54428.87	100.00	86935.88	100.00
1. 建筑工程费			元	54428.87	100.00	86935.88	100.00
2. 安装工程费			元	—	—	—	—
二、设备购置费			元	—	—	—	—
建筑安装工程费							
直接费	人工费	普工	工日	50.02	—	81.74	—
		一般技工	工日	71.14	—	116.68	—
		人工费小计	元	13343.08	24.51	21862.29	25.15
	材料费	铸铁井盖、井座 ϕ800 重型	套	1.00	—	1.00	—
		钢筋	kg	2115.69	—	3366.70	—
		预拌混凝土 C10	m^3	1.23	—	1.47	—
		预拌混凝土 C20	m^3	15.24	—	24.05	—
		其他材料费	元	6094.60	—	9453.69	—
		材料费小计	元	19864.35	36.50	30777.51	35.40
	机械费	履带式液压岩石破碎机 300mm	台班	1.66	—	2.68	—
		履带式单斗液压挖掘机 0.6m³	台班	0.29	—	0.49	—
		自卸汽车 10t	台班	1.91	—	3.23	—
		自卸汽车 12t	台班	0.39	—	0.67	—
		自卸汽车 15t	台班	0.38	—	0.63	—
		其他机械费	元	1203.62	—	1988.78	—
		机械费小计	元	4452.20	8.18	7421.05	8.54
	措施费		元	2141.66	3.93	3409.59	3.92
	小计		元	39801.29	73.13	63470.44	73.01
综合费			元	14627.58	26.87	23465.44	26.99
合计			元	54428.87	—	86935.88	—

2.2.21 混凝土消能井

工作内容：基坑土石方开挖、回填、外运；钢筋制作、安装，模板制作、安装、拆除，垫层、底板、井壁混凝土浇筑；井座、井圈、井盖安装。

单位：座

指标编号				2F-101		2F-102	
指标名称				混凝土消能井			
				断面积 2.5m² 以内，井深 2.5m 以内		断面积 3.5m² 以内，井深 5m 以内	
项目			单位	指标	费用占比(%)	指标	费用占比(%)
指标基价			元	24854.32	100.00	48748.24	100.00
一、建筑安装工程费			元	24854.32	100.00	48748.24	100.00
1. 建筑工程费			元	24854.32	100.00	48748.24	100.00
2. 安装工程费			元	—	—	—	—
二、设备购置费			元	—	—	—	—
建筑安装工程费							
直接费	人工费	普工	工日	20.41	—	41.42	—
		一般技工	工日	32.16	—	62.45	—
		人工费小计	元	5848.83	23.53	11504.33	23.60
	材料费	铸铁井盖、井座 ϕ800 重型	套	1.00	—	1.00	—
		钢筋	kg	1088.42	—	2125.11	—
		预拌混凝土 C20	m^3	0.57	—	0.74	—
		预拌混凝土 C30	m^3	8.69	—	16.43	—
		其他材料费	元	2284.31	—	4511.54	—
		材料费小计	元	10218.04	41.11	19094.53	39.17
	机械费	履带式液压岩石破碎机 300mm	台班	0.42	—	1.17	—
		履带式单斗液压挖掘机 0.6m³	台班	0.07	—	0.20	—
		自卸汽车 10t	台班	0.44	—	1.34	—
		自卸汽车 12t	台班	0.09	—	0.28	—
		自卸汽车 15t	台班	0.09	—	0.26	—
		其他机械费	元	353.46	—	889.00	—
		机械费小计	元	1123.20	4.52	3165.47	6.49
	措施费		元	1012.64	4.07	1950.95	4.00
	小计		元	18202.71	73.24	35715.28	73.26
综合费			元	6651.61	26.76	13032.96	26.74
合计			元	24854.32	—	48748.24	—

2.2.22 环保型雨水口

工作内容：基坑土石方开挖、回填、外运；垫层、基础浇筑；井身砌筑、抹灰；井座、井圈、井盖安装；盖板安装。

单位：座

指标编号				2F-103		2F-104	
指标名称				环保型雨水口			
				单箅		双箅	
项目			单位	指标	费用占比（%）	指标	费用占比（%）
指标基价			元	3330.58	100.00	4491.66	100.00
一、建筑安装工程费			元	3330.58	100.00	4491.66	100.00
1. 建筑工程费			元	3330.58	100.00	4491.66	100.00
2. 安装工程费			元	—	—	—	—
二、设备购置费			元	—	—	—	—
建筑安装工程费							
直接费	人工费	普工	工日	3.86	—	4.97	—
		一般技工	工日	3.72	—	4.90	—
		人工费小计	元	800.28	24.03	1045.60	23.28
	材料费	铸铁箅	套	1.00	—	2.00	—
		截污框	个	1.01	—	2.02	—
		钢筋	kg	33.81	—	38.07	—
		预拌混凝土 C15	m^3	0.24	—	0.33	—
		预拌混凝土 C25	m^3	0.24	—	0.27	—
		标准砖 240×115×53	千块	0.78	—	1.02	—
		其他材料费	元	377.16	—	486.69	—
		材料费小计	元	1239.46	37.21	1715.11	38.18
	机械费	履带式液压岩石破碎机 300mm	台班	0.16	—	0.19	—
		履带式单斗液压挖掘机 $0.6m^3$	台班	0.01	—	0.02	—
		自卸汽车 10t	台班	0.09	—	0.13	—
		自卸汽车 12t	台班	0.02	—	0.03	—
		自卸汽车 15t	台班	0.02	—	0.03	—
		其他机械费	元	75.44	—	98.49	—
		机械费小计	元	271.51	8.15	361.30	8.04
	措施费		元	129.16	3.88	175.03	3.90
	小计		元	2440.41	73.27	3297.04	73.40
综合费			元	890.17	26.73	1194.62	26.60
合计			元	3330.58	—	4491.66	—

2.3 雨水调蓄工程

2.3.1 玻璃钢成品池

工作内容：池坑土方开挖、回填、外运；垫层铺筑；钢筋制作、安装，模板制作、安装、拆除，混凝土浇筑；井壁砌筑、抹灰；成品池安装；防水、止水；盖板制作、安装；设备及管件安装；池顶覆土；脚手架搭拆。

单位：容积 $10m^3$

指标编号				3F-001		3F-002		3F-003	
指标名称				玻璃钢成品池					
				容积 $10m^3$		容积 $50m^3$		容积 $100m^3$	
项目			单位	指标	费用占比(%)	指标	费用占比(%)	指标	费用占比(%)
指标基价			元	41276.00	100.00	23373.00	100.00	20872.94	100.00
一、建筑安装工程费			元	39026	94.55	22841.00	97.72	20606.94	98.73
1. 建筑工程费			元	33926.10	82.19	21575.90	92.31	19974.39	95.70
2. 安装工程费			元	5099.9	12.36	1265.1	5.41	632.55	3.03
二、设备购置费			元	2250.00	5.45	5~32.00	2.28	266.00	1.27
建筑安装工程费									
直接费	人工费	普工	工日	17.50	—	6.93	—	5.52	—
		一般技工	工日	25.38	—	7.80	—	5.33	—
		高级技工	工日	2.63	—	0.66	—	0.39	—
		人工费小计	元	5239.60	12.69	1713.27	7.33	1222.89	5.86
	材料费	玻璃钢蓄水箱 $10m^3$	台	1.00	—	—	—	—	—
		玻璃钢蓄水箱 $50m^3$	台	—	—	0.20	—	—	—
		玻璃钢蓄水箱 $100m^3$	台	—	—	—	—	0.10	—
		玻璃钢清水箱 $2m^3$	台	1.00	—	—	—	—	—
		玻璃钢清水箱 $10m^3$	台	—	—	0.20	—	—	—
		玻璃钢清水箱 $20m^3$	台	—	—	—	—	0.10	—
		预拌混凝土 C25	m^3	2.95	—	2.35	—	2.06	—
		标准砖 240×115×53	千块	2.44	—	0.60	—	0.30	—
		轻型铸铁井盖井座 D=700	套	5.00	—	1.00	—	0.50	—
		其他材料费	元	2767.75	—	1192.38	—	866.39	—
		材料费小计	元	20129.53	48.77	14011.71	59.95	13006.01	62.31
	机械费	履带式单斗液压挖掘机 $1m^3$	台班	0.05	—	0.03	—	0.04	—
		吊装机械（综合）	台班	0.30	—	0.10	—	0.08	—
		自卸汽车 10t	台班	0.81	—	0.36	—	0.50	—
		其他机械费	元	227.90	—	102.51	—	85.52	—
		机械费小计	元	1058.30	2.56	470.23	2.01	555.37	2.66
	措施费		元	1905.90	4.62	1020.96	4.37	895.37	4.29
	小计		元	28333.33	68.64	17216.17	73.66	15679.64	75.12
综合费			元	10692.67	25.91	5624.83	24.07	4927.30	23.61
合计			元	39026.00	—	22841.00	—	20606.94	—
设备购置费									
设备名称及规格型号			单位	数量					
潜污泵 $Q=3m^3/h$，H=15m，P=1.0kW			台	2.00	—	—	—	—	—
潜污泵 $Q=10m^3/h$，H=22m，P=1.5kW			台	—	—	0.40	—	—	—
潜污泵 $Q=10m^3/h$，H=25m，P=1.5kW			台	—	—	—	—	0.20	—
液位计 普通型			套	1.00	—	0.20	—	0.10	—
设备合计			元	2250.00	5.45	5~32.00	2.28	266.00	1.27

2.3.2 钢筋混凝土预制拼装池

工作内容：池坑土方开挖、回填、外运；垫层铺筑；钢筋制作、安装，模板制作、安装、拆除，混凝土浇筑；钢筋混凝土预制池体拼装；防水、止水；盖板制作、安装；设备及管件安装；池顶覆土；脚手架搭拆。

单位：容积 $10m^3$

指标编号				3F-004		3F-005		3F-006	
指标名称				钢筋混凝土预制拼装池					
				容积 $50m^3$		容积 $100m^3$		容积 $150m^3$	
项目			单位	指标	费用占比（%）	指标	费用占比（%）	指标	费用占比（%）
指标基价			元	21194.91	100.00	17017.03	100.00	15900.24	100.00
一、建筑安装工程费			元	20662.91	97.49	16751.03	98.44	15696.91	98.72
1. 建筑工程费			元	19158.18	90.39	15998.67	94.02	15195.32	95.57
2. 安装工程费			元	1504.73	7.10	752.36	4.42	501.59	3.15
二、设备购置费			元	5~32.00	2.51	266.00	1.56	203.33	1.28
建筑安装工程费									
直接费	人工费	普工	工日	10.62	—	7.69	—	6.85	—
		一般技工	工日	15.66	—	10.83	—	9.39	—
		高级技工	工日	0.70	—	0.42	—	0.35	—
		人工费小计	元	3039.49	14.34	2117.02	12.44	1848.28	11.62
	材料费	钢筋混凝土预制拼装池体 $50m^3$	套	0.20	—	—	—	—	—
		钢筋混凝土预制拼装池体 $100m^3$	套	—	—	0.10	—	—	—
		钢筋混凝土预制拼装池体 $150m^3$	套	—	—	—	—	0.07	—
		钢筋	kg	484.42	—	338.25	—	299.30	—
		预拌混凝土 C25	m^3	4.84	—	3.37	—	2.97	—
		其他材料费	元	1468.52	—	1010.92	—	901.15	—
		材料费小计	元	10425.68	49.19	8920.04	52.42	8530.19	53.65
	机械费	履带式单斗液压挖掘机 $1m^3$	台班	0.04	—	0.03	—	0.03	—
		吊装机械（综合）	台班	0.46	—	0.30	—	0.29	—
		自卸汽车 10t	台班	0.62	—	0.59	—	0.59	—
		其他机械费	元	177.45	—	125.94	—	111.03	—
		机械费小计	元	912.03	4.30	762.41	4.48	737.83	4.64
	措施费		元	908.25	4.29	720.06	4.23	667.91	4.20
	小计		元	15285.45	72.12	12519.53	73.57	11784.21	74.11
综合费			元	5377.46	25.37	4231.50	24.87	3912.70	24.61
合计			元	20662.91	—	16751.03	—	15696.91	—
设备购置费									
设备名称及规格型号			单位	数量					
潜污泵 $Q=10m^3/h$，$H=22m$，$P=1.5kW$			台	0.40	—	0.20	—	—	—
潜污泵 $Q=15m^3/h$，$H=26m$，$P=3.0kW$			台	—	—	—	—	0.13	—
液位计 普通型			套	0.20	—	0.10	—	0.07	—
设备合计			元	5~32.00	2.51	266.00	1.56	203.33	1.28

工作内容：池坑土方开挖、回填、外运；垫层铺筑；钢筋制作、安装，模板制作、安装、拆除，混凝土浇筑；钢筋混凝土预制池体拼装；防水、止水；盖板制作、安装；设备及管件安装；池顶覆土；脚手架搭折。 **单位：**容积 10m³

指标编号				3F-007		3F-008		3F-009	
指标名称				钢筋混凝土预制拼装池					
				容积 200m³		容积 300m³		容积 400m³	
项目			单位	指标	费用占比（%）	指标	费用占比（%）	指标	费用占比（%）
指标基价			元	14920.40	100.00	14267.00	100.00	13596.73	100.00
一、建筑安装工程费			元	14752.90	98.88	14145.33	99.15	13495.48	99.26
1. 建筑工程费			元	14376.71	96.36	13800.18	96.73	13182.95	96.96
2. 安装工程费			元	376.19	2.52	345.15	2.42	312.53	2.30
二、设备购置费			元	167.50	1.12	121.67	0.85	101.25	0.74
建筑安装工程费									
直接费	人工费	普工	工日	6.16	—	5.87	—	5.70	—
		一般技工	工日	8.24	—	7.74	—	6.79	—
		高级技工	工日	0.30	—	0.24	—	0.22	—
		人工费小计	元	1633.71	10.95	1535.09	10.76	1393.29	10.25
	材料费	钢筋混凝土预制拼装池体 200m³	套	0.05	—	—	—	—	—
		钢筋混凝土预制拼装池体 300m³	套	—	—	0.03	—	—	—
		钢筋混凝土预制拼装池体 400m³	套	—	—	—	—	0.03	—
		钢筋	kg	255.23	—	225.50	—	221.40	—
		预拌混凝土 C25	m³	2.54	—	2.17	—	1.78	—
		其他材料费	元	811.02	—	748.94	—	675.51	—
		材料费小计	元	8127.73	54.47	7828.60	54.87	7595.31	55.86
	机械费	履带式单斗液压挖掘机 1m³	台班	0.03	—	0.03	—	0.03	—
		吊装机械（综合）	台班	0.29	—	0.28	—	0.28	—
		自卸汽车 10t	台班	0.58	—	0.58	—	0.50	—
		其他机械费	元	100.61	—	95.95	—	89.01	—
		机械费小计	元	722.58	4.84	713.09	5.00	647.98	4.77
	措施费		元	624.11	4.18	594.33	4.17	565.30	4.16
	小计		元	11108.13	74.45	10671.11	74.80	10201.88	75.03
综合费			元	3644.77	24.43	3474.22	24.35	3293.60	24.22
合计			元	14752.90	—	14145.33	—	13495.48	—
设备购置费									
设备名称及规格型号			单位	数量					
潜污泵 Q=20m³/h，H=25m，P=3.0kW			台	0.10	—	—	—	—	—
潜污泵 Q=30m³/h，H=26m，P=4.0kW			台	—	—	0.07	—	—	—
潜污泵 Q=40m³/h，H=26m，P=4.0kW			台	—	—	—	—	0.05	—
液位计 普通型			套	0.05	—	0.03	—	0.03	—
设备合计			元	167.50	1.12	121.67	0.85	101.25	0.74

2.3.3 成品集水樽

工作内容：基础铺筑；成品集水樽及配套管件安装。 **单位**：容积 m^3

指标编号				3F-010		3F-011	
指标名称				成品集水樽			
				容积 $1.25m^3$		容积 $3.5m^3$	
项目			单位	指标	费用占比（%）	指标	费用占比（%）
指标基价			元	2950.55	100.00	1821.00	100.00
一、建筑安装工程费			元	2950.55	100.00	1821.00	100.00
1. 建筑工程费			元	2160.06	73.21	1538.68	84.50
2. 安装工程费			元	790.49	26.79	282.32	15.50
二、设备购置费			元	—	—	—	—
建筑安装工程费							
直接费	人工费	普工	工日	1.09	—	0.41	—
		一般技工	工日	2.83	—	1.07	—
		高级技工	工日	0.29	—	0.10	—
		人工费小计	元	512.97	17.39	192.92	10.59
	材料费	集水樽 容积 $1.25m^3$	个	0.80	—	—	—
		集水樽 容积 $3.5m^3$	个	—	—	0.29	—
		塑料给水管	m	16.24	—	5.80	—
		其他材料费	元	207.71	—	95.58	—
		材料费小计	元	1378.83	46.73	1028.12	56.46
	机械费	吊装机械（综合）	台班	0.11	—	0.04	—
		其他机械费	元	7.92	—	15.63	—
		机械费小计	元	56.47	1.91	35.30	1.94
	措施费		元	149.58	5.07	86.79	4.77
	小计		元	2097.85	71.10	1343.13	73.76
综合费			元	852.70	28.90	477.87	26.24
合计			元	2950.55	—	1821.00	—

2.3.4 钢筋混凝土水池

工作内容: 池坑土方开挖、回填、外运;垫层铺筑;钢筋制作、安装,模板制作、安装、拆除,混凝土浇筑;检查井砌筑;池、井抹灰;设备及管件安装;池顶覆土;脚手架搭拆。

单位: 容积 $10m^3$

指标编号				3F-012		3F-013		3F-014	
指标名称				钢筋混凝土水池					
				容积 $50m^3$		容积 $100m^3$		容积 $150m^3$	
项目			单位	指标	费用占比（%）	指标	费用占比（%）	指标	费用占比（%）
指标基价			元	24182.71	100.00	17640.65	100.00	12995.97	100.00
一、建筑安装工程费			元	22880.71	94.61	16989.65	96.31	12462.64	95.89
1. 建筑工程费			元	20004.26	82.72	15442.70	87.54	11317.33	87.08
2. 安装工程费			元	2876.45	11.89	1546.95	8.77	1145.31	8.81
二、设备购置费			元	1302.00	5.38	651.00	3.69	533.33	4.10
建筑安装工程费									
直接费	人工费	普工	工日	31.35	—	21.14	—	14.72	—
		一般技工	工日	24.6	—	17.53	—	13.01	—
		高级技工	工日	1.01	—	0.55	—	0.38	—
		人工费小计	元	5991.49	24.95	4131.15	23.61	2983.66	23.10
	材料费	钢筋	kg	841.57	—	735.66	—	536.17	—
		预拌混凝土 C15	m^3	0.65	—	0.51	—	0.38	—
		预拌混凝土 C25 抗渗等级 P6	m^3	6.20	—	5.13	—	3.13	—
		干混抹灰砂浆 DP M20	m^3	0.79	—	0.54	—	0.45	—
		其他材料费	元	1850.07	—	1280.09	—	1159.09	—
		材料费小计	元	7778.69	32.17	6252.97	35.45	4575.17	35.20
	机械费	履带式单斗液压挖掘机 $1m^3$	台班	0.19	—	0.13	—	0.09	—
		自卸汽车 10t	台班	0.93	—	0.78	—	0.67	—
		其他机械费	元	432.61	—	298.02	—	225.16	—
		机械费小计	元	1399.53	5.83	1066.50	6.09	855.60	6.62
		措施费	元	1009.90	4.18	727.02	4.12	531.98	4.09
		小计	元	16179.61	66.91	12177.64	69.03	8946.41	68.84
综合费			元	6701.10	27.71	4812.01	27.28	3516.23	27.06
合计			元	22880.71	—	16989.65	—	12462.64	—
设备购置费									
设备名称及规格型号			单位	数量					
潜污泵 Q=10m³/h, H=22m, P=1.5kW			台	0.40	—	0.20	—	—	—
潜污泵 Q=15m³/h, H=26m, P=3.0kW			台	—	—	—	—	0.13	—
排泥泵 Q=12.5m³/h, H=12.5m, P=1.1kW			台	0.40	—	0.20	—	—	—
排泥泵 Q=22m³/h, H=10m, P=1.1kW			台	—	—	—	—	0.13	—
液位计 普通型			套	0.40	—	0.20	—	0.13	—
设备合计			元	1302.00	5.42	651.00	3.72	533.33	4.13

工作内容：池坑土方开挖、回填、外运；垫层铺筑；钢筋制作、安装，模板制作、安装、拆除，混凝土浇筑；检查井砌筑；池、井抹灰；设备及管件安装；池顶覆土；脚手架搭拆。

单位：容积 $10m^3$

指标编号				3F-015		3F-016		3F-017	
指标名称				钢筋混凝土水池					
				容积 $200m^3$		容积 $300m^3$		容积 $400m^3$	
项目			单位	指标	费用占比（%）	指标	费用占比（%）	指标	费用占比（%）
指标基价			元	11547.15	100.00	10542.17	100.00	9724.61	100.00
一、建筑安装工程费			元	10962.15	94.94	10152.17	96.30	9402.11	96.69
1. 建筑工程费			元	9939.54	86.08	9467.76	89.81	8887.00	91.39
2. 安装工程费			元	1022.61	8.86	684.41	6.49	515.11	5.30
二、设备购置费			元	585.00	5.07	390.00	3.70	322.50	3.32
建筑安装工程费									
直接费	人工费	普工	工日	12.71	—	11.30	—	10.17	—
		一般技工	工日	11.30	—	10.12	—	9.09	—
		高级技工	工日	0.34	—	0.22	—	0.17	—
		人工费小计	元	2579.55	22.48	2292.09	21.91	2057.20	21.32
	材料费	钢筋	kg	456.47	—	393.15	—	387.11	—
		预拌混凝土 C15	m^3	0.35	—	0.37	—	0.37	—
		预拌混凝土 C25 抗渗等级 P6	m^3	2.73	—	3.16	—	2.93	—
		干混抹灰砂浆 DP M20	m^3	0.39	—	0.36	—	0.33	—
		其他材料费	元	1111.97	—	976.76	—	891.73	—
		材料费小计	元	4058.13	35.14	3869.41	36.70	3655.12	37.59
	机械费	履带式单斗液压挖掘机 $1m^3$	台班	0.08	—	0.07	—	0.06	—
		自卸汽车 10t	台班	0.63	—	0.68	—	0.67	—
		其他机械费	元	210.55	—	175.92	—	157.82	—
		机械费小计	元	797.78	6.95	790.79	7.56	758.60	7.86
	措施费		元	461.90	4.00	417.72	3.96	382.39	3.93
	小计		元	7897.36	68.39	7370.01	69.91	6853.31	70.47
综合费			元	3064.79	26.54	2782.16	26.39	2548.80	26.21
合计			元	10962.15	—	10152.17	—	9402.11	—
设备购置费									
设备名称及规格型号			单位	数量					
潜污泵 Q=20m³/h，H=25m，P=3kW			台	0.10	—	—	—	—	—
潜污泵 Q=30m³/h，H=26m，P=4kW			台	—	—	0.07	—	—	—
潜污泵 Q=40m³/h，H=26m，P=4kW			台	—	—	—	—	0.05	—
排泥泵 Q=25m³/h，H=12.5m，P=1.5kW			台	0.10	—	—	—	—	—
排泥泵 Q=30m³/h，H=8m，P=2.2kW			台	—	—	0.07	—	—	—
排泥泵 Q=40m³/h，H=15m，P=4kW			台	—	—	—	—	0.05	—
液位计 普通型			套	0.10	—	0.07	—	0.05	—
设备合计			元	585.00	5.10	390.00	3.73	322.50	3.34

工作内容：池坑土方开挖、回填、外运；垫层铺筑；钢筋制作、安装，模板制作、安装、拆除，混凝土浇筑；检查井砌筑；池、井抹灰；设备及管件安装；池顶覆土；脚手架搭拆。

单位：容积 $10m^3$

指标编号				3F-018		3F-019		3F-020	
指标名称				钢筋混凝土水池					
				容积 $500m^3$		容积 $800m^3$		容积 $1000m^3$	
项目			单位	指标	费用占比（%）	指标	费用占比（%）	指标	费用占比（%）
指标基价			元	8998.65	100.00	7558.31	100.00	6905.10	100.00
一、建筑安装工程费			元	8716.65	96.87	7299.56	96.58	6729.90	97.46
1. 建筑工程费			元	8290.10	92.13	6951.30	91.97	6420.21	92.98
2. 安装工程费			元	426.55	4.74	348.26	4.61	309.69	4.48
二、设备购置费			元	282.00	3.13	258.75	3.42	175.20	2.54
建筑安装工程费									
直接费	人工费	普工	工日	9.53	—	6.05	—	5.29	—
		一般技工	工日	8.43	—	7.18	—	6.50	—
		高级技工	工日	0.13	—	0.09	—	0.09	—
		人工费小计	元	1915.19	21.44	1456.13	19.41	1298.94	18.96
	材料费	钢筋	kg	391.69	—	313.99	—	298.34	—
		预拌混凝土 C15	m^3	0.31	—	0.29	—	0.29	—
		预拌混凝土 C25 抗渗等级 P6	m^3	2.56	—	2.24	—	2.14	—
		干混抹灰砂浆 DP M20	m^3	0.30	—	0.31	—	0.23	—
		其他材料费	元	781.40	—	743.47	—	680.26	—
		材料费小计	元	3378.37	37.54	2951.30	39.05	2757.01	39.93
	机械费	自卸汽车 10t	台班	0.63	—	—	—	—	—
		自卸汽车 15t	台班	—	—	0.41	—	0.41	—
		其他机械费	元	229.47	—	210.33	—	187.58	—
		机械费小计	元	714.51	8.00	657.14	8.76	626.09	9.14
	措施费		元	351.85	3.91	296.47	3.92	272.54	3.95
	小计		元	6359.92	70.68	5361.04	70.93	4954.58	71.75
综合费			元	2356.73	26.19	1938.52	25.65	1775.32	25.71
合计			元	8716.65	—	7299.56	—	6729.90	—
设备购置费									
设备名称及规格型号			单位	数量					
潜污泵 $Q=50m^3/h$, $H=29m$, $P=7.5kW$			台	0.04	—	—	—	—	—
潜污泵 $Q=80m^3/h$, $H=36m$, $P=18.5kW$			台	—	—	0.03	—	—	—
潜污泵 $Q=100m^3/h$, $H=30m$, $P=10kW$			台	—	—	—	—	0.02	—
排泥泵 $Q=50m^3/h$, $H=10m$, $P=6kW$			台	0.04	—	—	—	—	—
排泥泵 $Q=80m^3/h$, $H=18m$, $P=7.5kW$			台	—	—	0.03	—	—	—
排泥泵 $Q=100m^3/h$, $H=11m$, $P=7.5kW$			台	—	—	—	—	0.02	—
液位计 普通型			套	0.04	—	0.03	—	0.02	—
设备合计			元	282.00	3.16	258.75	3.45	175.20	2.56

工作内容：池坑土方开挖、回填、外运；垫层铺筑；钢筋制作、安装，模板制作、安装、拆除，混凝土浇筑；检查井砌筑；池、井抹灰；设备及管件安装；池顶覆土；脚手架搭拆。

单位：容积 $10m^3$

<table>
<tr><td colspan="4">指 标 编 号</td><td colspan="2">3F-021</td><td colspan="2">3F-022</td></tr>
<tr><td colspan="4" rowspan="2">指 标 名 称</td><td colspan="4">钢筋混凝土水池</td></tr>
<tr><td colspan="2">容积 1500m³</td><td colspan="2">容积 2000m³</td></tr>
<tr><td colspan="3">项 目</td><td>单位</td><td>指标</td><td>费用占比（%）</td><td>指标</td><td>费用占比（%）</td></tr>
<tr><td colspan="3">指标基价</td><td>元</td><td>6204.96</td><td>100.00</td><td>5949.05</td><td>100.00</td></tr>
<tr><td colspan="3">一、建筑安装工程费</td><td>元</td><td>6088.16</td><td>98.12</td><td>5743.05</td><td>96.53</td></tr>
<tr><td colspan="3">1. 建筑工程费</td><td>元</td><td>5846.33</td><td>94.22</td><td>5515.53</td><td>92.71</td></tr>
<tr><td colspan="3">2. 安装工程费</td><td>元</td><td>241.83</td><td>3.90</td><td>227.52</td><td>3.82</td></tr>
<tr><td colspan="3">二、设备购置费</td><td>元</td><td>116.80</td><td>1.88</td><td>206.00</td><td>3.46</td></tr>
<tr><td colspan="8">建筑安装工程费</td></tr>
<tr><td rowspan="15">直接费</td><td rowspan="4">人工费</td><td>普工</td><td>工日</td><td>4.64</td><td>—</td><td>4.24</td><td>—</td></tr>
<tr><td>一般技工</td><td>工日</td><td>5.63</td><td>—</td><td>5.18</td><td>—</td></tr>
<tr><td>高级技工</td><td>工日</td><td>0.07</td><td>—</td><td>0.07</td><td>—</td></tr>
<tr><td>人工费小计</td><td>元</td><td>1132.04</td><td>18.39</td><td>1043.99</td><td>17.68</td></tr>
<tr><td rowspan="6">材料费</td><td>钢筋</td><td>kg</td><td>260.40</td><td>—</td><td>246.55</td><td>—</td></tr>
<tr><td>预拌混凝土 C15</td><td>m³</td><td>0.29</td><td>—</td><td>0.29</td><td>—</td></tr>
<tr><td>预拌混凝土 C25 抗渗等级 P6</td><td>m³</td><td>2.00</td><td>—</td><td>1.92</td><td>—</td></tr>
<tr><td>干混抹灰砂浆 DP M20</td><td>m³</td><td>0.21</td><td>—</td><td>0.19</td><td>—</td></tr>
<tr><td>其他材料费</td><td>元</td><td>631.67</td><td>—</td><td>577.67</td><td>—</td></tr>
<tr><td>材料费小计</td><td>元</td><td>2510.20</td><td>40.45</td><td>2368.18</td><td>39.81</td></tr>
<tr><td rowspan="4">机械费</td><td>履带式单斗液压挖掘机 1m³</td><td>台班</td><td>0.05</td><td>—</td><td>0.05</td><td>—</td></tr>
<tr><td>自卸汽车 15t</td><td>台班</td><td>0.41</td><td>—</td><td>0.41</td><td>—</td></tr>
<tr><td>其他机械费</td><td>元</td><td>105.73</td><td>—</td><td>96.63</td><td>—</td></tr>
<tr><td>机械费小计</td><td>元</td><td>611.11</td><td>9.93</td><td>599.12</td><td>10.15</td></tr>
<tr><td colspan="2">措施费</td><td>元</td><td>243.83</td><td>3.93</td><td>230.88</td><td>3.88</td></tr>
<tr><td colspan="2">小计</td><td>元</td><td>4497.18</td><td>72.48</td><td>4242.17</td><td>71.31</td></tr>
<tr><td colspan="3">综合费</td><td>元</td><td>1590.98</td><td>25.64</td><td>1500.88</td><td>25.23</td></tr>
<tr><td colspan="3">合计</td><td>元</td><td>6088.16</td><td>—</td><td>5743.05</td><td>—</td></tr>
<tr><td colspan="8">设备购置费</td></tr>
<tr><td colspan="3">设备名称及规格型号</td><td>单位</td><td colspan="4">数 量</td></tr>
<tr><td colspan="3">潜污泵 Q=100m³/h，H=30m，P=10kW</td><td>台</td><td>0.01</td><td>—</td><td>—</td><td>—</td></tr>
<tr><td colspan="3">潜污泵 Q=150m³/h，H=35m，P=37kW</td><td>台</td><td>—</td><td>—</td><td>0.02</td><td>—</td></tr>
<tr><td colspan="3">排泥泵 Q=100m³/h，H=11m，P=7.5kW</td><td>台</td><td>0.01</td><td>—</td><td>—</td><td>—</td></tr>
<tr><td colspan="3">排泥泵 Q=150m³/h，H=10m，P=7.5kW</td><td>台</td><td>—</td><td>—</td><td>0.02</td><td>—</td></tr>
<tr><td colspan="3">液位计 普通型</td><td>套</td><td>0.01</td><td>—</td><td>0.02</td><td>—</td></tr>
<tr><td colspan="3">设备合计</td><td>元</td><td>116.80</td><td>1.90</td><td>206.00</td><td>3.49</td></tr>
</table>

工作内容：池坑土方开挖、回填、外运；垫层铺筑；钢筋制作、安装，模板制作、安装、拆除，混凝土浇筑；检查井砌筑；池、井抹灰；设备及管件安装；池顶覆土；脚手架搭拆。

单位：容积 $10m^3$

指标编号				3F-023		3F-024	
指标名称				钢筋混凝土水池			
				容积 $3000m^3$		容积 $4000m^3$	
项目			单位	指标	费用占比（%）	指标	费用占比（%）
指标基价			元	5293.70	100.00	4752.05	100.00
一、建筑安装工程费			元	5151.70	97.32	4645.55	97.76
1. 建筑工程费			元	4999.13	94.44	4523.01	95.18
2. 安装工程费			元	152.57	2.88	122.54	2.58
二、设备购置费			元	142.00	2.68	106.50	2.24
建筑安装工程费							
直接费	人工费	普工	工日	3.80	—	3.36	—
		一般技工	工日	4.60	—	4.04	—
		高级技工	工日	0.05	—	0.05	—
		人工费小计	元	927.67	17.66	818.97	17.37
	材料费	钢筋	kg	191.70	—	190.67	—
		预拌混凝土 C15	m^3	0.30	—	0.24	—
		预拌混凝土 C25 抗渗等级 P6	m^3	1.55	—	1.43	—
		干混抹灰砂浆 DP M20	m^3	0.18	—	0.15	—
		其他材料费	元	601.16	—	487.43	—
		材料费小计	元	2060.24	38.92	1861.85	39.18
	机械费	履带式单斗液压挖掘机 $1m^3$	台班	0.05	—	0.04	—
		自卸汽车 15t	台班	0.44	—	0.41	—
		其他机械费	元	92.40	—	81.50	—
		机械费小计	元	625.87	11.91	584.91	12.41
	措施费		元	202.49	3.83	181.34	3.82
	小计		元	3816.27	72.09	3447.07	72.54
综合费			元	1335.43	25.23	1198.48	25.22
合计			元	5151.70	—	4645.55	—
设备购置费							
设备名称及规格型号			单位	数量			
潜污泵 $Q=200m^3/h$，$H=30m$，$P=37kW$			台	0.01	—	0.01	—
排泥泵 $Q=200m^3/h$，$H=10m$，$P=15kW$			台	0.01	—	0.01	—
液位计 普通型			套	0.01	—	0.01	—
设备合计			元	142.00	2.70	106.50	2.26

2.3.5 砌筑水池

2.3.5.1 砖砌水池

工作内容：池坑土方开挖、回填、外运；垫层铺筑；钢筋制作、安装，模板制作、安装、拆除，混凝土浇筑；池（井）砌筑、抹灰；设备及管件安装；池顶覆土；脚手架搭拆。

单位：容积 10m^3

指标编号				3F-025		3F-026		3F-027	
指标名称				砖砌水池					
				容积 100m^3		容积 200m^3		容积 300m^3	
项目			单位	指标	费用占比（%）	指标	费用占比（%）	指标	费用占比（%）
指标基价			元	8453.43	100.00	6266.06	100.00	5363.35	100.00
一、建筑安装工程费			元	8127.93	96.15	6023.56	96.13	5178.35	96.56
1. 建筑工程费			元	6711.11	79.39	5315.16	84.82	4706.08	87.75
2. 安装工程费			元	1416.82	16.76	708.4	11.31	472.27	8.81
二、设备购置费			元	325.50	3.85	242.50	3.87	185.00	3.45
建筑安装工程费									
直接费	人工费	普工	工日	7.06	—	5.50	—	4.88	—
		一般技工	工日	7.75	—	5.62	—	4.75	—
		高级技工	工日	0.53	—	0.30	—	0.24	—
		人工费小计	元	1689.96	19.48	1241.54	19.47	1064.13	19.57
	材料费	钢筋	kg	144.53	—	124.54	—	93.96	—
		预拌混凝土 C25	m^3	0.94	—	0.64	—	0.56	—
		防水混凝土 C25 抗渗等级 P6	m^3	0.89	—	0.83	—	0.81	—
		标准砖 240×115×53	千块	0.96	—	0.65	—	0.56	—
		水泥砂浆 M7.5	m^3	0.36	—	0.25	—	0.22	—
		干混抹灰砂浆 DP M20	m^3	0.23	—	0.18	—	0.16	—
		柔性防水套管安装 *DN*50	个	0.70	—	0.35	—	0.23	—
		木模板	m^3	0.06	—	0.04	—	0.04	—
		其他材料费	元	1044.23	—	701.78	—	565.38	—
		材料费小计	元	3330.87	39.40	2416.18	38.56	2038.78	38.01
	机械费	履带式单斗液压挖掘机 1m^3	台班	0.04	—	0.03	—	0.03	—
		自卸汽车 10t	台班	0.50	—	0.48	—	0.47	—
		其他机械费	元	143.33	—	103.14	—	90.81	—
		机械费小计	元	575.15	6.63	518.18	8.12	499.32	9.18
	措施费		元	335.11	3.96	241.29	3.85	203.98	3.80
	小计		元	5931.09	70.16	4417.19	70.49	3806.21	70.97
综合费			元	2196.84	25.99	1606.37	25.64	1372.14	25.58
合计			元	8127.93	—	6023.56	—	5178.35	—
设备购置费									
设备名称及规格型号			单位	数量					
潜污泵 Q=10m^3/h，H=22m，P=1.5kW			台	0.10	—	—	—	—	—
潜污泵 Q=20m^3/h，H=25m，P=3.0kW			台	—	—	0.05	—	—	—
潜污泵 Q=30m^3/h，H=26m，P=4.0kW			台	—	—	—	—	0.03	—
排泥泵 Q=12.5m^3/h，H=12.5m，P=1.1kW			台	0.10	—	—	—	—	—
排泥泵 Q=25m^3/h，H=12.5m，P=1.5kW			台	—	—	0.05	—	—	—
排泥泵 Q=30m^3/h，H=15m，P=3.0kW			台	—	—	—	—	0.03	—
液位计 普通型			套	0.10	—	0.05	—	0.03	—
设备合计			元	325.50	3.75	242.50	3.80	185.00	3.40

2.3.5.2 块石砌筑水池

工作内容：池坑土方开挖、回填、外运；垫层铺筑；钢筋制作、安装，模板制作、安装、拆除，混凝土浇筑；池（井）砌筑、抹灰；设备及管件安装；池顶覆土；脚手架搭拆。

单位：容积 $10m^3$

指标编号				3F-028		3F-029		3F-030	
指标名称				块石砌筑水池					
				容积 $100m^3$		容积 $200m^3$		容积 $300m^3$	
项目			单位	指标	费用占比（%）	指标	费用占比（%）	指标	费用占比（%）
指标基价			元	8434.57	100.00	6253.10	100.00	5351.58	100.00
一、建筑安装工程费			元	8109.07	96.14	6010.60	96.12	5166.58	96.54
1. 建筑工程费			元	6692.25	79.34	5302.20	84.79	4694.31	87.72
2. 安装工程费			元	1416.82	16.80	708.4	11.33	472.27	8.82
二、设备购置费			元	325.50	3.86	242.50	3.88	185.00	3.46
建筑安装工程费									
直接费	人工费	普工	工日	7.2	—	5.6	—	4.96	—
		一般技工	工日	8.25	—	5.97	—	5.07	—
		高级技工	工日	0.61	—	0.36	—	0.29	—
		人工费小计	元	1781.47	20.58	1306.07	20.52	1121.65	20.44
	材料费	钢筋	kg	144.53	—	124.54	—	93.96	—
		预拌混凝土 C25	m^3	0.94	—	0.64	—	0.56	—
		防水混凝土 C25 抗渗等级 P6	m^3	0.89	—	0.83	—	0.81	—
		块石（综合）	m^3	1.80	—	1.27	—	1.13	—
		干混砌筑砂浆 DM M10	m^3	0.64	—	0.45	—	0.40	—
		干混抹灰砂浆 DP M20	m^3	0.23	—	0.18	—	0.16	—
		柔性防水套管安装 *DN*50	个	0.70	—	0.35	—	0.23	—
		木模板	m^3	0.06	—	0.04	—	0.04	—
		其他材料费	元	1112.90	—	735.85	—	587.87	—
		材料费小计	元	3202.10	37.96	2325.62	37.19	1957.90	36.59
	机械费	自卸汽车 10t	台班	0.50	—	0.48	—	0.47	—
		履带式单斗液压挖掘机 $1m^3$	台班	0.04	—	0.03	—	0.03	—
		其他机械费	元	149.76	—	107.67	—	94.85	—
		机械费小计	元	581.58	6.72	522.71	8.21	503.36	9.17
	措施费		元	333.79	3.96	240.37	3.84	203.16	3.80
	小计		元	5898.94	69.94	4394.77	70.28	3786.07	70.75
综合费			元	2210.13	26.20	1615.83	25.84	1380.51	25.80
合计			元	8109.07	—	6010.60	—	5166.58	—
设备购置费									
设备名称及规格型号			单位	数量					
潜污泵 Q=10m^3/h，H=22m，P=1.5kW			台	0.10	—	—	—	—	—
潜污泵 Q=20m^3/h，H=25m，P=3.0kW			台	—	—	0.05	—	—	—
潜污泵 Q=30m^3/h，H=26m，P=4.0kW			台	—	—	—	—	0.03	—
排泥泵 Q=12.5m^3/h，H=12.5m，P=1.1kW			台	0.10	—	—	—	—	—
排泥泵 Q=25m^3/h，H=12.5m，P=1.5kW			台	—	—	0.05	—	—	—
排泥泵 Q=30m^3/h，H=15m，P=3.0kW			台	—	—	—	—	0.03	—
液位计 普通型			套	0.10	—	0.05	—	0.03	—
设备合计			元	325.50	3.76	242.50	3.81	185.00	3.37

2.3.5.3 条石砌筑水池

工作内容：池坑土方开挖、回填、外运；垫层铺筑；钢筋制作、安装，模板制作、安装、拆除，混凝土浇筑；池（井）砌筑、抹灰；设备及管件安装；池顶覆土；脚手架搭拆。

单位：容积 $10m^3$

指标编号				3F-031		3F-032		3F-033	
指标名称				条石砌筑水池					
				容积 $100m^3$		容积 $200m^3$		容积 $300m^3$	
项目			单位	指标	费用占比（%）	指标	费用占比（%）	指标	费用占比（%）
指标基价			元	9090.21	100.00	6715.51	100.00	5764.13	100.00
一、建筑安装工程费			元	8764.71	96.42	6473.01	96.39	5579.13	96.79
1. 建筑工程费			元	7347.89	80.83	5764.61	85.84	5106.86	88.60
2. 安装工程费			元	1416.82	15.59	708.4	10.55	472.27	8.19
二、设备购置费			元	325.50	3.58	242.50	3.61	185.00	3.21
建筑安装工程费									
直接费	人工费	普工	工日	8.45	—	6.48	—	5.75	—
		一般技工	工日	10.43	—	7.51	—	6.44	—
		高级技工	工日	0.97	—	0.62	—	0.52	—
		人工费小计	元	2236.92	24.02	1627.15	23.83	1408.09	24.12
	材料费	钢筋	kg	144.53	—	124.54	—	93.96	—
		预拌混凝土 C25	m^3	0.94	—	0.64	—	0.56	—
		防水混凝土 C25 抗渗等级 P6	m^3	0.89	—	0.83	—	0.81	—
		条石	m^3	1.92	—	1.36	—	1.21	—
		干混砌筑砂浆 DM M10	m^3	0.23	—	0.16	—	0.15	—
		干混抹灰砂浆 DP M20	m^3	0.23	—	0.18	—	0.16	—
		柔性防水套管安装 *DN*50	个	0.70	—	0.35	—	0.23	—
		木模板	m^3	0.06	—	0.04	—	0.04	—
		其他材料费	元	1112.97	—	735.89	—	587.91	—
		材料费小计	元	3151.57	34.67	2290.14	34.10	1926.26	33.42
	机械费	履带式单斗液压挖掘机 $1m^3$	台班	0.04	—	0.03	—	0.03	—
		自卸汽车 10t	台班	0.50	—	0.48	—	0.47	—
		其他机械费	元	140.70	—	101.29	—	89.16	—
		机械费小计	元	572.52	6.15	516.33	7.56	497.67	8.52
	措施费		元	359.88	3.96	258.78	3.85	219.58	3.81
	小计		元	6320.89	69.54	4692.40	69.87	4051.60	70.29
综合费			元	2443.82	26.88	1780.61	26.51	1527.53	26.50
合计			元	8764.71	—	6473.01	—	5579.13	—
设备购置费									
设备名称及规格型号			单位	数量					
潜污泵 Q=10m³/h，H=22m，P=1.5kW			台	0.10	—	—	—	—	—
潜污泵 Q=20m³/h，H=25m，P=3.0kW			台	—	—	0.05	—	—	—
潜污泵 Q=30m³/h，H=26m，P=4.0kW			台	—	—	—	—	0.03	—
排泥泵 Q=12.5m³/h，H=12.5m，P=1.1kW			台	0.10	—	—	—	—	—
排泥泵 Q=25m³/h，H=12.5m，P=1.5kW			台	—	—	0.05	—	—	—
排泥泵 Q=30m³/h，H=15m，P=3.0kW			台	—	—	—	—	0.03	—
液位计 普通型			套	0.10	—	0.05	—	0.03	—
设备合计			元	325.50	3.49	242.50	3.55	185.00	3.17

2.3.6 模块调蓄池

2.3.6.1 硅砂模块调蓄池

工作内容：池坑土方开挖、回填、外运；垫层铺筑；钢筋制作、安装，模板制作、安装、拆除，混凝土浇筑；池、井抹灰；模块安装；盖板制作、安装；防水及保护层铺设；设备及管件安装；池顶覆土；脚手架搭拆。 **单位**：容积 $10m^3$

指标编号				3F-034		3F-035	
指标名称				硅砂模块调蓄池			
				容积 $100m^3$		容积 $200m^3$	
项目			单位	指标	费用占比（%）	指标	费用占比（%）
指标基价			元	38019.62	100.00	33318.78	100.00
一、建筑安装工程费			元	37312.62	97.80	32832.68	98.19
1. 建筑工程费			元	33737.38	88.43	31045.05	92.84
2. 安装工程费			元	3575.24	9.37	1787.63	5.35
二、设备购置费			元	707.00	1.85	486.10	1.45
建筑安装工程费							
直接费	人工费	普工	工日	15.44	—	11.65	—
		一般技工	工日	16.4	—	11.98	—
		高级技工	工日	1.22	—	0.72	—
		人工费小计	元	3640.18	9.54	2651.41	7.93
	材料费	砂基模块	m^3	11.80	—	12.18	—
		钢筋	kg	461.11	—	254.01	—
		预拌混凝土 C25	m^3	0.95	—	0.88	—
		防水混凝土 C30 抗渗等级 P6	m^3	3.83	—	3.09	—
		其他材料费	元	4024.92	—	2796.10	—
		材料费小计	元	21693.72	56.86	19879.14	59.45
	机械费	自卸汽车 10t	台班	0.77	—	—	—
		自卸汽车 15t	台班	—	—	0.49	—
		吊装机械（综合）	台班	0.28	—	0.28	—
		其他机械费	元	406.18	—	307.82	—
		机械费小计	元	1124.87	2.95	957.38	2.86
	措施费		元	1613.50	4.23	1406.02	4.20
	小计		元	28072.27	73.58	24893.95	74.44
综合费			元	9240.35	24.22	7938.73	23.74
合计			元	37312.62	—	32832.68	—
设备购置费							
设备名称及规格型号			单位	数量			
潜水泵 Q=10m³/h, H=30m, P=1.1kW			台	0.20	—	—	—
潜水泵 Q=25m³/h, H=30m, P=1.1kW			台	—	—	0.10	—
排泥泵 Q=10m³/h, H=10m, P=0.75kW			台	0.20	—	—	—
排泥泵 Q=25m³/h, H=10m, P=0.75kW			台	—	—	0.10	—
液位计 普通型			套	0.20	—	0.10	—
设备合计			元	707.00	1.85	486.10	1.45

工作内容：池坑土方开挖、回填、外运；垫层铺筑；钢筋制作、安装，模板制作、安装、拆除，混凝土浇筑；池、井抹灰；模块安装；盖板制作、安装；防水及保护层铺设；设备及管件安装；池顶覆土；脚手架搭拆。

单位：容积 $10m^3$

指标编号				3F-036		3F-037	
指标名称				硅砂模块调蓄池			
				容积 $500m^3$		容积 $1000m^3$	
项目			单位	指标	费用占比（%）	指标	费用占比（%）
指标基价			元	28599.96	100.00	27654.25	100.00
一、建筑安装工程费			元	28347.96	98.68	27402.25	98.67
1. 建筑工程费			元	27640.31	96.22	26931.04	96.97
2. 安装工程费			元	707.65	2.46	471.21	1.70
二、设备购置费			元	252.00	0.88	252.00	0.91
建筑安装工程费							
直接费	人工费	普工	工日	6.62	—	5.53	—
		一般技工	工日	8.72	—	7.75	—
		高级技工	工日	0.39	—	0.32	—
		人工费小计	元	1751.98	6.10	1505.28	5.42
	材料费	砂基模块	m^3	11.72	—	11.88	—
		钢筋	kg	130.80	—	107.38	—
		预拌混凝土 C25	m^3	0.92	—	0.85	—
		防水混凝土 C30 抗渗等级 P6	m^3	2.38	—	2.01	—
		其他材料费	元	1974.74	—	1657.16	—
		材料费小计	元	17798.07	61.96	17424.87	62.74
	机械费	履带式单斗液压挖掘机 $1m^3$	台班	0.05	—	0.05	—
		吊装机械（综合）	台班	0.28	—	0.28	—
		自卸汽车 15t	台班	0.48	—	0.47	—
		其他机械费	元	175.49	—	155.80	—
		机械费小计	元	886.20	3.08	851.48	3.07
	措施费		元	1210.25	4.21	1171.76	4.22
	小计		元	21646.50	75.35	20953.39	75.44
综合费			元	6701.46	23.33	6448.86	23.22
合计			元	28347.96	—	27402.25	—
设备购置费							
设备名称及规格型号			单位	数量			
潜水泵 $Q=50m^3/h$，$H=30m$，$P=6.0kW$			台	0.04	—	0.04	—
排泥泵 $Q=50m^3/h$，$H=10m$，$P=3.0kW$			台	0.04	—	0.04	—
液位计 普通型			套	0.04	—	0.04	—
设备合计			元	252.00	0.88	252.00	0.91

2.3.6.2 PP模块调蓄池

工作内容：池坑土方开挖、回填、外运；垫层铺筑；钢筋制作、安装，模板制作、安装、拆除，混凝土浇筑；池、井抹灰；模块安装；盖板制作、安装；防水及保护层铺设；设备及管件安装；池顶覆土；脚手架搭拆。

单位：容积10m³

指标编号				3F-038		3F-039	
指标名称				PP模块调蓄池			
				容积100m³		容积200m³	
项目			单位	指标	费用占比(%)	指标	费用占比(%)
指标基价			元	23698.28	100.00	19108.27	100.00
一、建筑安装工程费			元	23215.28	97.42	18781.77	97.67
1. 建筑工程费			元	21418.99	89.88	17883.63	93.00
2. 安装工程费			元	1796.29	7.54	898.14	4.67
二、设备购置费			元	483.00	2.03	326.50	1.70
建筑安装工程费							
直接费	人工费	普工	工日	14.91	—	11.63	—
		一般技工	工日	15.62	—	11.83	—
		高级技工	工日	1.02	—	0.63	—
		人工费小计	元	3450.08	14.48	2609.59	13.57
	材料费	PP模块	m³	10.80	—	10.08	—
		钢筋	kg	461.11	—	254.01	—
		预拌混凝土 C25	m³	0.95	—	0.88	—
		防水混凝土 C30 抗渗等级 P6	m³	3.83	—	3.09	—
		其他材料费	元	3018.32	—	2340.83	—
		材料费小计	元	11819.12	49.60	9745.87	50.68
	机械费	吊装机械(综合)	台班	0.28	—	0.28	—
		自卸汽车 10t	台班	0.77	—	—	—
		自卸汽车 15t	台班	—	—	0.49	—
		其他机械费	元	366.57	—	288.61	—
		机械费小计	元	1085.26	4.55	938.17	4.88
	措施费		元	964.14	4.05	776.04	4.04
	小计		元	17318.60	72.68	14069.67	73.17
综合费			元	5896.68	24.74	4712.10	24.50
合计			元	23215.28	—	18781.77	—
设备购置费							
设备名称及规格型号			单位	数量			
排泥泵 Q=10m³/h，H=10m，P=0.75kW			台	0.10	—	—	—
排泥泵 Q=25m³/h，H=30m，P=3.0kW			台	—	—	0.05	—
回用泵 Q=10m³/h，H=30m，P=1.1kW			台	0.10	—	—	—
回用泵 Q=25m³/h，H=30m，P=3.0kW			台	—	—	0.05	—
液位计 普通型			套	0.20	—	0.10	—
设备合计			元	483.00	2.03	326.50	1.70

工作内容：池坑土方开挖、回填、外运；垫层铺筑；钢筋制作、安装，模板制作、安装、拆除，混凝土浇筑；池、井抹灰；模块安装；盖板制作、安装；防水及保护层铺设；设备及管件安装；池顶覆土；脚手架搭拆。 **单位**：容积 $10m^3$

指标编号				3F-040		3F-041	
指标名称				PP 模块调蓄池			
				容积 $500m^3$		容积 $1000m^3$	
项目			单位	指标	费用占比（%）	指标	费用占比（%）
指标基价			元	15893.88	100.00	14697.27	100.00
一、建筑安装工程费			元	15729.88	98.18	14572.27	98.36
1. 建筑工程费			元	15370.62	95.94	14386.77	97.11
2. 安装工程费			元	359.26	2.24	185.5	1.25
二、设备购置费			元	164.00	1.02	125.00	0.84
建筑安装工程费							
直接费	人工费	普工	工日	6.86	—	5.81	—
		一般技工	工日	8.92	—	7.68	—
		高级技工	工日	0.37	—	0.28	—
		人工费小计	元	1788.77	11.17	1529.40	10.32
	材料费	PP 模块	m^3	10.08	—	10.08	—
		钢筋	kg	130.80	—	107.38	—
		预拌混凝土 C25	m^3	0.92	—	0.85	—
		防水混凝土 C30 抗渗等级 P6	m^3	2.38	—	2.01	—
		其他材料费	元	1844.93	—	1598.71	—
		材料费小计	元	8548.02	53.36	8045.03	54.30
	机械费	履带式单斗液压挖掘机 $1m^3$	台班	0.05	—	0.05	—
		吊装机械（综合）	台班	0.28	—	0.28	—
		自卸汽车 15t	台班	0.48	—	0.47	—
		其他机械费	元	168.73	—	150.66	—
		机械费小计	元	879.44	5.49	846.34	5.71
	措施费		元	654.22	4.08	605.70	4.09
	小计		元	11870.45	74.09	11026.47	74.43
综合费			元	3859.43	24.09	3545.80	23.93
合计			元	15729.88	—	14572.27	—
设备购置费							
设备名称及规格型号			单位	数量			
排泥泵 $Q=50m^3/h$, $H=30m$, $P=6.0kW$			台	0.02	—	—	—
排泥泵 $Q=100m^3/h$, $H=30m$, $P=10.0kW$			台	—	—	0.01	—
回用泵 $Q=50m^3/h$, $H=30m$, $P=6.0kW$			台	0.02	—	—	—
回用泵 $Q=100m^3/h$, $H=30m$, $P=10.0kW$			台	—	—	0.01	—
液位计 普通型			套	0.04	—	0.04	—
设备合计			元	164.00	1.02	125.00	0.84

2.3.7 现浇混凝土挡墙

工作内容：1. 混凝土挡墙（块、片石混凝土）：土石方开挖、回填、外运；模板制作、安装、拆除，混凝土浇筑；泄水孔制作、安装；滤水层铺筑；脚手架搭折。

2. 现浇悬臂式钢筋混凝土挡墙：土石方开挖、回填、外运；钢筋制作、安装，模板制作、安装、拆除，混凝土浇筑；泄水孔制作、安装；滤水层铺筑；脚手架搭折。

3. 现浇肋板式锚杆挡墙：土石方开挖、回填、外运；钢筋制作、安装，模板制作、安装、拆除，混凝土浇筑；泄水孔制作、安装；滤水层铺筑；锚杆制作、安装；砂浆制作、运输、压浆；脚手架搭折。

单位：$10m^3$

指标编号				3F-042		3F-043		3F-044	
指标名称				混凝土挡墙（块、片石混凝土）		现浇悬臂式钢筋混凝土挡墙		现浇肋板式锚杆挡墙	
项目			单位	指标	费用占比（%）	指标	费用占比（%）	指标	费用占比（%）
指标基价			元	8146.60	100.00	12340.79	100.00	36099.03	100.00
一、建筑安装工程费			元	8146.60	100.00	12340.79	100.00	36099.03	100.00
1. 建筑工程费			元	8146.60	100.00	12340.79	100.00	36099.03	100.00
2. 安装工程费			元	—	—	—	—	—	—
二、设备购置费			元	—	—	—	—	—	—
建筑安装工程费									
直接费	人工费	普工	工日	5.14	—	11.78	—	19.73	—
		一般技工	工日	4.93	—	6.73	—	31.47	—
		高级技工	工日	0.72	—	0.98	—	6.89	—
		人工费小计	元	1201.65	14.92	2041.23	16.54	7031.86	19.48
	材料费	钢筋	kg	—	—	495.97	—	2418.28	—
		预拌混凝土 C20	m^3	8.67	—	—	—	—	—
		预拌混凝土 C30	m^3	—	—	9.83	—	10.22	—
		片石	m^3	2.43	—	—	—	—	—
		其他材料费	元	1098.56	—	862.95	—	1747.26	—
		材料费小计	元	4500.86	55.25	6400.83	51.87	14051.67	38.93
	机械费	工程地质液压钻机	台班	—	—	—	—	4.20	—
		电动空气压缩机 $10m^3/min$	台班	—	—	—	—	0.97	—
		自卸汽车 10t	台班	0.07	—	0.28	—	—	—
		其他机械费	元	10.31	—	65.91	—	719.17	—
		机械费小计	元	61.93	0.77	281.84	2.28	4073.67	11.28
	措施费		元	339.15	4.16	494.42	4.01	1531.21	4.24
	小计		元	6103.59	74.92	9218.32	74.70	26688.41	73.93
综合费			元	2043.01	25.08	3122.47	25.30	9410.62	26.07
合计			元	8146.60	—	12340.79	—	36099.03	—

2.3.8 砌筑挡墙

工作内容：土石方开挖、回填、外运；泄水孔制作、安装；滤水层铺筑；砌筑、勾缝；搭拆脚手架。

单位：10m³

指标编号				3F-045		3F-046	
指标名称				毛石砌筑挡墙		条石砌筑挡墙	
项目			单位	指标	费用占比（%）	指标	费用占比（%）
指标基价			元	6339.13	100.00	11210.15	100.00
一、建筑安装工程费			元	6339.13	100.00	11210.15	100.00
1. 建筑工程费			元	6339.13	100.00	11210.15	100.00
2. 安装工程费			元	—	—	—	—
二、设备购置费			元	—	—	—	—
建筑安装工程费							
直接费	人工费	普工	工日	6.83	—	11.96	—
		一般技工	工日	5.02	—	18.12	—
		高级技工	工日	0.91	—	2.99	—
		人工费小计	元	1393.34	21.98	3909.37	34.87
	材料费	毛石（综合）	m³	11.25	—	—	—
		条石	m³	—	—	10.10	—
		砌筑水泥砂浆 M5.0	m³	3.93	—	2.79	—
		其他材料费	元	91.17	—	276.11	—
		材料费小计	元	2838.27	44.77	3102.41	27.68
	机械费	小型工程车	台班	0.17	—	—	—
		单卧轴式砂浆搅拌机 250L	台班	0.25	—	—	—
		汽车起重机 5t	台班	—	—	1.08	—
		其他机械费	元	58.69	—	157.89	—
		机械费小计	元	174.49	2.75	496.69	4.43
	措施费		元	258.31	4.07	456.87	4.08
	小计		元	4664.41	73.58	7965.34	71.05
综合费			元	1674.72	26.42	3244.81	28.95
合计			元	6339.13	—	11210.15	—

2.3.9 混凝土沉砂井

工作内容：井坑土石方开挖、回填、外运；垫层铺筑；钢筋制作、安装，模板制作、安装、拆除，混凝土浇筑；盖板制作、安装；抹灰。

单位：座

指标编号					3F-047		3F-048		3F-049	
指标名称					混凝土沉砂井					
					1.8m×1.44m×2m（深）		1.8m×1.44m×4m（深）		1.8m×1.44m×6m（深）	
项目				单位	指标	费用占比（%）	指标	费用占比（%）	指标	费用占比（%）
指标基价				元	8158.95	100.00	14651.41	100.00	20916.13	100.00
一、建筑安装工程费				元	8158.95	100.00	14651.41	100.00	20916.13	100.00
1. 建筑工程费				元	8158.95	100.00	14651.41	100.00	20916.13	100.00
2. 安装工程费				元	—	—	—	—	—	—
二、设备购置费				元	—	—	—	—	—	—
建筑安装工程费										
直接费	人工费	普工		工日	13.26	—	26.19	—	38.63	—
		一般技工		工日	9.24	—	18.86	—	27.76	—
		高级技工		工日	0.10	—	0.10	—	0.10	—
		人工费小计		元	2320.60	28.44	4639.72	31.67	6827.27	32.64
	材料费	钢筋		kg	328.00	—	522.75	—	727.75	—
		预拌混凝土 C20		m^3	0.97	—	0.97	—	0.97	—
		预拌混凝土 C30		m^3	1.69	—	3.28	—	4.89	—
		其他材料费		元	748.19	—	1217.26	—	1642.28	—
		材料费小计		元	2893.07	35.46	4654.45	31.77	6410.97	30.65
	机械费	汽车式起重机 8t		台班	0.06	—	0.09	—	0.13	—
		自卸汽车 12t		台班	0.20	—	0.41	—	0.61	—
		其他机械费		元	151.15	—	230.87	—	308.17	—
		机械费小计		元	389.43	4.77	692.56	4.73	988.79	4.73
	措施费			元	312.62	3.83	551.75	3.77	782.14	3.74
	小计			元	5915.72	72.51	10538.48	71.93	15009.17	71.76
综合费				元	2243.23	27.49	4112.93	28.07	5906.96	28.24
合计				元	8158.95	—	14651.41	—	20916.13	—

2.3.10 砌筑沉砂井

2.3.10.1 砌块砌筑沉砂井

工作内容：井坑土石方开挖、回填、外运；垫层铺筑；钢筋制作、安装，模板制作、安装、拆除，混凝土浇筑；盖板制作、安装；砌筑、抹灰。

单位：座

指标编号				3F-050		3F-051	
指标名称				砌块砌筑沉砂井			
				1.8m×1.44m×2m（深）		1.8m×1.44m×4m（深）	
项目			单位	指标	费用占比（%）	指标	费用占比（%）
指标基价			元	7268.27	100.00	12352.30	100.00
一、建筑安装工程费			元	7268.27	100.00	12352.30	100.00
1. 建筑工程费			元	7268.27	100.00	12352.30	100.00
2. 安装工程费			元	—	—	—	—
二、设备购置费			元	—	—	—	—
建筑安装工程费							
直接费	人工费	普工	工日	12.47	—	23.28	—
		一般技工	工日	6.24	—	10.30	—
		高级技工	工日	0.12	—	0.12	—
		人工费小计	元	1872.92	25.77	3299.65	26.71
	材料费	钢筋	kg	132.60	—	132.60	—
		预拌混凝土 C25	m^3	0.63	—	0.63	—
		预拌混凝土 C30	m^3	0.97	—	0.97	—
		砌块	m^3	2.27	—	5.67	—
		干混砌筑砂浆 DM M10	m^3	0.72	—	1.81	—
		其他材料费	元	590.26	—	720.72	—
		材料费小计	元	2775.29	38.18	4581.48	37.09
	机械费	自卸汽车 12t	台班	0.20	—	0.41	—
		机动翻斗车 1t	台班	0.13	—	0.31	—
		其他机械费	元	167.80	—	221.40	—
		机械费小计	元	386.15	5.31	669.64	5.42
	措施费		元	275.80	3.79	458.86	3.71
	小计		元	5310.16	73.06	9009.63	72.94
综合费			元	1958.11	26.94	3342.67	27.06
合计			元	7268.27	—	12352.30	—

2.3.10.2　砖砌沉砂井

工作内容：井坑土石方开挖、回填、外运；垫层铺筑；钢筋制作、安装，模板制作、安装、拆除，混凝土浇筑；盖板制作、安装；砌筑、抹灰。

单位：座

指标编号				3F-052		3F-053	
指标名称				砖砌沉砂井			
				1.8m×1.44m×2m(深)		1.8m×1.44m×4m(深)	
项目			单位	指标	费用占比(%)	指标	费用占比(%)
指标基价			元	6222.69	100.00	9547.94	100.00
一、建筑安装工程费			元	6222.69	100.00	9547.94	100.00
1. 建筑工程费			元	6222.69	100.00	9547.94	100.00
2. 安装工程费			元	—	—	—	—
二、设备购置费			元	—	—	—	—
建筑安装工程费							
直接费	人工费	普工	工日	11.94	—	21.81	—
		一般技工	工日	5.53	—	8.45	—
		高级技工	工日	0.12	—	0.12	—
		人工费小计	元	1738.23	27.93	2937.65	30.77
	材料费	钢筋	kg	132.60	—	132.60	—
		预拌混凝土 C25	m^3	0.63	—	0.63	—
		预拌混凝土 C30	m^3	0.97	—	0.97	—
		标准砖 240×115×53	千块	0.71	—	1.75	—
		预拌水泥砂浆 M7.5	m^3	0.30	—	0.73	—
		其他材料费	元	587.90	—	708.71	—
		材料费小计	元	2151.54	34.58	2994.15	31.36
	机械费	自卸汽车 12t	台班	0.20	—	0.41	—
		汽车式起重机 8t	台班	0.04	—	0.04	—
		其他机械费	元	180.31	—	212.00	—
		机械费小计	元	405.13	6.51	630.85	6.61
	措施费		元	229.78	3.69	338.66	3.55
	小计		元	4524.68	72.71	6901.31	72.28
综合费			元	1698.01	27.29	2646.63	27.72
合计			元	6222.69	—	9547.94	—

2.3.11 单孔箱涵

工作内容: 土方开挖、回填、外运;垫层铺筑;钢筋制作、安装,模板制作、安装、拆除,混凝土浇筑;止水带安装;防水层铺设;脚手架搭拆。

单位: 10m

指标编号				3F-054		3F-055		3F-056	
指标名称				单孔箱涵					
				净断面积 $5m^2$		净断面积 $7.5m^2$		净断面积 $10m^2$	
项目			单位	指标	费用占比(%)	指标	费用占比(%)	指标	费用占比(%)
指标基价			元	69675.85	100.00	93710.83	100.00	117076.13	100.00
一、建筑安装工程费			元	69675.85	100.00	93710.83	100.00	117076.13	100.00
1. 建筑工程费			元	69675.85	100.00	93710.83	100.00	117076.13	100.00
2. 安装工程费			元	—	—	—	—	—	—
二、设备购置费			元	—	—	—	—	—	—
建筑安装工程费									
直接费	人工费	普工	工日	81.70	—	96.21	—	111.43	—
		一般技工	工日	52.04	—	64.31	—	75.93	—
		高级技工	工日	5.09	—	5.77	—	6.70	—
		人工费小计	元	14517.92	20.84	17442.80	18.61	20389.50	17.42
	材料费	钢筋	kg	2794.97	—	4600.82	—	5484.16	—
		预拌混凝土 C30 P6	m^3	28.30	—	39.38	—	55.82	—
		聚氨酯防水涂料	kg	212.44	—	256.28	—	303.16	—
		其他材料费	元	4763.43	—	5729.70	—	6941.17	—
		材料费小计	元	29592.13	42.47	42059.75	44.88	53847.60	45.99
	机械费	履带式单斗液压挖掘机 $1m^3$	台班	0.62	—	0.75	—	0.89	—
		自卸汽车 10t	台班	3.93	—	5.74	—	7.78	—
		其他机械费	元	932.54	—	1182.74	—	1402.93	—
		机械费小计	元	4795.48	6.88	6605.17	7.05	8592.90	7.34
	措施费		元	2645.58	3.80	3597.47	3.84	4510.75	3.85
	小计		元	51551.11	73.99	69705.19	74.38	87340.75	74.60
综合费			元	18124.74	26.01	24005.64	25.62	29735.38	25.40
合计			元	69675.85	—	93710.83	—	117076.13	—

工作内容：土方开挖、回填、外运；垫层铺筑；钢筋制作、安装，模板制作、安装、拆除，混凝土浇筑；止水带安装；防水层铺设；脚手架搭拆。

单位：10m

指标编号				3F-057		3F-058	
指标名称				单孔箱涵			
				净断面积 $12m^2$		净断面积 $24m^2$	
项目			单位	指标	费用占比(%)	指标	费用占比(%)
指标基价			元	126744.62	100.00	199066.60	100.00
一、建筑安装工程费			元	126744.62	100.00	199066.60	100.00
1. 建筑工程费			元	126744.62	100.00	199066.60	100.00
2. 安装工程费			元	—	—	—	—
二、设备购置费			元	—	—	—	—
建筑安装工程费							
直接费	人工费	普工	工日	118.78	—	161.07	—
		一般技工	工日	83.81	—	123.29	—
		高级技工	工日	7.37	—	10.46	—
		人工费小计	元	22151.96	17.48	31370.55	15.76
	材料费	钢筋	kg	5786.13	—	9855.79	—
		预拌混凝土 C30 P6	m^3	59.36	—	98.09	—
		聚氨酯防水涂料	kg	322.06	—	446.04	—
		其他材料费	元	8010.97	—	11342.07	—
		材料费小计	元	57727.63	45.55	93045.96	46.74
	机械费	履带式单斗液压挖掘机 $1m^3$	台班	0.95	—	1.37	—
		自卸汽车 10t	台班	9.10	—	16.83	—
		其他机械费	元	1494.77	—	2197.60	—
		机械费小计	元	9781.11	7.72	16999.04	8.54
	措施费		元	4876.93	3.85	7689.55	3.86
	小计		元	94537.63	74.59	149105.10	74.90
综合费			元	32206.99	25.41	49961.50	25.10
合计			元	126744.62	—	199066.60	—

2.3.12 架空箱涵

工作内容：土石方开挖、回填、外运；垫层铺筑；钢筋制作、安装，模板制作、安装、拆除，混凝土浇筑；防水层铺设；油毛毡铺设；变形缝安装；支架搭拆。

单位：10m

指标编号				3F-059	
指标名称				架空箱涵 外径1.3m×1.3m	
项目			单位	指标	费用占比(%)
指标基价			元	156142.41	100.00
一、建筑安装工程费			元	156142.41	100.00
1. 建筑工程费			元	156142.41	100.00
2. 安装工程费			元	—	—
二、设备购置费			元	—	—
建筑安装工程费					
直接费	人工费	普工	工日	120.86	—
		高级技工	工日	18.88	—
		一般技工	工日	135.34	—
		人工费小计	元	30790.56	19.72
	材料费	钢筋	kg	6950.24	—
		预拌混凝土 C25	m^3	29.27	—
		预拌混凝土 C30 P6	m^3	42.32	—
		其他材料费	元	14021.56	—
		材料费小计	元	66109.97	42.34
	机械费	履带式单斗液压挖掘机 $1m^3$	台班	4.91	—
		履带式起重机 15t	台班	1.53	—
		其他机械费	元	4651.01	—
		机械费小计	元	12389.15	7.93
	措施费		元	6282.79	4.02
	小计		元	115572.47	74.02
综合费			元	40569.94	25.98
合计			元	156142.41	—

2.3.13 生物滞留带设施

2.3.13.1 雨 水 花 园

工作内容：土方开挖、回填、外运；渗管铺设；防渗层铺设；排水层铺设；填料层铺设；覆盖层铺设；种植土回填；植物栽植、养护。

单位：100m²

指标编号				3F-060		3F-061	
指标名称				雨水花园（滞留型）		雨水花园（净化型）	
项目			单位	指标	费用占比（%）	指标	费用占比（%）
指标基价			元	35920.18	100.00	51175.65	100.00
一、建筑安装工程费			元	35920.18	100.00	51175.65	100.00
1. 建筑工程费			元	31311.01	87.17	47523.10	92.86
2. 安装工程费			元	4609.17	12.83	3652.55	7.14
二、设备购置费			元	—	—	—	—
建筑安装工程费							
直接费	人工费	普工	工日	25.93	—	46.85	—
		一般技工	工日	32.66	—	58.98	—
		高级技工	工日	3.66	—	3.66	—
		人工费小计	元	7080.07	19.71	12216.93	23.87
	材料费	碎石 20	m³	5.62	—	50.82	—
		砾石 40	m³	12.97	—	7.71	—
		渗管 UPVC-*DN*200，孔率 1%~3%	m	31.75	—	25.16	—
		水生植物	株	1664.00	—	1664.00	—
		其他材料费	元	2183.04	—	2794.71	—
		材料费小计	元	16810.28	46.80	20196.59	39.47
	机械费	自卸汽车 10t	台班	0.43	—	0.74	—
		自卸汽车 12t	台班	0.49	—	0.84	—
		其他机械费	元	427.13	—	1449.32	—
		机械费小计	元	1229.27	3.42	2823.84	5.52
	措施费		元	1462.73	4.07	2163.06	4.23
	小计		元	26582.35	74.00	37400.42	73.08
综合费			元	9337.83	26.00	13775.23	26.92
合计			元	35920.18	—	51175.65	—

2.3.13.2 生物滞留带

工作内容：1. 简易生物滞留带：土方开挖、回填、外运；模板制作、安装、拆除，混凝土浇筑；管敷设；溢流井砌筑；防渗层铺设等；种植土回填；植物栽植、养护。

2. 复杂生物滞留带：土方开挖、回填、外运；垫层铺筑；模板制作、安装、拆除，混凝土浇筑；管敷设；防渗层铺设等；种植土回填；植物栽植、养护。

单位：100m²

指标编号				3F-062		3F-063	
指标名称				简易生物滞留带		复杂生物滞留带	
项目			单位	指标	费用占比(%)	指标	费用占比(%)
指标基价			元	37485.01	100.00	45173.96	100.00
一、建筑安装工程费			元	37485.01	100.00	45173.96	100.00
1. 建筑工程费			元	35610.77	95.00	42422.35	93.91
2. 安装工程费			元	1874.24	5.00	2751.61	6.09
二、设备购置费			元	—	—	—	—
建筑安装工程费							
直接费	人工费	普工	工日	19.6	—	27.04	—
		一般技工	工日	29.74	—	39.24	—
		高级技工	工日	4.83	—	6.69	—
		人工费小计	元	6399.16	17.07	8604.44	19.05
	材料费	碎石 50~80	m³	—	—	30.60	—
		高密度聚乙烯土工膜 δ1.5	m²	120.96	—	120.96	—
		土工布	m²	249.80	—	249.80	—
		水生植物	株	1664.00	—	1664.00	—
		其他材料费	元	1760.80	—	2931.12	—
		材料费小计	元	16622.62	44.34	20455.14	45.28
	机械费	自卸汽车 10t	台班	1.25	—	1.25	—
		自卸汽车 12t	台班	1.42	—	0.57	—
		其他机械费	元	953.62	—	948.89	—
		机械费小计	元	3262.82	8.70	2450.55	5.42
	措施费		元	1598.19	4.26	1921.18	4.25
	小计		元	27882.79	74.38	33431.31	74.01
综合费			元	9602.22	25.62	11742.65	25.99
合计			元	37485.01	—	45173.96	—

2.3.14 雨水湿地

2.3.14.1 雨水水平潜流湿地

工作内容：土方开挖、回填、外运；消能石铺筑；配水石笼安砌；滤水层铺筑；钢筋制作、安装，模板制作、安装、拆除，混凝土浇筑；防水层铺设；放空管、溢流管、排水管、阀门安装；预处理设施安装；植物栽植、养护；布水。

单位：$100m^2$

指标编号				3F-064		3F-065	
指标名称				雨水水平潜流湿地（m^2以内）			
				500		1000	
项目			单位	指标	费用占比（%）	指标	费用占比（%）
指标基价			元	71209.51	100.00	61867.32	100.00
一、建筑安装工程费			元	71209.51	100.00	61867.32	100.00
1. 建筑工程费			元	69964.44	98.25	60968.67	98.55
2. 安装工程费			元	1245.07	1.75	898.65	1.45
二、设备购置费			元	—	—	—	—
建筑安装工程费							
直接费	人工费	普工	工日	74.93	—	69.84	—
		一般技工	工日	48.47	—	38.8	—
		高级技工	工日	2.19	—	1.92	—
		人工费小计	元	12934.12	18.16	11207.08	18.11
	材料费	预拌混凝土 C25	m^3	1.05	—	0.73	—
		防水混凝土 C25 抗渗等级 P6	m^3	19.06	—	13.40	—
		碎石 5~32	t	140.05	—	144.05	—
		SBS 改性沥青防水卷材	m^2	166.65	—	118.64	—
		水生植物	株	1456.00	—	1497.60	—
		其他材料费	元	4540.90	—	3334.97	—
		材料费小计	元	34889.85	49.00	30206.21	48.82
	机械费	履带式单斗液压挖掘机 $1m^3$	台班	0.12	—	0.11	—
		自卸汽车 12t	台班	1.54	—	1.50	—
		其他机械费	元	433.93	—	357.09	—
		机械费小计	元	2052.84	2.88	1935.08	3.13
	措施费		元	2973.68	4.18	2577.55	4.17
	小计		元	52850.49	74.22	45925.92	74.23
综合费			元	18359.02	25.78	15941.40	25.77
合计			元	71209.51	—	61867.32	—

2.3.14.2　雨水垂直潜流湿地

工作内容： 土方开挖、回填、外运；消能石铺筑；配水石笼安砌；滤水层铺筑；钢筋制作、安装，模板制作、安装、拆除，混凝土浇筑；防水层铺设；放空管、溢流管、排水管、阀门安装；预处理设施安装；植物栽植、养护；布水。

单位：$100m^2$

<table>
<tr><td colspan="4">指　标　编　号</td><td colspan="2">3F-066</td><td colspan="2">3F-067</td></tr>
<tr><td colspan="4" rowspan="2">指　标　名　称</td><td colspan="4">雨水垂直潜流湿地（m^2 以内）</td></tr>
<tr><td colspan="2">500</td><td colspan="2">1000</td></tr>
<tr><td colspan="3">项　　　目</td><td>单位</td><td>指标</td><td>费用占比（%）</td><td>指标</td><td>费用占比（%）</td></tr>
<tr><td colspan="3">指标基价</td><td>元</td><td>65999.98</td><td>100.00</td><td>62698.83</td><td>100.00</td></tr>
<tr><td colspan="3">一、建筑安装工程费</td><td>元</td><td>65999.98</td><td>100.00</td><td>62698.83</td><td>100.00</td></tr>
<tr><td colspan="3">1. 建筑工程费</td><td>元</td><td>64962.23</td><td>98.43</td><td>62016.90</td><td>98.91</td></tr>
<tr><td colspan="3">2. 安装工程费</td><td>元</td><td>1037.75</td><td>1.57</td><td>681.93</td><td>1.09</td></tr>
<tr><td colspan="3">二、设备购置费</td><td>元</td><td>—</td><td>—</td><td>—</td><td>—</td></tr>
<tr><td colspan="8">建筑安装工程费</td></tr>
<tr><td rowspan="18">直接费</td><td rowspan="4">人工费</td><td>普工</td><td>工日</td><td>48.31</td><td>—</td><td>45.45</td><td>—</td></tr>
<tr><td>一般技工</td><td>工日</td><td>50.70</td><td>—</td><td>45.37</td><td>—</td></tr>
<tr><td>高级技工</td><td>工日</td><td>3.21</td><td>—</td><td>3.19</td><td>—</td></tr>
<tr><td>人工费小计</td><td>元</td><td>11187.26</td><td>16.95</td><td>10259.82</td><td>16.36</td></tr>
<tr><td rowspan="7">材料费</td><td>砂子</td><td>m^3</td><td>51.70</td><td>—</td><td>53.96</td><td>—</td></tr>
<tr><td>碎石 5~32</td><td>t</td><td>32.01</td><td>—</td><td>33.24</td><td>—</td></tr>
<tr><td>防水混凝土 C25 抗渗等级 P6</td><td>m^3</td><td>13.55</td><td>—</td><td>9.59</td><td>—</td></tr>
<tr><td>SBS 改性沥青防水卷材</td><td>m^2</td><td>115.17</td><td>—</td><td>117.39</td><td>—</td></tr>
<tr><td>水生植物</td><td>株</td><td>1435.39</td><td>—</td><td>1498.11</td><td>—</td></tr>
<tr><td>其他材料费</td><td>元</td><td>9068.70</td><td>—</td><td>8659.55</td><td>—</td></tr>
<tr><td>材料费小计</td><td>元</td><td>33132.71</td><td>50.20</td><td>31893.14</td><td>50.87</td></tr>
<tr><td rowspan="4">机械费</td><td>履带式单斗液压挖掘机 $1m^3$</td><td>台班</td><td>0.12</td><td>—</td><td>0.11</td><td>—</td></tr>
<tr><td>自卸汽车 12t</td><td>台班</td><td>1.54</td><td>—</td><td>1.50</td><td>—</td></tr>
<tr><td>其他机械费</td><td>元</td><td>437.90</td><td>—</td><td>396.63</td><td>—</td></tr>
<tr><td>机械费小计</td><td>元</td><td>2056.81</td><td>3.12</td><td>1974.62</td><td>3.15</td></tr>
<tr><td colspan="2">措施费</td><td>元</td><td>2759.72</td><td>4.18</td><td>2622.32</td><td>4.18</td></tr>
<tr><td colspan="2">小计</td><td>元</td><td>49136.50</td><td>74.45</td><td>46749.90</td><td>74.56</td></tr>
<tr><td colspan="3">综合费</td><td>元</td><td>16863.48</td><td>25.55</td><td>15948.93</td><td>25.44</td></tr>
<tr><td colspan="3">合计</td><td>元</td><td>65999.98</td><td>—</td><td>62698.83</td><td>—</td></tr>
</table>

2.3.15 湿 塘

工作内容：土方开挖、回填、外运；消能石铺筑；配水石笼安砌；钢筋制作、安装，模板制作、安装、拆除，混凝土浇筑；防水层铺设；放空管、溢流管、排水管、阀门安装；格栅制作、安装；栈桥制作、安装；护岸砌筑；种植土回填、植物栽植。

单位：100m²

<table>
<tr><td colspan="4">指标编号</td><td colspan="2">3F-068</td><td colspan="2">3F-069</td></tr>
<tr><td colspan="4" rowspan="2">指标名称</td><td colspan="4">湿塘（m² 以内）</td></tr>
<tr><td colspan="2">1000</td><td colspan="2">5000</td></tr>
<tr><td colspan="3">项目</td><td>单位</td><td>指标</td><td>费用占比（%）</td><td>指标</td><td>费用占比（%）</td></tr>
<tr><td colspan="3">指标基价</td><td>元</td><td>38912.18</td><td>100.00</td><td>34837.68</td><td>100.00</td></tr>
<tr><td colspan="3">一、建筑安装工程费</td><td>元</td><td>38912.18</td><td>100.00</td><td>34837.68</td><td>100.00</td></tr>
<tr><td colspan="3">1. 建筑工程费</td><td>元</td><td>38504.04</td><td>98.95</td><td>34756.05</td><td>99.77</td></tr>
<tr><td colspan="3">2. 安装工程费</td><td>元</td><td>408.14</td><td>1.05</td><td>81.63</td><td>0.23</td></tr>
<tr><td colspan="3">二、设备购置费</td><td>元</td><td>—</td><td>—</td><td>—</td><td>—</td></tr>
<tr><td colspan="8">建筑安装工程费</td></tr>
<tr><td rowspan="16">直接费</td><td rowspan="4">人工费</td><td>普工</td><td>工日</td><td>19.44</td><td>—</td><td>17.75</td><td>—</td></tr>
<tr><td>一般技工</td><td>工日</td><td>26.31</td><td>—</td><td>23.74</td><td>—</td></tr>
<tr><td>高级技工</td><td>工日</td><td>3.60</td><td>—</td><td>3.23</td><td>—</td></tr>
<tr><td>人工费小计</td><td>元</td><td>5714.66</td><td>14.69</td><td>5167.03</td><td>14.83</td></tr>
<tr><td rowspan="6">材料费</td><td>黄（杂）石</td><td>t</td><td>10.69</td><td>—</td><td>10.69</td><td>—</td></tr>
<tr><td>防腐木</td><td>m³</td><td>0.45</td><td>—</td><td>0.28</td><td>—</td></tr>
<tr><td>SBS 改性沥青防水卷材</td><td>m²</td><td>93.90</td><td>—</td><td>93.90</td><td>—</td></tr>
<tr><td>水生植物</td><td>株</td><td>960.00</td><td>—</td><td>960.00</td><td>—</td></tr>
<tr><td>其他材料费</td><td>元</td><td>5269.17</td><td>—</td><td>3709.96</td><td>—</td></tr>
<tr><td>材料费小计</td><td>元</td><td>19466.21</td><td>50.03</td><td>17136.80</td><td>49.19</td></tr>
<tr><td rowspan="4">机械费</td><td>汽车起重机 12t</td><td>台班</td><td>0.21</td><td>—</td><td>0.21</td><td>—</td></tr>
<tr><td>自卸汽车 12t</td><td>台班</td><td>1.87</td><td>—</td><td>1.87</td><td>—</td></tr>
<tr><td>其他机械费</td><td>元</td><td>456.86</td><td>—</td><td>449.34</td><td>—</td></tr>
<tr><td>机械费小计</td><td>元</td><td>2379.95</td><td>6.12</td><td>2372.43</td><td>6.81</td></tr>
<tr><td colspan="2">措施费</td><td>元</td><td>1596.78</td><td>4.10</td><td>1422.26</td><td>4.08</td></tr>
<tr><td colspan="2">小计</td><td>元</td><td>29157.60</td><td>74.93</td><td>26098.52</td><td>74.91</td></tr>
<tr><td colspan="3">综合费</td><td>元</td><td>9754.58</td><td>25.07</td><td>8739.16</td><td>25.09</td></tr>
<tr><td colspan="3">合计</td><td>元</td><td>38912.18</td><td>—</td><td>34837.68</td><td>—</td></tr>
</table>

2.3.16 调 节 塘

工作内容： 土方开挖、回填、外运；消能石铺筑；配水石笼安砌；钢筋制作、安装，模板制作、安装、拆除，混凝土浇筑；防水层铺设；格栅制作、安装；放空管、溢流管、排水管、阀门安装；溢洪道；护岸砌筑；种植土回填；植物栽植、养护。

单位：$100m^2$

指标编号				3F-070		3F-071	
指标名称				调节塘（m^2 以内）			
				500		1000	
项目			单位	指标	费用占比（%）	指标	费用占比（%）
指标基价			元	39304.89	100.00	31160.72	100.00
一、建筑安装工程费			元	39304.89	100.00	31160.72	100.00
1. 建筑工程费			元	34137.62	86.85	29189.29	93.67
2. 安装工程费			元	5167.27	13.15	1971.43	6.33
二、设备购置费			元	—	—	—	—
建筑安装工程费							
直接费	人工费	普工	工日	15.90	—	12.99	—
		一般技工	工日	13.09	—	10.11	—
		高级技工	工日	2.39	—	2.05	—
		人工费小计	元	3471.56	8.83	2786.14	8.94
	材料费	混凝土 C20	m^3	3.38	—	3.12	—
		预拌砂浆 干拌	m^3	4.53	—	3.48	—
		片石	m^3	14.56	—	11.18	—
		波纹管 ϕ500	m	12.72	—	4.77	—
		SBS 改性沥青防水卷材	m^2	93.90	—	93.90	—
		水生植物	株	665.60	—	448.00	—
		水	m^3	261.86	—	259.64	—
		其他材料费	元	2042.81	—	1425.87	—
		材料费小计	元	19513.51	49.65	14499.42	46.53
	机械费	履带式单斗液压挖掘机 $1m^3$	台班	0.27	—	0.27	—
		自卸汽车 12t	台班	4.79	—	4.72	—
		其他机械费	元	538.66	—	460.78	—
		机械费小计	元	5448.71	13.86	5303.04	17.02
	措施费		元	1517.17	3.86	1168.38	3.75
	小计		元	29950.95	76.20	23756.98	76.24
综合费			元	9353.94	23.80	7403.74	23.76
合计			元	39304.89	—	31160.72	—

2.3.17 渗透塘

工作内容：土方开挖、回填、外运；砂垫层铺筑；卵石铺地；消能层铺设；透水土工布铺设；溢水井砌筑；块石溢流堰铺筑；块石护岸铺筑；进水管制作安装；排放管制作安装；种植土回填；植物栽植、养护；布水。 **单位**：100m²

指标编号				3F-072	
指标名称				渗透塘	
项目			单位	指标	费用占比（%）
指标基价			元	33537.19	100.00
一、建筑安装工程费			元	33537.19	100.00
1. 建筑工程费			元	33204.24	99.01
2. 安装工程费			元	332.95	0.99
二、设备购置费			元	—	—
建筑安装工程费					
直接费	人工费	普工	工日	17.54	—
		一般技工	工日	25.87	—
		高级技工	工日	3.87	—
		人工费小计	元	5543.33	16.53
	材料费	选净卵石	kg	23037.70	—
		砂子 中粗砂	m³	23.91	—
		水生植物	株	1664.00	—
		其他材料费	元	2622.99	—
		材料费小计	元	16343.81	48.73
	机械费	自卸汽车 10t	台班	0.71	—
		自卸汽车 15t	台班	0.65	—
		其他机械费	元	490.92	—
		机械费小计	元	1742.79	5.20
	措施费		元	1378.33	4.11
	小计		元	25008.26	74.57
综合费			元	8528.93	25.43
合计			元	33537.19	—

2.3.18 渗 井

工作内容：土石方开挖、回填、外运；垫层铺筑；滤层、滤料铺筑；井体砌筑、成品渗井管安装；混凝土盖板制作、安装。

单位：座

指标编号				3F-073		3F-074	
指标名称				渗井			
				1.5m×1.5m×2.2m		1.8m×1.8m×2.4m	
项目			单位	指标	费用占比（%）	指标	费用占比（%）
指标基价			元	10085.95	100.00	13930.57	100.00
一、建筑安装工程费			元	10085.95	100.00	13930.57	100.00
1. 建筑工程费			元	9703.96	96.21	13579.63	97.48
2. 安装工程费			元	381.99	3.79	350.94	2.52
二、设备购置费			元	—	—	—	—
建筑安装工程费							
直接费	人工费	普工	工日	9.26	—	11.42	—
		一般技工	工日	6.93	—	9.05	—
		高级技工	工日	0.12	—	0.14	—
		人工费小计	元	1690.76	16.76	2145.48	15.40
	材料费	钢筋	kg	111.73	—	145.55	—
		预拌混凝土 C25	m^3	0.92	—	1.20	—
		标准砖 240×115×53	千块	1.99	—	2.51	—
		预拌混合砂浆 M7.5	m^3	0.90	—	1.53	—
		砾石 40	m^3	—	—	8.80	—
		铸铁井盖、井座 ϕ700 重型	套	1.00	—	1.00	—
		其他材料费	元	1294.25	—	1059.57	—
		材料费小计	元	4567.25	45.28	6121.21	43.94
	机械费	自卸汽车 10t	台班	0.74	—	—	—
		自卸汽车 12t	台班	—	—	1.31	—
		其他机械费	元	307.81	—	387.91	—
		机械费小计	元	876.53	8.69	1636.21	11.75
	措施费		元	395.12	3.92	536.86	3.85
	小计		元	7529.66	74.65	10439.76	74.94
综合费			元	2556.29	25.35	3490.81	25.06
合计			元	10085.95	—	13930.57	—

2.3.19　渗　管

工作内容：土石方开挖、回填、外运；垫层铺筑；滤层、滤料铺筑；管道铺设。　　单位：100m

指标编号				3F-075		3F-076		3F-077	
指标名称				渗管					
				*DN*150		*DN*200		*DN*300	
项目			单位	指标	费用占比（%）	指标	费用占比（%）	指标	费用占比（%）
指标基价			元	30330.65	100.00	36170.55	100.00	53806.27	100.00
一、建筑安装工程费			元	30330.65	100.00	36170.55	100.00	53806.27	100.00
1. 建筑工程费			元	30330.65	100.00	36170.55	100.00	53806.27	100.00
2. 安装工程费			元	—	—	—	—	—	—
二、设备购置费			元	—	—	—	—	—	—
建筑安装工程费									
直接费	人工费	普工	工日	33.36	—	36.44	—	42.06	—
		一般技工	工日	22.30	—	24.64	—	29.23	—
		高级技工	工日	2.26	—	2.69	—	3.61	—
		人工费小计	元	6099.27	20.11	6741.54	18.64	7978.25	14.83
	材料费	穿孔收集管 *DN*150	m	105.00	—	—	—	—	—
		穿孔收集管 *DN*200	m	—	—	105.00	—	—	—
		穿孔收集管 *DN*300	m	—	—	—	—	105.00	—
		砂子 中砂	m^3	31.60	—	30.34	—	26.54	—
		碎石 40	m^3	37.13	—	43.76	—	55.69	—
		其他材料费	元	521.49	—	739.03	—	1099.90	—
		材料费小计	元	12737.63	42.00	16049.54	44.37	27101.34	50.37
	机械费	自卸汽车 10t	台班	2.55	—	2.79	—	3.25	—
		其他机械费	元	420.17	—	459.66	—	5~32.74	—
		机械费小计	元	2392.41	7.89	2611.20	7.22	3042.87	5.66
	措施费		元	1203.76	3.97	1446.99	4.00	2193.15	4.08
	小计		元	22433.07	73.96	26849.27	74.23	40315.61	74.93
综合费			元	7897.58	26.04	9321.28	25.77	13490.66	25.07
合计			元	30330.65	—	36170.55	—	53806.27	—

2.3.20　渗　　渠

工作内容：土石方开挖、回填、外运；垫层铺筑；滤层、滤料铺设；混凝土盖板制作、安装。

单位：100m

<table>
<tr><td colspan="3">指　标　编　号</td><td></td><td colspan="2">3F-078</td><td colspan="2">3F-079</td></tr>
<tr><td colspan="4" rowspan="2">指　标　名　称</td><td colspan="4">渗渠</td></tr>
<tr><td colspan="2">净断面 500×500</td><td colspan="2">净断面 800×800</td></tr>
<tr><td colspan="3">项　　目</td><td>单位</td><td>指标</td><td>费用占比（%）</td><td>指标</td><td>费用占比（%）</td></tr>
<tr><td colspan="3">指标基价</td><td>元</td><td>24531.43</td><td>100.00</td><td>57998.37</td><td>100.00</td></tr>
<tr><td colspan="3">一、建筑安装工程费</td><td>元</td><td>24531.43</td><td>100.00</td><td>57998.37</td><td>100.00</td></tr>
<tr><td colspan="3">1. 建筑工程费</td><td>元</td><td>24531.43</td><td>100.00</td><td>57998.37</td><td>100.00</td></tr>
<tr><td colspan="3">2. 安装工程费</td><td>元</td><td>—</td><td>—</td><td>—</td><td>—</td></tr>
<tr><td colspan="3">二、设备购置费</td><td>元</td><td>—</td><td>—</td><td>—</td><td>—</td></tr>
<tr><td colspan="8">建筑安装工程费</td></tr>
<tr><td rowspan="19">直接费</td><td rowspan="3">人工费</td><td>普工</td><td>工日</td><td>26.74</td><td>—</td><td>73.95</td><td>—</td></tr>
<tr><td>一般技工</td><td>工日</td><td>32.38</td><td>—</td><td>46.35</td><td>—</td></tr>
<tr><td>人工费小计</td><td>元</td><td>6406.63</td><td>26.12</td><td>12155.69</td><td>20.96</td></tr>
<tr><td rowspan="9">材料费</td><td>钢筋</td><td>kg</td><td>183.22</td><td>—</td><td>194.40</td><td>—</td></tr>
<tr><td>预拌混凝土 C15</td><td>m^3</td><td>2.02</td><td>—</td><td>3.54</td><td>—</td></tr>
<tr><td>预拌混凝土 C25</td><td>m^3</td><td>2.02</td><td>—</td><td>3.23</td><td>—</td></tr>
<tr><td>无砂混凝土</td><td>m^3</td><td>2.04</td><td>—</td><td>3.57</td><td>—</td></tr>
<tr><td>碎石 40</td><td>m^3</td><td>13.92</td><td>—</td><td>48.60</td><td>—</td></tr>
<tr><td>中厚钢板 δ15 以内</td><td>kg</td><td>507.44</td><td>—</td><td>538.40</td><td>—</td></tr>
<tr><td>土工布</td><td>m^2</td><td>184.01</td><td>—</td><td>294.41</td><td>—</td></tr>
<tr><td>其他材料费</td><td>元</td><td>2364.81</td><td>—</td><td>3249.54</td><td>—</td></tr>
<tr><td>材料费小计</td><td>元</td><td>8968.88</td><td>36.56</td><td>15006.85</td><td>25.87</td></tr>
<tr><td rowspan="4">机械费</td><td>轮胎式装载机 1.5m^3</td><td>台班</td><td>0.05</td><td>—</td><td>13.54</td><td>—</td></tr>
<tr><td>自卸汽车 10t</td><td>台班</td><td>1.16</td><td>—</td><td>2.97</td><td>—</td></tr>
<tr><td>其他机械费</td><td>元</td><td>535.09</td><td>—</td><td>790.14</td><td>—</td></tr>
<tr><td>机械费小计</td><td>元</td><td>1473.77</td><td>6.01</td><td>13889.82</td><td>23.95</td></tr>
<tr><td colspan="2">措施费</td><td>元</td><td>995.53</td><td>4.06</td><td>1951.48</td><td>3.36</td></tr>
<tr><td colspan="2">小计</td><td>元</td><td>17844.81</td><td>72.74</td><td>43003.84</td><td>74.15</td></tr>
<tr><td colspan="3">综合费</td><td>元</td><td>6686.62</td><td>27.26</td><td>14994.53</td><td>25.85</td></tr>
<tr><td colspan="3">合计</td><td>元</td><td>24531.43</td><td>—</td><td>57998.37</td><td>—</td></tr>
</table>

2.3.21 雨水泵房

工作内容：沉井制作、下沉；设备安装调试。 **单位**：座

指标编号				3F-080		3F-081	
指标名称				雨水泵房			
				设计流量 10.8m³/s		设计流量 19m³/s	
项目			单位	指标	费用占比（%）	指标	费用占比（%）
指标基价			元	18427650.11	100.00	24855210.66	100.00
一、建筑安装工程费			元	6947890.11	30.85	8781210.66	30.50
1. 建筑工程费			元	6176274.27	27.42	7163687.06	24.88
2. 安装工程费			元	771615.84	3.43	1617523.6	5.62
二、设备购置费			元	11479760.00	50.97	16074000.00	55.84
建筑安装工程费							
直接费	人工费	普工	工日	4456.54	—	5252.10	—
		一般技工	工日	6775.94	—	7698.21	—
		高级技工	工日	461.89	—	506.62	—
		人工费小计	元	1334448.24	5.93	1528391.43	5.31
	材料费	钢筋 HPB300 $\phi10$	kg	38305.08	—	38305.08	—
		钢筋 HPB300 $\phi12$	kg	57739.28	—	57739.28	—
		钢筋 HRB400 $\phi20$	kg	288696.38	—	288696.38	—
		防水混凝土 C30 抗渗等级 P6	m³	—	—	38.78	—
		预拌混凝土 C30	m³	1603.74	—	3330.14	—
		预拌混凝土 C15	m³	773.36	—	122.78	—
		砂子 中粗砂	m³	293.58	—	474.65	—
		复合模板	m²	126.20	—	126.20	—
		不锈钢法兰	t	0.25	—	1.87	—
		钢法兰	t	0.02	—	0.04	—
		止回阀	个	1.00	—	1.00	—
		控制电缆 阻燃，各种规格	10m	250.00	—	350.00	—
		控制电缆 KVV-ZA 12×1.5	10m	20.00	—	—	—
		控制电缆 KVV-ZA 7×2.5	10m	20.00	—	—	—
		电力电缆 YJV-ZA-1 5×4	10m	40.00	—	—	—
		电力电缆 ZA-YJV-0.5/1，3×120+70	10m	40.00	—	—	—
		电力电缆 ZA-YJV-0.5/1，3×150+70	10m	—	—	200.00	—
		电力电缆 ZA-YJV-10，3×95	10m	25.00	—	5.00	—
		电力电缆 ZA-YJV22-1，4×16 及以下	10m	—	—	100.00	—
		电力电缆 ZA-YJV22-1，5×16 及以下	10m	50.00	—	—	—
		母线槽 4000A	m	—	—	30.00	—
		双法橡胶接头 *DN*150，L_a=180	个	0.10	—	—	—
		双法橡胶接头 *DN*200（橡胶）	10 个	—	—	0.10	—
		浮箱拍门 *DN*1400	座	5.00	—	—	—
		浮箱拍门 *DN*1600	座	—	—	6.00	—

续前

项目			单位	指标	费用占比(%)	指标	费用占比(%)
直接费	材料费	室内照明灯具	套	20.00	—	50.00	—
		庭院灯 杆高 3m,NG70W	座	10.00	—	30.00	—
		路灯 10M,NG400W	座	—	—	2.00	—
		电话线	10m	5.00	—	5.00	—
		直线电话	个	1.00	—	1.00	—
		钢板 δ3~10	kg	157.24	—	166.04	—
		钢管配件	t	0.11	—	0.21	—
		不锈钢管配件	t	0.71	—	1.94	—
		水	m^3	2818.78	—	3396.25	—
		其他材料费	元	213585.81	—	244133.35	—
		材料费小计	元	2765293.15	12.28	3918397.98	13.61
	机械费	履带式单斗液压挖掘机 $1m^3$	台班	2.68	—	3.03	—
		工程地质液压钻机	台班	7.48	—	7.48	—
		履带式起重机 10t	台班	15.30	—	15.30	—
		履带式起重机 15t	台班	210.46	—	228.65	—
		汽车式起重机 8t	台班	16.85	—	17.85	—
		汽车式起重机 12t	台班	4.53	—	6.83	—
		汽车式起重机 25t	台班	—	—	0.42	—
		自卸汽车 4t	台班	6.44	—	10.49	—
		自卸汽车 10t	台班	179.59	—	186.80	—
		载重汽车 4t	台班	0.36	—	0.36	—
		载重汽车 5t	台班	24.29	—	28.00	—
		载重汽车 8t	台班	1.75	—	4.55	—
		电动单级离心清水泵 200mm	台班	73.66	—	78.93	—
		电动多级离心清水泵 150mm 180m 以下	台班	291.89	—	291.89	—
		其他机械费	元	40641.95	—	46380.43	—
		机械费小计	元	513389.11	2.28	549133.82	1.91
	措施费		元	193634.25	0.86	221026.79	0.77
	小计		元	4806764.75	21.34	6216950.02	21.60
综合费			元	2141125.36	9.51	2564260.64	8.91
合计			元	6947890.11	—	8781210.66	—
设备购置费							
设备名称及规格型号			单位	数量			
三相不间断电源≤100kV·A			台	1.00	—	1.00	—
中央信号屏 800×600×2200			台	1.00	—	1.00	—
高压开关柜 10kV,金属铠装中置式			台	6.00	—	6.00	—
低压开关柜 固定分隔式			台	7.00	—	7.00	—
低压开关柜 抽出式			台	—	—	1.00	—
低压电容器柜			台	2.00	—	—	—
分线箱电流≤300A			台	1.00	—	1.00	—
双电源自切箱 AC380V,50kV·A			台	—	—	1.00	—

续前

设备名称及规格型号	单位	数量			
软启动柜 300kW	台	—	—	6.00	—
变压器 800kV·A	台	2.00	—	—	—
变压器 1600kV·A，10/0.4kV	台	—	—	2.00	—
站用变压器柜 50kV·A，10/0.4kV	台	—	—	2.00	—
照明配电箱 kXM	台	1.00	—	1.00	—
工业电视监控控制系统	套	1.00	—	—	—
工业计算机	台	1.00	—	—	—
应急电源箱（EPS）YJ-6kW	台	1.00	—	1.00	—
扩音对讲话站 室外普通式	台	1.00	—	1.00	—
数字硬盘录像机 带环路 >16	台	1.00	—	—	—
机械格栅 B=2600，b=70mm，P=4kW	台	2.00	—	—	—
机械格栅 B=800，b=20mm，P=3kW	台	2.00	—	—	—
植物液除臭设备	台	1.00	—	—	—
水泵远程终端控制器，带显示面板、调制解调器、软件程序，带I/O扩展模块及附件 YB	台	2.00	—	1.00	—
浮球开关	台	2.00	—	2.00	—
潜污泵 Q=82m^3/h，H=10m，P=5.5kW	台	—	—	1.00	—
潜污泵 Q=25l/s，H=7.5m，P=3kW	台	2.00	—	—	—
激光打印机 A3、A4	台	1.00	—	—	—
球形摄像机 室内	台	1.00	—	—	—
球形摄像机 室外	台	1.00	—	—	—
电业计量屏 电业规格	套	2.00	—	2.00	—
手动闸阀 DN150	个	2.00	—	—	—
电动铸铁圆闸门 DN1500	座	1.00	—	—	—
电动铸铁圆闸门 DN800	座	1.00	—	—	—
电动铸铁方闸门 2000×2000	座	2.00	—	—	—
电动闸门 $B \times H$=2400×2400，P=7.5kW	座	2.00	—	—	—
电动闸门 $B \times H$=2500×2500，P=7.5kW	座	—	—	2.00	—
电动闸门 ϕ1800，P=3.7kW	座	—	—	1.00	—
电磁流量计	套	1.00	—	—	—
直流屏 DC110V，20Ah	台	1.00	—	1.00	—
移动式（渠道宽m以内）3m深（m以内）5移动式机械格栅渠宽2200mm，b=70mm，P=5.0kW	台	—	—	4.00	—
螺旋压榨机 ϕ300，L=2m	台	1.00	—	—	—
螺旋输送机 ϕ400，L=7m	台	1.00	—	—	—
设备重量3.0t以内	台	4.00	—	6.00	—
起重量 2t以内	台	1.00	—	—	—
超声波液位差计 L=0~12m	套	—	—	1.00	—
超声波液位计 L=0~12m	套	5.00	—	1.00	—
雨量计	套	1.00	—	1.00	—
设备合计	元	11479760.00	50.97	16074000.00	55.84

工作内容：沉井制作、下沉；设备安装调试。 **单位**：座

指标编号				3F-082		3F-083	
指标名称				雨水泵房			
				设计流量 $24m^3/s$		设计流量 $32m^3/s$	
项目			单位	指标	费用占比（%）	指标	费用占比（%）
指标基价			元	30907028.26	100.00	50982367.44	100.00
一、建筑安装工程费			元	12741028.26	35.62	26362367.44	45.57
1. 建筑工程费			元	9088709.45	25.41	20110266.15	34.76
2. 安装工程费			元	3652318.81	10.21	6252101.29	10.81
二、设备购置费			元	18166000.00	50.80	24620000.00	42.56
建筑安装工程费							
直接费	人工费	普工	工日	6703.52	—	17511.75	—
		一般技工	工日	10146.36	—	17142.29	—
		高级技工	工日	745.71	—	2689.78	—
		人工费小计	元	2011190.22	5.62	4191678.46	7.25
	材料费	钢筋 HPB300 ϕ10	kg	46563.00	—	83398.26	—
		钢筋 HPB300 ϕ12	kg	70186.88	—	125710.61	—
		钢筋 HRB400 ϕ20	kg	350934.38	—	628553.06	—
		防水混凝土 C30 抗渗等级 P6	m^3	50.70	—	69.08	—
		预拌混凝土 C15	m^3	290.05	—	28.13	—
		预拌混凝土 C30	m^3	3755.29	—	7493.97	—
		水下混凝土 C25	m^3	—	—	3136.35	—
		复合模板	m^2	135.99	—	277.68	—
		砂子 中粗砂	m^3	576.95	—	908.38	—
		不锈钢法兰	t	—	—	1.87	—
		钢法兰	t	0.25	—	0.06	—
		止回阀	个	1.00	—	1.00	—
		止回阀 DN150，L=480，PN10	个	2.00	—	—	—
		电动闸门 ϕ1400	座	—	—	12.00	—
		电动闸门 ϕ1600	座	1.00	—	—	—
		电动闸门 ϕ1800	座	—	—	2.00	—
		闸阀 DN150，L=280，PN10	个	1.00	—	—	—
		控制电缆 阻燃，各种规格	10m	450.00	—	500.00	—
		电力电缆 ZA-YJV-0.5/1，3×150+70	10m	300.00	—	—	—
		电力电缆 ZA-YJV-0.5/1，3×185+95	10m	—	—	450.00	—
		电力电缆 ZA-YJV22-1，4×16 及以下	10m	150.00	—	150.00	—
		电力电缆 ZA-YJV-10，3×95	10m	3.00	—	5.00	—
		母线槽 2000A	m	15.00	—	—	—

续前

项目			单位	指标	费用占比(%)	指标	费用占比(%)
直接费	材料费	母线槽 5000A	m	—	—	50.00	—
		双法橡胶接头 *DN*150，L_a=180	个	6.00	—	—	—
		双法橡胶接头 *DN*200（橡胶）	10个	0.20	—	0.10	—
		浮箱拍门 *DN*1400	座	—	—	12.00	—
		浮箱拍门 *DN*1600	座	8.00	—	—	—
		电话线	10m	5.00	—	5.00	—
		直线电话	个	1.00	—	1.00	—
		室内照明灯具	套	50.00	—	100.00	—
		庭院灯 杆高 3m，NG70W	座	30.00	—	50.00	—
		路灯 10M，NG400W	座	2.00	—	4.00	—
		移动式机械格栅 *B*=2200mm，*b*=70mm	台	6.00	—	8.00	—
		钢板 δ3~10	kg	213.48	—	616.72	—
		钢管配件	t	1.02	—	0.32	—
		水	m^3	5036.66	—	4498.60	—
		其他材料费	元	383454.40	—	537898.32	—
		材料费小计	元	6176341.53	17.27	12290371.55	21.24
	机械费	履带式单斗液压挖掘机 1m^3	台班	2.78	—	5.78	—
		工程地质液压钻机	台班	14.06	—	—	—
		履带式起重机 10t	台班	28.76	—	515.05	—
		履带式起重机 15t	台班	325.01	—	523.26	—
		汽车式起重机 8t	台班	24.08	—	37.58	—
		汽车式起重机 12t	台班	9.88	—	11.40	—
		载重汽车 4t	台班	0.50	—	0.50	—
		载重汽车 5t	台班	34.79	—	54.68	—
		载重汽车 8t	台班	7.09	—	9.55	—
		自卸汽车 4t	台班	12.70	—	20.05	—
		自卸汽车 10t	台班	249.24	—	334.70	—
		电动多级离心清水泵 150mm 180m 以下	台班	582.41	—	751.83	—
		电动空气压缩机 20m^3/min	台班	—	—	563.87	—
		其他机械费	元	71497.23	—	532054.62	—
		机械费小计	元	820268.65	2.29	2293780.31	3.96
	措施费		元	283661.48	0.79	570574.10	0.99
	小计		元	9291461.88	25.98	19346404.42	33.44
综合费			元	3449566.38	9.65	7015963.02	12.13
合计			元	12741028.26	—	26362367.44	—

续前

设备购置费					
设备名称及规格型号	单位	数 量			
三相不间断电源≤ 100kV·A	台	1.00	—	1.00	—
中央信号屏 800×600×2200	台	1.00	—	1.00	—
高压开关柜 10kV，金属铠装中置式	台	10.00	—	10.00	—
低压开关柜 固定分隔式	台	16.00	—	16.00	—
分线箱电流≤ 300A	台	1.00	—	1.00	—
变压器 630kV·A，10/0.4kV	台	—	—	2.00	—
变压器 1600kV·A，10/0.4kV	台	4.00	—	2.00	—
照明配电箱 KXM	台	1.00	—	1.00	—
导电缆式电极	套	2.00	—	2.00	—
应急电源箱（EPS）YJ–6kW	台	1.00	—	—	—
扩音对讲话站 室外普通式	台	1.00	—	1.00	—
模拟屏 屏宽≤ 2m	台	1.00	—	1.00	—
水泵远程终端控制器，带显示面板、调制解调器、软件程序，带 I/O 扩展模块及附件 YB	台	1.00	—	1.00	—
浮球开关	台	—	—	3.00	—
潜水泵 Q=80m^3/h，H=9.9m	台	1.00	—	—	—
潜污泵 Q=177m^3/h，H=10m，P=15kW	台	—	—	2.00	—
潜水轴流泵 Q=2.7m^3/s，H=8.3m，P=350kW（最低 6.7m，最高 11.3m）	台	—	—	12.00	—
潜水轴流泵 Q=3.0m^3/h，H=5.8m	台	8.00	—	—	—
电业计量屏 电业规格	套	2.00	—	2.00	—
电动闸门 B×H=2500×2500	座	4.00	—	—	—
电动闸门 B×H=2800×2500	座	2.00	—	—	—
电动闸门 B×H=3000×2500，P=10kW	座	—	—	2.00	—
电缆密封装置	10 个	0.10	—	—	—
直流屏 DC110V，20Ah	台	1.00	—	1.00	—
超声波液位差计 L=0~12m	套	2.00	—	2.00	—
超声波液位计 L=0~12m	套	1.00	—	2.00	—
软启动柜 300kW	台	8.00	—	8.00	—
雨量计	套	1.00	—	1.00	—
设备合计	元	18166000.00	50.80	24620000.00	42.56

2.3.22 深层隧道

2.3.22.1 盾构机安装、拆除

工作内容：1. $D \leqslant 6$m 盾构机安装、拆除：盾构机整体吊装、吊拆；车架安装、拆除；盾构基座制作、安装。

2. $D \leqslant 10$m 盾构机安装、拆除：盾构机分体吊装、吊拆；车架安装、拆除；盾构基座制作、安装；混凝土后靠浇筑、拆除及外运。

单位：台

指标编号				3F-084		3F-085	
指标名称				盾构机安装、拆除			
				$D \leqslant 6$m		$D \leqslant 10$m	
项目			单位	指标	费用占比（%）	指标	费用占比（%）
指标基价			元	451316.29	100.00	3955515.80	100.00
一、建筑安装工程费			元	451316.29	100.00	3955515.80	100.00
1. 建筑工程费			元	451316.29	100.00	3955515.80	100.00
2. 安装工程费			元	—	—	—	—
二、设备购置费			元	—	—	—	—
建筑安装工程费							
直接费	人工费	普工	工日	449.85	—	4845.32	—
		一般技工	工日	269.92	—	3095.39	—
		高级技工	工日	179.94	—	1444.35	—
		人工费小计	元	107137.52	23.74	1082861.53	27.38
	材料费	预拌混凝土 C30	m^3	—	—	783.19	—
		钢模板	kg	—	—	894.07	—
		中厚钢板（综合）	t	2.61	—	11.37	—
		型钢（综合）	t	1.42	—	1.22	—
		六角螺栓带螺母 M12×200	kg	160.00	—	944.41	—
		其他材料费	元	65233.76	—	119311.55	—
		材料费小计	元	78742.96	17.45	474130.73	11.99
	机械费	门式起重机 10t	台班	18.98	—	85.33	—
		履带式起重机 15t	台班	12.07	—	14.88	—
		履带式起重机 25t	台班	13.12	—	33.44	—
		履带式起重机 50t	台班	15.13	—	8.94	—
		履带式起重机 60t	台班	—	—	61.06	—
		履带式起重机 300t	台班	7.55	—	20.06	—
		汽车式起重机 60t	台班	—	—	135.63	—
		自卸汽车 15t	台班	—	—	24.86	—
		混凝土输送泵车 $75m^3/h$	台班	—	—	23.35	—
		电动空气压缩机 $3m^3/min$	台班	—	—	334.21	—
		交流弧焊机 32kV·A	台班	73.08	—	132.83	—
		电动双筒慢速卷扬机 100kN	台班	30.74	—	104.02	—
		其他机械费	元	233.40	—	218516.26	—
		机械费小计	元	130255.06	28.86	1190276.75	30.09
	措施费		元	20274.01	4.49	177006.60	4.47
	小计		元	336409.55	74.54	2924275.61	73.93
综合费			元	114906.74	25.46	1031240.19	26.07
合计			元	451316.29	—	3955515.80	—

2.3.22.2 盾构掘进

工作内容：土石方掘进；余方外运；衬砌压浆；负环段管片拆除；监控、监测。 **单位：**m

指标编号				3F-086		3F-087	
指标名称				土压平衡盾构掘进			
				$D \leqslant 6m$		$D \leqslant 10m$	
项目			单位	指标	费用占比（%）	指标	费用占比（%）
指标基价			元	22174.30	100.00	74130.22	100.00
一、建筑安装工程费			元	22174.30	100.00	74130.22	100.00
1. 建筑工程费			元	21723.01	97.96	73320.55	98.91
2. 安装工程费			元	451.29	2.04	809.67	1.09
二、设备购置费			元	—	—	—	—
建筑安装工程费							
直接费	人工费	普工	工日	13.56	—	43.93	—
		一般技工	工日	8.06	—	26.44	—
		高级技工	工日	5.40	—	17.47	—
		人工费小计	元	3214.05	14.49	10456.11	14.11
	材料费	水泥 42.5	kg	—	—	864.10	—
		水泥 52.5	kg	77.52	—	3154.65	—
		管片连接螺栓	kg	—	—	471.27	—
		电	kW·h	1059.35	—	42.19	—
		预拌混凝土 C30	m^3	0.29	—	—	—
		水	t	9.57	—	1.43	—
		柴油	kg	—	—	338.38	—
		其他材料费	元	2600.41	—	6943.15	—
		材料费小计	元	3719.34	16.77	13967.00	18.84
	机械费	刀盘式土压平衡盾构机 ϕ6000	台班	0.35	—	—	—
		刀盘式土压平衡盾构掘进机 11500mm	台班	—	—	0.99	—
		门式起重机 5t	台班	0.11	—	—	—
		门式起重机 10t	台班	—	—	1.27	—
		履带式起重机 15t	台班	0.02	—	0.04	—
		履带式起重机 50t	台班	—	—	0.04	—
		自卸汽车 8t	台班	0.01	—	—	—
		自卸汽车 15t	台班	1.22	—	6.16	—
		电动单筒慢速卷扬机 300kN	台班	0.126	—	3.33	—
		工程地质液压钻机	台班	0.17	—	—	—
		电动空气压缩机 $3m^3/min$	台班	0.01	—	0.09	—
		轴流通风机 100kW	台班	1.37	—	2.24	—
		其他机械费	元	319.49	—	3135.66	—
		机械费小计	元	8989.70	40.54	28668.56	38.67
	措施费		元	955.93	4.31	3363.68	4.54
	小计		元	16879.02	76.12	56455.35	76.16
综合费			元	5295.28	23.88	17674.87	23.84
合计			元	22174.30	—	74130.22	—

工作内容：土石方掘进；余方外运；衬砌压浆；负环段管片拆除；泥水系统的制作、安装、拆除及泥浆管路铺设、安装、拆除；监控、监测。

单位：m

指标编号				3F-088		3F-089	
指标名称				泥水平衡盾构掘进			
				$D\leqslant 6$m		$D\leqslant 10$m	
项目			单位	指标	费用占比（%）	指标	费用占比（%）
指标基价			元	30711.19	100.00	84551.33	100.00
一、建筑安装工程费			元	30711.19	100.00	84551.33	100.00
1. 建筑工程费			元	30259.90	98.53	83741.66	99.04
2. 安装工程费			元	451.29	1.47	809.67	0.96
二、设备购置费			元	—	—	—	—
建筑安装工程费							
直接费	人工费	普工	工日	16.97	—	63.6	—
		一般技工	工日	10.51	—	25.95	—
		高级技工	工日	6.64	—	17.15	—
		人工费小计	元	4054.19	13.20	11976.21	14.16
	材料费	水泥 42.5	kg	—	—	864.10	—
		水泥 52.5	kg	77.52	—	3154.65	—
		管片连接螺栓	kg	—	—	471.27	—
		柴油	kg	—	—	338.38	—
		水	t	30.33	—	1.43	—
		电	kW·h	972.50	—	42.19	—
		其他材料费	元	8114.72	—	9206.15	—
		材料费小计	元	9223.90	30.03	16230.00	19.20
	机械费	刀盘式泥水平衡盾构机 ϕ6000	台班	0.31	—	—	—
		刀盘式泥水平衡盾构掘进机 12000mm	台班	—	—	0.92	—
		门式起重机 5t	台班	0.11	—	—	—
		门式起重机 10t	台班	—	—	1.10	—
		履带式起重机 15t	台班	0.02	—	0.04	—
		履带式起重机 50t	台班	—	—	0.05	—
		自卸汽车 15t	台班	0.01	—	6.16	—
		电动单筒慢速卷扬机 300kN	台班	0.13	—	3.33	—
		电动空气压缩机 3m^3/min	台班	0.01	—	0.09	—
		电动多级离心清水泵 150mm 180m 以下	台班	0.19	—	2.40	—
		轴流通风机 100kW	台班	1.31	—	1.04	—
		其他机械费	元	2639.66	—	7004.11	—
		机械费小计	元	8762.26	28.53	32341.07	38.25
	措施费		元	1394.97	4.54	3836.08	4.54
	小计		元	23435.32	76.31	64383.36	76.15
综合费			元	7275.87	23.69	20167.97	23.85
合计			元	30711.19	—	84551.33	—

2.3.22.3 管片制作

工作内容: 钢筋混凝土管片制作;场外运输;试拼装;场内驳运;密封条设置、嵌缝;手孔处理;防水防腐处理。

单位: 环

指标编号				3F-090		3F-091	
指标名称				管片制作			
				$D \leqslant 6$m,环宽 1.5m		$D \leqslant 10$m,环宽 1.5m	
项目			单位	指标	费用占比(%)	指标	费用占比(%)
指标基价			元	40116.84	100.00	299960.16	100.00
一、建筑安装工程费			元	40116.84	100.00	299960.16	100.00
1. 建筑工程费			元	40116.84	100.00	299960.16	100.00
2. 安装工程费			元	—	—	—	—
二、设备购置费			元	—	—	—	—
建筑安装工程费							
直接费	人工费	普工	工日	33.87	—	271.98	—
		一般技工	工日	22.41	—	273.87	—
		高级技工	工日	12.96	—	84.95	—
		人工费小计	元	8223.69	20.50	74421.36	24.81
	材料费	HPB300 ϕ10 以内	kg	—	—	1301.70	—
		钢筋(综合)	t	1.13	—	11.56	—
		预拌混凝土 C55	m^3	8.22	—	—	—
		预拌混凝土 C60	m^3	—	—	35.58	—
		型钢(综合)	kg	—	—	744.60	—
		氯丁橡胶条	kg	33.67	—	112.02	—
		中厚钢板 δ15 以内	kg	—	—	3605.13	—
		钢丝绳	kg	0.26	—	—	—
		低合金钢焊条 E43 系列	kg	7.97	—	81.39	—
		可发性聚氨酯泡沫塑料	kg	0.90	—	2.01	—
		其他材料费	元	3263.93	—	17103.53	—
		材料费小计	元	11633.22	29.00	94146.52	31.39
	机械费	门式起重机 5t	台班	5.46	—	32.51	—
		门式起重机 10t	台班	1.55	—	7.81	—
		履带式起重机 15t	台班	—	—	0.06	—
		载重汽车 12t	台班	1.48	—	—	—
		电动灌浆机	台班	—	—	2.60	—
		其他机械费	元	4819.29	—	26833.9	—
		机械费小计	元	8455.91	21.08	41022.24	13.68
	措施费		元	1808.30	4.51	13459.54	4.49
	小计		元	30121.12	75.08	223049.66	74.36
综合费			元	9995.72	24.92	76910.50	25.64
合计			元	40116.84	—	299960.16	—

2.3.22.4 洞口处理

工作内容：安装临时止水带、防水钢板；拆除洞口环管片、临时防水环板；安装柔性接缝环；安装钢环板；浇筑洞口钢筋混凝土环圈。

单位：处

指标编号				3F-092		3F-093	
指标名称				洞口处理 $D \leqslant 6$m		洞口处理 $D \leqslant 10$m	
项目			单位	指标	费用占比（%）	指标	费用占比（%）
指标基价			元	243897.57	100.00	1956476.98	100.00
一、建筑安装工程费			元	243897.57	100.00	1956476.98	100.00
1. 建筑工程费			元	243897.57	100.00	1956476.98	100.00
2. 安装工程费			元	—	—	—	—
二、设备购置费			元	—	—	—	—
建筑安装工程费							
直接费	人工费	普工	工日	218.79	—	2002.01	—
		一般技工	工日	131.28	—	1201.25	—
		高级技工	工日	87.47	—	800.74	—
		人工费小计	元	52101.23	21.36	476800.64	24.37
	材料费	水泥 52.5	kg	1868.82	—	12175.76	—
		预拌混凝土 C25	m^3	3.24	—	90.42	—
		环圈钢板	t	1.37	—	11.91	—
		六角螺栓带螺母 M12×200	kg	82.97	—	614.66	—
		低合金钢焊条 E43 系列	kg	192.73	—	1742.89	—
		帘布橡胶条	kg	90.35	—	496.65	—
		可发性聚氨酯泡沫塑料	kg	631.23	—	3469.94	—
		其他材料费	元	48274.60	—	276262.82	—
		材料费小计	元	65394.22	26.81	415753.60	21.25
	机械费	门式起重机 10t	台班	98.08	—	693.80	—
		自卸汽车 8t	台班	0.53	—	—	—
		电动双筒慢速卷扬机 100kN	台班	10.52	—	192.27	—
		轴流通风机 7.5kW	台班	22.09	—	297.14	—
		混凝土输送泵车 $75m^3/h$	台班	0.89	—	24.89	—
		其他机械费	元	5247.47	—	52936.49	—
		机械费小计	元	54294.30	22.26	475892.54	24.32
	措施费		元	10983.88	4.50	87830.14	4.49
	小计		元	182773.63	74.94	1456276.92	74.43
综合费			元	61123.94	25.06	500200.06	25.57
合计			元	243897.57	—	1956476.98	—

2.3.22.5 结构防水层

工作内容：1. 卷材防水：铺设防水卷材。

2. 涂膜防水：涂刷防水涂膜。

单位：100m²

指标编号				3F-094		3F-095	
指标名称				结构防水层			
				卷材防水		涂膜防水	
项目			单位	指标	费用占比（%）	指标	费用占比（%）
指标基价			元	7789.62	100.00	7699.40	100.00
一、建筑安装工程费			元	7789.62	100.00	7699.40	100.00
1. 建筑工程费			元	7789.62	100.00	7699.40	100.00
2. 安装工程费			元	—	—	—	—
二、设备购置费			元	—	—	—	—
建筑安装工程费							
直接费	人工费	普工	工日	1.27	—	1.38	—
		一般技工	工日	2.55	—	2.77	—
		高级技工	工日	0.42	—	0.46	—
		人工费小计	元	516.25	6.63	560.84	7.28
	材料费	SBS 改性沥青防水卷材	m²	115.64	—	—	—
		聚氨酯甲乙料	kg	—	—	298.13	—
		其他材料费	元	763.49	—	134.82	—
		材料费小计	元	5157.62	66.21	5039.06	65.45
	机械费	其他机械费	元	—	—	—	—
		机械费小计	元	—	—	—	—
		措施费	元	356.25	4.57	351.89	4.57
		小计	元	6030.12	77.41	5951.79	77.30
综合费			元	1759.50	22.59	1747.61	22.70
合计			元	7789.62	—	7699.40	—

2.3.22.6 地下连续墙

工作内容： 导墙挖填、制作、安装、拆除；挖土成槽；模板制作、安装；钢筋制作、安装；混凝土浇筑；接头处理；土方、废浆外运。 **单位：** 100m³

指标编号				3F-096		3F-097	
指标名称				钢筋混凝土地下连续墙			
				墙深 15m 以内		墙深 25m 以内	
项目			单位	指标	费用占比（%）	指标	费用占比（%）
指标基价			元	325183.34	100.00	345632.23	100.00
一、建筑安装工程费			元	325183.34	100.00	345632.23	100.00
1. 建筑工程费			元	325183.34	100.00	345632.23	100.00
2. 安装工程费			元	—	—	—	—
二、设备购置费			元	—	—	—	—
建筑安装工程费							
直接费	人工费	普工	工日	207.36	—	213.67	—
		一般技工	工日	177.85	—	189.24	—
		高级技工	工日	74.01	—	77.17	—
		人工费小计	元	54537.82	16.77	57140.33	16.53
	材料费	钢筋 ϕ10 以外	kg	18719.99	—	18719.99	—
		预拌水下混凝土 C25	m³	119.38	—	119.38	—
		预拌混凝土 C20	m³	5.28	—	5.28	—
		其他材料费	元	13814.31	—	14632.59	—
		材料费小计	元	126295.44	38.84	127113.72	36.78
	机械费	导杆式液压抓斗成槽机	台班	3.04	—	4.32	—
		履带式起重机 15t	台班	3.60	—	4.27	—
		自卸汽车 12t	台班	3.64	—	4.94	—
		泥浆制作循环设备	台班	3.04	—	4.32	—
		其他机械费	元	26822.27	—	28485.73	—
		机械费小计	元	51564.85	15.86	62835.33	18.18
	措施费		元	13874.93	4.27	14804.23	4.28
	小计		元	246273.04	75.73	261893.61	75.77
综合费			元	78910.30	24.27	83738.62	24.23
合计			元	325183.34	—	345632.23	—

工作内容：导墙挖填、制作、安装、拆除；挖土成槽；模板制作、安装；钢筋制作、安装；混凝土浇筑；接头处理；土方、废浆外运。

单位：100m³

指 标 编 号				3F-098		3F-099	
指 标 名 称				钢筋混凝土地下连续墙			
				墙深 35m 以内		墙深 45m 以内	
项 目			单位	指标	费用占比（%）	指标	费用占比（%）
指标基价			元	368265.78	100.00	399830.90	100.00
一、建筑安装工程费			元	368265.78	100.00	399830.90	100.00
1. 建筑工程费			元	368265.78	100.00	399830.90	100.00
2. 安装工程费			元	—	—	—	—
二、设备购置费			元	—	—	—	—
建筑安装工程费							
直接费	人工费	普工	工日	221.08	—	236.27	—
		一般技工	工日	202.11	—	225.63	—
		高级技工	工日	80.80	—	88.04	—
		人工费小计	元	60120.20	16.33	65818.12	16.46
	材料费	钢筋 ϕ10 以外	kg	18719.99	—	18719.99	—
		预拌水下混凝土 C25	m³	119.38	—	119.38	—
		预拌混凝土 C20	m³	5.28	—	5.28	—
		接头箱	kg	166.52	—	287.58	—
		其他材料费	元	14574.80	—	14818.96	—
		材料费小计	元	127888.51	34.73	128737.97	32.20
	机械费	导杆式液压抓斗成槽机	台班	5.70	—	7.07	—
		履带式起重机 15t	台班	4.98	—	5.73	—
		履带式起重机 100t	台班	1.08	—	2.16	—
		履带式起重机 150t	台班	—	—	1.01	—
		自卸汽车 12t	台班	6.33	—	7.72	—
		泥浆制作循环设备	台班	5.70	—	7.07	—
		其他机械费	元	26792.61	—	23456.58	—
		机械费小计	元	75325.28	20.45	91181.33	22.80
	措施费		元	15832.33	4.30	17258.82	4.32
	小计		元	279166.32	75.81	302996.24	75.78
综合费			元	89099.46	24.19	96834.66	24.22
合计			元	368265.78	—	399830.90	—

工作内容：导墙开挖、导墙浇筑；铣槽机挖土成槽、套铣成槽、清底置换；钢筋制作、安装；混凝土浇筑；泥浆配制、输送；土方、废浆外运。　　**单位：**100m^3

指标编号				3F-100		3F-101	
指标名称				钢筋混凝土地下连续墙			
				墙深 60m 以内		墙深 70m 以内	
项目			单位	指标	费用占比(%)	指标	费用占比(%)
指标基价			元	413978.44	100.00	451587.13	100.00
一、建筑安装工程费			元	413978.44	100.00	451587.13	100.00
1. 建筑工程费			元	413978.44	100.00	451587.13	100.00
2. 安装工程费			元	—	—	—	—
二、设备购置费			元	—	—	—	—
建筑安装工程费							
直接费	人工费	普工	工日	224.80	—	241.43	—
		一般技工	工日	128.61	—	127.87	—
		高级技工	工日	69.49	—	69.31	—
		人工费小计	元	48788.01	11.79	50049.81	11.08
	材料费	钢筋 ϕ10 以外	kg	22614.59	—	22593.27	—
		预拌水下混凝土 C30	m^3	128.93	—	128.93	—
		预拌混凝土 C20	m^3	1.40	—	1.20	—
		柴油	kg	527.04	—	527.04	—
		电	kW·h	271.98	—	271.45	—
		其他材料费	元	11186.83	—	11412.32	—
		材料费小计	元	145238.68	35.08	145319.15	32.18
	机械费	铣槽机	台班	4.11	—	5.43	—
		履带式起重机 15t	台班	1.64	—	1.60	—
		履带式起重机 100t	台班	2.59	—	2.59	—
		履带式起重机 150t	台班	1.21	—	1.21	—
		自卸汽车 12t	台班	1.39	—	1.84	—
		泥浆制作循环设备	台班	4.11	—	5.43	—
		其他机械费	元	18973.27	—	23343.48	—
		机械费小计	元	104035.61	25.13	130286.66	28.85
	措施费		元	18824.24	4.55	20551.14	4.55
	小计		元	316886.54	76.55	346206.76	76.66
综合费			元	97091.90	23.45	105380.37	23.34
合计			元	413978.44	—	451587.13	—

工作内容：导墙开挖、导墙浇筑；铣槽机挖土成槽、套铣成槽、清底置换；钢筋制作、安装；混凝土浇筑；泥浆配制、输送；土方、废浆外运。 **单位**：$100m^3$

指标编号				3F-102		3F-103	
指标名称				钢筋混凝土地下连续墙			
				墙深 90m 以内		墙深 110m 以内	
项目			单位	指标	费用占比（%）	指标	费用占比（%）
指标基价			元	501566.51	100.00	552292.44	100.00
一、建筑安装工程费			元	501566.51	100.00	552292.44	100.00
1. 建筑工程费			元	501566.51	100.00	552292.44	100.00
2. 安装工程费			元	—	—	—	—
二、设备购置费			元	—	—	—	—
建筑安装工程费							
直接费	人工费	普工	工日	257.37	—	274.15	—
		一般技工	工日	126.23	—	125.72	—
		高级技工	工日	68.91	—	68.78	—
		人工费小计	元	51092.81	10.19	52408.50	9.49
	材料费	钢筋 ϕ10 以外	kg	22544.50	—	22529.94	—
		预拌水下混凝土 C30	m^3	128.93	—	128.93	—
		预拌混凝土 C20	m^3	0.76	—	0.63	—
		柴油	kg	527.04	—	527.04	—
		电	kW·h	270.25	—	269.89	—
		其他材料费	元	11360.59	—	11344.95	—
		材料费小计	元	144941.19	28.90	144825.66	26.22
	机械费	履带式起重机 15t	台班	1.52	—	1.49	—
		履带式起重机 100t	台班	2.59	—	2.59	—
		履带式起重机 150t	台班	1.21	—	1.21	—
		自卸汽车 12t	台班	2.71	—	3.60	—
		铣槽机	台班	7.19	—	8.95	—
		泥浆制作循环设备	台班	7.19	—	8.95	—
		其他机械费	元	30047.19	—	36667.93	—
		机械费小计	元	166393.54	33.17	202474.54	36.66
	措施费		元	22850.07	4.56	25180.41	4.56
	小计		元	385277.61	76.81	424889.11	76.93
综合费			元	116288.90	23.19	127403.33	23.07
合计			元	501566.51	—	552292.44	—

2.3.22.7 灌注桩、旋喷桩

工作内容：1. 灌注桩：钻孔；制浆压浆；混凝土浇筑；钢筋制作、安装；土石方外运。

2. 旋喷桩：钻孔；插管；喷浆；冲洗喷管；移动设备。

单位：100m³

指标编号				3F-104		3F-105	
指标名称				灌注桩		旋喷桩	
项目			单位	指标	费用占比（%）	指标	费用占比（%）
指标基价			元	269990.55	100.00	125364.72	100.00
一、建筑安装工程费			元	269990.55	100.00	125364.72	100.00
1. 建筑工程费			元	269990.55	100.00	125364.72	100.00
2. 安装工程费			元	—	—	—	—
二、设备购置费			元	—	—	—	—
建筑安装工程费							
直接费	人工费	普工	工日	88.64	—	27.23	—
		一般技工	工日	108.57	—	54.45	—
		高级技工	工日	18.10	—	9.08	—
		人工费小计	元	24889.28	9.22	11041.30	8.81
	材料费	水泥 P·O 42.5	t	—	—	127.34	—
		预拌水下混凝土 C20	m³	121.20	—	—	—
		钢筋（综合）	kg	14336.00	—	—	—
		水	m³	165.71	—	550.00	—
		其他材料费	元	10326.77	—	1573.68	—
		材料费小计	元	107444.07	39.80	63502.18	50.65
	机械费	工程地质液压钻机	台班	—	—	12.63	—
		单重管旋喷机	台班	—	—	3.00	—
		履带式起重机 15t	台班	2.56	—	—	—
		履带式旋挖钻机 2000mm	台班	6.80	—	—	—
		其他机械费	元	34212.14	—	6024.90	—
		机械费小计	元	64054.35	23.72	16324.92	13.02
	措施费		元	11518.01	4.27	5720.49	4.56
	小计		元	207905.71	77.00	96588.89	77.05
综合费			元	62084.84	23.00	28775.83	22.95
合计			元	269990.55	—	125364.72	—

2.3.22.8 工作井、入流井开挖

工作内容：石方开挖；基坑内降水；石方外运。 **单位**：$100m^3$

指标编号		3F-106		3F-107		3F-108	
指标名称		工作井、入流井开挖					
		极软岩		软岩		较软岩	
项目	单位	指标	费用占比（%）	指标	费用占比（%）	指标	费用占比（%）
指标基价	元	51240.13	100.00	55391.36	100.00	60582.61	100.00
一、建筑安装工程费	元	51240.13	100.00	55391.36	100.00	60582.61	100.00
1. 建筑工程费	元	51240.13	100.00	55391.36	100.00	60582.61	100.00
2. 安装工程费	元	—	—	—	—	—	—
二、设备购置费	元	—	—	—	—	—	—
建筑安装工程费							
直接费 人工费 普工	工日	114.73	—	128.96	—	146.74	—
一般技工	工日	76.51	—	85.99	—	97.85	—
人工费小计	元	19448.41	37.96	21860.32	39.47	24875.21	41.06
材料费 刀片 *D*1500	片	0.50	—	0.62	—	0.77	—
水	m^3	13.37	—	16.71	—	20.88	—
其他材料费	元	420.50	—	420.50	—	420.49	—
材料费小计	元	1167.51	2.28	1353.30	2.44	1587.14	2.62
机械费 自卸汽车 8t	台班	16.50	—	16.50	—	16.50	—
其他机械费	元	2326.62	—	2404.05	—	2500.87	—
机械费小计	元	14088.15	27.49	14165.58	25.57	14262.40	23.54
措施费	元	2267.23	4.42	2446.94	4.42	2671.68	4.41
小计	元	36971.30	72.15	39826.14	71.90	43396.43	71.63
综合费	元	14268.83	27.85	15565.22	28.10	17186.18	28.37
合计	元	51240.13	—	55391.36	—	60582.61	—

工作内容：石方开挖；基坑内降水；石方外运。 **单位**：$100m^3$

指标编号				3F-109		3F-110	
指标名称				工作井、入流井开挖			
				较硬岩		坚硬岩	
项目			单位	指标	费用占比（%）	指标	费用占比（%）
指标基价			元	69763.23	100.00	82075.54	100.00
一、建筑安装工程费			元	69763.23	100.00	82075.54	100.00
1. 建筑工程费			元	69763.23	100.00	82075.54	100.00
2. 安装工程费			元	—	—	—	—
二、设备购置费			元	—	—	—	—
建筑安装工程费							
直接费	人工费	普工	工日	177.71	—	221.06	—
		一般技工	工日	118.49	—	147.39	—
		人工费小计	元	30124.07	43.18	37472.61	45.66
	材料费	刀片 *D*1500	片	1.10	—	1.38	—
		水	m^3	27.76	—	30.53	—
		其他材料费	元	420.49	—	420.49	—
		材料费小计	元	2062.93	2.96	2443.91	2.98
	机械费	自卸汽车 8t	台班	16.50	—	16.50	—
		其他机械费	元	2706.29	—	2879.26	—
		机械费小计	元	14467.82	20.74	14640.79	17.84
	措施费		元	3069.52	4.40	3601.60	4.39
	小计		元	49724.34	71.28	58158.91	70.86
综合费			元	20038.89	28.72	23916.63	29.14
合计			元	69763.23	—	82075.54	—

2.3.22.9 钢筋混凝土底板

工作内容：钢筋制作、安装；模板制作、安装、拆除；混凝土浇筑。 单位：100m^3

指标编号				3F-111	
指标名称				钢筋混凝土底板	
项目			单位	指标	费用占比（%）
指标基价			元	70890.55	100.00
一、建筑安装工程费			元	70890.55	100.00
1. 建筑工程费			元	70890.55	100.00
2. 安装工程费			元	—	—
二、设备购置费			元	—	—
建筑安装工程费					
直接费	人工费	普工	工日	21.83	—
		一般技工	工日	35.52	—
		人工费小计	元	6399.50	9.03
	材料费	钢筋（综合）	kg	1025.00	—
		预拌混凝土 C30	m^3	101.00	—
		钢模板	kg	29.36	—
		水	m^3	87.70	—
		其他材料费	元	970.03	—
		材料费小计	元	44695.09	63.05
	机械费	汽车式起重机 8t	台班	0.14	—
		载重汽车 4t	台班	0.25	—
		其他机械费	元	56.98	—
		机械费小计	元	263.74	0.37
	措施费		元	3234.05	4.56
	小计		元	54592.38	77.01
综合费			元	16298.17	22.99
合计			元	70890.55	—

2.3.22.10 钢筋混凝土墙

工作内容：模板制作、安装、拆除；钢筋制作、安装；混凝土浇筑。 **单位：**100m³

指标编号				3F-112		3F-113	
指标名称				钢筋混凝土墙			
				墙厚 0.3m 以内		墙厚 0.6m 以内	
项目			单位	指标	费用占比（%）	指标	费用占比（%）
指标基价			元	189175.36	100.00	162486.96	100.00
一、建筑安装工程费			元	189175.36	100.00	162486.96	100.00
1. 建筑工程费			元	189175.36	100.00	162486.96	100.00
2. 安装工程费			元	—	—	—	—
二、设备购置费			元	—	—	—	—
建筑安装工程费							
直接费	人工费	普工	工日	140.38	—	95.15	—
		一般技工	工日	246.63	—	176.04	—
		人工费小计	元	43498.04	22.99	30625.22	18.85
	材料费	预拌混凝土 C30	m³	101.00	—	101.00	—
		钢筋（综合）	kg	13325.00	—	12300.00	—
		钢模板	kg	273.00	—	136.50	—
		电	kW·h	90.40	—	90.40	—
		水	m³	76.50	—	76.50	—
		其他材料费	元	1442.47	—	1174.57	—
		材料费小计	元	87826.96	46.43	83476.22	51.37
	机械费	载重汽车 4t	台班	1.20	—	0.60	—
		汽车式起重机 8t	台班	0.30	—	0.15	—
		其他机械费	元	719.04	—	663.73	—
		机械费小计	元	1417.54	0.75	1012.98	0.62
	措施费		元	8504.82	4.50	7336.96	4.52
	小计		元	141247.36	74.66	122451.38	75.36
综合费			元	47928.00	25.34	40035.58	24.64
合计			元	189175.36	—	162486.96	—

工作内容：模板制作、安装、拆除；钢筋制作、安装；混凝土浇筑。 **单位**：$100m^3$

指标编号				3F-114		3F-115	
指标名称				钢筋混凝土墙			
				墙厚 0.6m 以外		衬墙	
项目			单位	指标	费用占比（%）	指标	费用占比（%）
指标基价			元	155825.03	100.00	190136.46	100.00
一、建筑安装工程费			元	155825.03	100.00	190136.46	100.00
1. 建筑工程费			元	155825.03	100.00	190136.46	100.00
2. 安装工程费			元	—	—	—	—
二、设备购置费			元	—	—	—	—
建筑安装工程费							
直接费	人工费	普工	工日	92.22	—	147.23	—
		一般技工	工日	168.87	—	141.24	—
		高级技工	工日	—	—	16.34	—
		人工费小计	元	29457.06	18.90	33658.58	17.70
	材料费	钢筋（综合）	kg	11275.00	—	14350.00	—
		预拌混凝土 C30	m^3	101.00	—	101.00	—
		钢模板	kg	136.50	—	118.50	—
		水	m^3	76.50	—	20.38	—
		电	kW·h	90.40	—	23.24	—
		其他材料费	元	1128.61	—	4054.70	—
		材料费小计	元	79965.76	51.32	92675.42	48.74
	机械费	履带式起重机 15t	台班	—	—	1.47	—
		载重汽车 4t	台班	0.60	—	—	—
		其他机械费	元	725.45	—	7534.55	—
		机械费小计	元	957.67	0.61	8724.10	4.59
	措施费		元	7035.73	4.52	8595.79	4.52
	小计		元	117416.22	75.35	143653.89	75.55
综合费			元	38408.81	24.65	46482.57	24.45
合计			元	155825.03	—	190136.46	—

2.3.22.11 钢筋混凝土柱、梁

工作内容：模板制作、安装、拆除；钢筋制作、安装；混凝土浇筑。 **单位**：100m³

指标编号				3F-116		3F-117		3F-118	
指标名称				钢筋混凝土柱		钢筋混凝土梁		钢筋混凝土地梁	
项目			单位	指标	费用占比（%）	指标	费用占比（%）	指标	费用占比（%）
指标基价			元	201278.65	100.00	194049.89	100.00	158666.81	100.00
一、建筑安装工程费			元	201278.65	100.00	194049.89	100.00	158666.81	100.00
1. 建筑工程费			元	201278.65	100.00	194049.89	100.00	158666.81	100.00
2. 安装工程费			元	—	—	—	—	—	—
二、设备购置费			元	—	—	—	—	—	—
建筑安装工程费									
直接费	人工费	普工	工日	127.22	—	120.80	—	56.51	—
		一般技工	工日	151.67	—	143.16	—	131.37	—
		高级技工	工日	11.92	—	11.38	—	5.16	—
		人工费小计	元	32473.47	16.13	30736.31	15.84	22638.25	14.27
	材料费	钢筋（综合）	kg	17425.00	—	16400.00	—	14350.00	—
		预拌混凝土 C20	m³	—	—	—	—	101.00	—
		钢模板	kg	125.28	—	97.44	—	—	—
		水	m³	37.81	—	47.81	—	30.40	—
		电	kW·h	49.14	—	48.76	—	37.50	—
		其他材料费	元	42927.51	—	42912.35	—	5029.15	—
		材料费小计	元	102750.79	51.05	99228.79	51.14	90179.31	56.84
	机械费	履带式起重机 15t	台班	1.91	—	1.74	—	—	—
		其他机械费	元	6715.97	—	7054.52	—	775.93	—
		机械费小计	元	8263.47	4.11	8462.52	4.36	775.93	0.49
	措施费		元	9114.50	4.53	8789.87	4.53	7198.96	4.54
	小计		元	152602.23	75.82	147217.49	75.87	120792.45	76.13
综合费			元	48676.42	24.18	46832.40	24.13	37874.36	23.87
合计			元	201278.65	—	194049.89	—	158666.81	—

2.3.22.12 钢筋混凝土楼梯、小型构件

工作内容：模板制作、安装、拆除；钢筋制作、安装；混凝土浇筑。 **单位：**$100m^3$

指标编号				3F-119		3F-120	
指标名称				钢筋混凝土楼梯		钢筋混凝土小型构件	
项目			单位	指标	费用占比(%)	指标	费用占比(%)
指标基价			元	245440.53	100.00	170844.41	100.00
一、建筑安装工程费			元	245440.53	100.00	170844.41	100.00
1. 建筑工程费			元	245440.53	100.00	170844.41	100.00
2. 安装工程费			元	—	—	—	—
二、设备购置费			元	—	—	—	—
建筑安装工程费							
直接费	人工费	普工	工日	379.48	—	89.51	—
		一般技工	工日	200.33	—	91.84	—
		高级技工	工日	54.34	—	9.49	—
		人工费小计	元	68038.51	27.72	21146.18	12.38
	材料费	钢筋（综合）	kg	9225.00	—	9737.50	—
		预拌混凝土 C20	m^3	—	—	101.00	—
		预拌混凝土 C30	m^3	101.00	—	55.55	—
		木模板	m^3	2.00	—	0.18	—
		电	kW·h	228.95	—	27.05	—
		水	m^3	89.14	—	53.05	—
		其他材料费	元	8849.63	—	1985.50	—
		材料费小计	元	84342.12	34.36	93757.78	54.88
	机械费	履带式起重机 15t	台班	20.95	—	0.57	—
		其他机械费	元	958.11	—	7471.98	—
		机械费小计	元	17949.82	7.31	7934.61	4.64
	措施费		元	10979.27	4.47	7766.81	4.55
	小计		元	181309.72	73.87	130605.38	76.45
综合费			元	64130.81	26.13	40239.03	23.55
合计			元	245440.53	—	170844.41	—

2.3.22.13　钢筋混凝土盖板、走道板

工作内容：模板制作、安装、拆除；钢筋制作、安装；混凝土浇筑。　　单位：100m³

指标编号				3F-121		3F-122	
指标名称				钢筋混凝土盖板		钢筋混凝土走道板	
项目			单位	指标	费用占比（%）	指标	费用占比（%）
指标基价			元	161548.59	100.00	170718.01	100.00
一、建筑安装工程费			元	161548.59	100.00	170718.01	100.00
1. 建筑工程费			元	161548.59	100.00	170718.01	100.00
2. 安装工程费			元	—	—	—	—
二、设备购置费			元	—	—	—	—
建筑安装工程费							
直接费	人工费	普工	工日	83.01	—	120.91	—
		一般技工	工日	155.07	—	112.99	—
		高级技工	工日	—	—	13.64	—
		人工费小计	元	26909.81	16.66	27297.88	15.99
	材料费	钢筋 综合	kg	11275.00	—	11275.00	—
		预拌混凝土 C20	m³	101.00	—	—	—
		预拌混凝土 C30	m³	—	—	101.00	—
		木模板	m³	1.76	—	2.00	—
		水	m³	146.60	—	50.67	—
		电	kW·h	81.60	—	21.33	—
		其他材料费	元	7800.28	—	5363.66	—
		材料费小计	元	87065.67	53.89	87287.21	51.13
	机械费	履带式起重机 15t	台班	—	—	2.48	—
		载重汽车 5t	台班	0.68	—	—	—
		其他机械费	元	720.23	—	5145.09	—
		机械费小计	元	1051.40	0.65	7156.52	4.19
	措施费		元	7311.39	4.53	7731.79	4.53
	小计		元	122338.27	75.73	129473.40	75.84
综合费			元	39210.32	24.27	41244.61	24.16
合计			元	161548.59	—	170718.01	—

2.3.22.14 支撑及喷锚

工作内容： 1. 钢格栅支撑：钢格栅制作、安装；钢格栅拆除。

2. 钢筋混凝土支撑：钢筋混凝土支撑制作、安装；钢筋混凝土支撑拆除。

指标编号				3F-123		3F-124	
指标名称				钢格栅支撑		钢筋混凝土支撑	
单位				t		100m^3	
项目			单位	指标	费用占比（%）	指标	费用占比（%）
指标基价			元	9654.39	100.00	150731.46	100.00
一、建筑安装工程费			元	9654.39	100.00	150731.46	100.00
1. 建筑工程费			元	9654.39	100.00	150731.46	100.00
2. 安装工程费			元	—	—	—	—
二、设备购置费			元	—	—	—	—
建筑安装工程费							
直接费	人工费	普工	工日	9.35	—	53.01	—
		一般技工	工日	14.04	—	107.28	—
		高级技工	工日	—	—	4.24	—
		人工费小计	元	2589.52	26.82	19066.46	12.65
	材料费	预拌混凝土 C30	m^3	—	—	101.00	—
		钢筋（综合）	kg	894.00	—	12300.00	—
		型钢（综合）	t	0.15	—	—	—
		水	m^3	—	—	109.04	—
		电	kW·h	—	—	41.90	—
		其他材料费	元	272.12	—	1363.05	—
		材料费小计	元	3743.76	38.78	83279.27	55.25
	机械费	履带式液压岩石破碎机 200mm	台班	—	—	2.63	—
		履带式单斗液压挖掘机 1m^3	台班	—	—	0.42	—
		履带式起重机 15t	台班	—	—	0.13	—
		自卸汽车 10t	台班	—	—	4.28	—
		其他机械费	元	380.82	—	828.71	—
		机械费小计	元	380.82	3.94	5964.62	3.96
	措施费		元	432.28	4.48	6850.50	4.54
	小计		元	7146.38	74.02	115160.85	76.40
综合费			元	2508.01	25.98	35570.61	23.60
合计			元	9654.39	—	150731.46	—

工作内容：1. 中空注浆锚杆：选孔位、打眼、洗眼；调制砂浆、灌浆；顶装锚杆、安装附件。
2. 砂浆锚杆：选孔位、打眼、洗眼；调制砂浆、灌浆；顶装锚杆。
3. 药卷锚杆：选孔位、打眼、洗眼；浸泡、灌装药卷；顶装锚杆。

指标编号				3F-125		3F-126		3F-127	
指标名称				中空注浆锚杆		砂浆锚杆		药卷锚杆	
单位				100m		t		t	
项目			单位	指标	费用占比（%）	指标	费用占比（%）	指标	费用占比（%）
指标基价			元	5878.32	100.00	21426.02	100.00	19980.06	100.00
一、建筑安装工程费			元	5878.32	100.00	21426.02	100.00	19980.06	100.00
1. 建筑工程费			元	5878.32	100.00	21426.02	100.00	19980.06	100.00
2. 安装工程费			元	—	—	—	—	—	—
二、设备购置费			元	—	—	—	—	—	—
建筑安装工程费									
直接费	人工费	普工	工日	5.29	—	18.63	—	16.52	—
		一般技工	工日	7.93	—	27.94	—	24.79	—
		人工费小计	元	1463.67	24.90	5156.39	24.07	4573.55	22.89
	材料费	中空注浆锚杆	m	101.00	—	—	—	—	—
		锚杆铁件	kg	—	—	1040.00	—	1040.00	—
		锚固药卷	kg	—	—	—	—	399.84	—
		水	m^3	5.00	—	16.00	—	16.00	—
		电	kW·h	—	—	16.27	—	16.27	—
		其他材料费	元	264.77	—	564.47	—	385.12	—
		材料费小计	元	1730.92	29.45	4716.70	22.01	5117.11	25.61
	机械费	气腿式风动凿岩机	台班	2.79	—	21.43	—	21.43	—
		电动空气压缩机 10m^3/min	台班	1.35	—	8.07	—	8.07	—
		其他机械费	元	214.75	—	890.05	—	98.70	—
		机械费小计	元	911.90	15.51	5123.86	23.91	4332.51	21.68
		措施费	元	263.74	4.49	962.17	4.49	898.35	4.50
		小计	元	4370.23	74.34	15959.12	74.48	14921.52	74.68
综合费			元	1508.09	25.66	5466.90	25.52	5058.54	25.32
合计			元	5878.32	—	21426.02	—	19980.06	—

工作内容：1. 钢筋网制作、安装：钢筋网片制作、安装。

2. 抗渗喷射混凝土：混凝土喷射。

指标编号				3F-128		3F-129	
指标名称				钢筋网制作、安装		抗渗喷射混凝土	
单位				t		$100m^3$	
项目			单位	指标	费用占比（%）	指标	费用占比（%）
指标基价			元	6537.25	100.00	242415.63	100.00
一、建筑安装工程费			元	6537.25	100.00	242415.63	100.00
1. 建筑工程费			元	6537.25	100.00	242415.63	100.00
2. 安装工程费			元	—	—	—	—
二、设备购置费			元	—	—	—	—
建筑安装工程费							
直接费	人工费	普工	工日	3.27	—	109.22	—
		一般技工	工日	6.54	—	163.82	—
		高级技工	工日	1.09	—	—	—
		人工费小计	元	1326.86	20.30	30229.72	12.47
	材料费	喷射混凝土	m^3	—	—	172.26	—
		钢筋网片	t	1.03	—	—	—
		水	m^3	—	—	330.42	—
		其他材料费	元	—	—	4321.44	—
		材料费小计	元	3081.19	47.13	119069.27	49.12
	机械费	混凝土湿喷机 $5m^3/h$	台班	—	—	23.94	—
		轴流通风机 30kW	台班	—	—	38.42	—
		电动空气压缩机 $10m^3/min$	台班	—	—	20.58	—
		其他机械费	元	207.83	—	—	—
		机械费小计	元	207.83	3.18	24963.21	10.30
	措施费		元	294.73	4.51	11019.46	4.55
	小计		元	4910.61	75.12	185281.66	76.43
综合费			元	1626.64	24.88	57133.97	23.57
合计			元	6537.25	—	242415.63	—

2.3.22.15 基坑监测

工作内容：1. 水位观察孔：测点布设；密封检查；做保护圈盖；读数。

2. 土体分层沉降监测孔：测点布设；安装导向管磁环；做保护圈盖；读数。

3. 土体水平位移监测孔：测点布设；埋设测斜管；做保护圈盖；读数。

单位：孔

指标编号				3F-130		3F-131		3F-132	
指标名称				基坑监测					
				水位观察孔		土体分层沉降监测孔		土体水平位移监测孔	
项目			单位	指标	费用占比（%）	指标	费用占比（%）	指标	费用占比（%）
指标基价			元	3520.57	100.00	8240.52	100.00	7260.51	100.00
一、建筑安装工程费			元	3520.57	100.00	8240.52	100.00	7260.51	100.00
1. 建筑工程费			元	3520.57	100.00	8240.52	100.00	7260.51	100.00
2. 安装工程费			元	—	—	—	—	—	—
二、设备购置费			元	—	—	—	—	—	—
建筑安装工程费									
直接费	人工费	普工	工日	4.07	—	8.09	—	8.79	—
		一般技工	工日	2.44	—	4.85	—	5.27	—
		高级技工	工日	1.63	—	3.24	—	3.52	—
		人工费小计	元	968.63	27.51	1926.26	23.38	2093.25	28.83
	材料费	导向铝管 $\phi30$	m	—	—	36.00	—	—	—
		水泥 52.5	kg	—	—	1162.80	—	1162.80	—
		无缝钢管 $D70\times3$	m	15.40	—	—	—	—	—
		其他材料费	元	59.60	—	920.24	—	541.59	—
		材料费小计	元	342.81	9.74	2018.38	24.49	1099.73	15.15
	机械费	工程地质液压钻机	台班	1.65	—	2.57	—	2.57	—
		其他机械费	元	—	—	67.86	—	67.86	—
		机械费小计	元	1132.96	32.18	1832.52	22.24	1832.52	25.24
	措施费		元	157.52	4.47	370.32	4.49	324.40	4.47
	小计		元	2601.92	73.91	6147.48	74.60	5349.90	73.68
综合费			元	918.65	26.09	2093.04	25.40	1910.61	26.32
合计			元	3520.57	—	8240.52	—	7260.51	—

工作内容： 1. 墙体位移监测孔：测点布设；钢笼安装测斜管；浇捣混凝土，定测斜管倾斜方向；读数。

2. 地表桩监测孔：测点布设；预埋标志点；做保护圈盖；读数。

3. 混凝土构件变形监测孔：测点布设；测点表面处理，粘贴应变片；密封，接线；读数。

<table>
<tr><td colspan="4">指标编号</td><td colspan="2">3F-133</td><td colspan="2">3F-134</td><td colspan="2">3F-135</td></tr>
<tr><td colspan="4" rowspan="2">指标名称</td><td colspan="6">基坑监测</td></tr>
<tr><td colspan="2">墙体位移监测孔</td><td colspan="2">地表桩监测孔</td><td colspan="2">混凝土构件变形监测孔</td></tr>
<tr><td colspan="4">单位</td><td colspan="2">孔</td><td colspan="2">只</td><td colspan="2">只</td></tr>
<tr><td colspan="3">项目</td><td>单位</td><td>指标</td><td>费用占比（%）</td><td>指标</td><td>费用占比（%）</td><td>指标</td><td>费用占比（%）</td></tr>
<tr><td colspan="3">指标基价</td><td>元</td><td>5058.35</td><td>100.00</td><td>1130.56</td><td>100.00</td><td>333.18</td><td>100.00</td></tr>
<tr><td colspan="3">一、建筑安装工程费</td><td>元</td><td>5058.35</td><td>100.00</td><td>1130.56</td><td>100.00</td><td>333.18</td><td>100.00</td></tr>
<tr><td colspan="3">1. 建筑工程费</td><td>元</td><td>5058.35</td><td>100.00</td><td>1130.56</td><td>100.00</td><td>333.18</td><td>100.00</td></tr>
<tr><td colspan="3">2. 安装工程费</td><td>元</td><td>—</td><td>—</td><td>—</td><td>—</td><td>—</td><td>—</td></tr>
<tr><td colspan="3">二、设备购置费</td><td>元</td><td>—</td><td>—</td><td>—</td><td>—</td><td>—</td><td>—</td></tr>
<tr><td colspan="10">建筑安装工程费</td></tr>
<tr><td rowspan="16">直接费</td><td rowspan="4">人工费</td><td>普工</td><td>工日</td><td>3.18</td><td>—</td><td>1.92</td><td>—</td><td>0.66</td><td>—</td></tr>
<tr><td>一般技工</td><td>工日</td><td>1.91</td><td>—</td><td>1.15</td><td>—</td><td>0.39</td><td>—</td></tr>
<tr><td>高级技工</td><td>工日</td><td>1.27</td><td>—</td><td>0.77</td><td>—</td><td>0.26</td><td>—</td></tr>
<tr><td>人工费小计</td><td>元</td><td>757.15</td><td>14.97</td><td>456.57</td><td>40.38</td><td>156.00</td><td>46.82</td></tr>
<tr><td rowspan="5">材料费</td><td>无缝钢管 $D102 \times 4$</td><td>m</td><td>1.04</td><td>—</td><td>—</td><td>—</td><td>—</td><td>—</td></tr>
<tr><td>塑料测斜管 $\phi 80$</td><td>m</td><td>44.00</td><td>—</td><td>—</td><td>—</td><td>—</td><td>—</td></tr>
<tr><td>预拌混凝土 C30</td><td>m^3</td><td>—</td><td>—</td><td>0.50</td><td>—</td><td>—</td><td>—</td></tr>
<tr><td>其他材料费</td><td>元</td><td>0.18</td><td>—</td><td>64.93</td><td>—</td><td>49.84</td><td>—</td></tr>
<tr><td>材料费小计</td><td>元</td><td>476.39</td><td>9.42</td><td>259.15</td><td>22.92</td><td>49.84</td><td>14.96</td></tr>
<tr><td rowspan="4">机械费</td><td>履带式起重机 15t</td><td>台班</td><td>2.94</td><td>—</td><td>—</td><td>—</td><td>—</td><td>—</td></tr>
<tr><td>轻便钻孔机</td><td>台班</td><td>—</td><td>—</td><td>0.54</td><td>—</td><td>—</td><td>—</td></tr>
<tr><td>其他机械费</td><td>元</td><td>—</td><td>—</td><td>—</td><td>—</td><td>15.00</td><td>—</td></tr>
<tr><td>机械费小计</td><td>元</td><td>2382.08</td><td>47.09</td><td>45.51</td><td>4.03</td><td>15.00</td><td>4.50</td></tr>
<tr><td colspan="2">措施费</td><td>元</td><td>229.34</td><td>4.53</td><td>49.89</td><td>4.41</td><td>14.60</td><td>4.38</td></tr>
<tr><td colspan="2">小计</td><td>元</td><td>3844.96</td><td>76.01</td><td>811.12</td><td>71.74</td><td>235.44</td><td>70.66</td></tr>
<tr><td colspan="2"></td><td></td><td></td><td></td><td></td><td></td><td></td><td></td></tr>
<tr><td colspan="3">综合费</td><td>元</td><td>1213.39</td><td>23.99</td><td>319.44</td><td>28.26</td><td>97.74</td><td>29.34</td></tr>
<tr><td colspan="3">合计</td><td>元</td><td>5058.35</td><td>—</td><td>1130.56</td><td>—</td><td>333.18</td><td>—</td></tr>
</table>

工作内容：1. 建筑物倾斜监测孔：测点布设；手枪钻打孔；安装倾斜预埋件；读数。

2. 混凝土构件界面土压力监测孔：测点布设；预埋件加工、埋设、拆除；安装土压计；读数。

单位：只

指标编号				3F-136		3F-137	
指标名称				基坑监测			
				建筑物倾斜监测孔		混凝土构件界面土压力监测孔	
项目			单位	指标	费用占比（%）	指标	费用占比（%）
指标基价			元	392.94	100.00	2926.95	100.00
一、建筑安装工程费			元	392.94	100.00	2926.95	100.00
1. 建筑工程费			元	392.94	100.00	2926.95	100.00
2. 安装工程费			元	—	—	—	—
二、设备购置费			元	—	—	—	—
建筑安装工程费							
直接费	人工费	普工	工日	0.70	—	3.32	—
		一般技工	工日	0.42	—	1.99	—
		高级技工	工日	0.28	—	1.33	—
		人工费小计	元	167.12	42.53	790.49	27.01
	材料费	界面式土压计	支	—	—	1.10	—
		应变片	片	0.98	—	—	—
		其他材料费	元	6.47	—	139.70	—
		材料费小计	元	50.57	12.87	799.70	27.32
	机械费	履带式起重机 15t	台班	—	—	0.55	—
		轻便钻孔机	台班	0.54	—	—	—
		其他机械费	元	—	—	—	—
		机械费小计	元	45.51	11.58	444.46	15.19
	措施费		元	17.30	4.40	131.03	4.48
	小计		元	280.50	71.39	2165.68	73.99
综合费			元	112.44	28.62	761.27	26.01
合计			元	392.94	—	2926.95	—

工作内容：1. 混凝土支撑轴力监测孔：测点布设；仪器标定；埋设；读数。

2. 地面监测：测试及数据采集；监测日报表，阶段处理报告；最终报告。

<table>
<tr><td colspan="4">指标编号</td><td colspan="2">3F-138</td><td colspan="2">3F-139</td></tr>
<tr><td colspan="4" rowspan="2">指标名称</td><td colspan="4">基坑监测</td></tr>
<tr><td colspan="2">混凝土支撑轴力监测孔</td><td colspan="2">地面监测</td></tr>
<tr><td colspan="4">单位</td><td colspan="2">端面</td><td colspan="2">组日</td></tr>
<tr><td colspan="3">项目</td><td>单位</td><td>指标</td><td>费用占比（%）</td><td>指标</td><td>费用占比（%）</td></tr>
<tr><td colspan="3">指标基价</td><td>元</td><td>2087.05</td><td>100.00</td><td>2378.71</td><td>100.00</td></tr>
<tr><td colspan="3">一、建筑安装工程费</td><td>元</td><td>2087.05</td><td>100.00</td><td>2378.71</td><td>100.00</td></tr>
<tr><td colspan="3">1. 建筑工程费</td><td>元</td><td>2087.05</td><td>100.00</td><td>2378.71</td><td>100.00</td></tr>
<tr><td colspan="3">2. 安装工程费</td><td>元</td><td>—</td><td>—</td><td>—</td><td>—</td></tr>
<tr><td colspan="3">二、设备购置费</td><td>元</td><td>—</td><td>—</td><td>—</td><td>—</td></tr>
<tr><td colspan="8">建筑安装工程费</td></tr>
<tr><td rowspan="11">直接费</td><td rowspan="4">人工费</td><td>普工</td><td>工日</td><td>1.96</td><td>—</td><td>6.31</td><td>—</td></tr>
<tr><td>一般技工</td><td>工日</td><td>1.18</td><td>—</td><td>3.79</td><td>—</td></tr>
<tr><td>高级技工</td><td>工日</td><td>0.79</td><td>—</td><td>2.53</td><td>—</td></tr>
<tr><td>人工费小计</td><td>元</td><td>467.59</td><td>22.40</td><td>1503.22</td><td>63.19</td></tr>
<tr><td rowspan="3">材料费</td><td>钢筋应力计</td><td>个</td><td>4.40</td><td>—</td><td>—</td><td>—</td></tr>
<tr><td>其他材料费</td><td>元</td><td>68.26</td><td>—</td><td>—</td><td>—</td></tr>
<tr><td>材料费小计</td><td>元</td><td>930.66</td><td>44.59</td><td>—</td><td>—</td></tr>
<tr><td rowspan="2">机械费</td><td>其他机械费</td><td>元</td><td>68.22</td><td>—</td><td>9.90</td><td>—</td></tr>
<tr><td>机械费小计</td><td>元</td><td>68.22</td><td>3.27</td><td>9.90</td><td>0.42</td></tr>
<tr><td colspan="2">措施费</td><td>元</td><td>93.89</td><td>4.50</td><td>102.40</td><td>4.30</td></tr>
<tr><td colspan="2">小计</td><td>元</td><td>1560.36</td><td>74.76</td><td>1615.52</td><td>67.92</td></tr>
<tr><td colspan="3">综合费</td><td>元</td><td>526.69</td><td>25.24</td><td>763.19</td><td>32.08</td></tr>
<tr><td colspan="3">合计</td><td>元</td><td>2087.05</td><td>—</td><td>2378.71</td><td>—</td></tr>
</table>

2.3.23 渗滤设备系统

工作内容：安装；电气接线；无负荷试运转。 **单位**：套

指标编号		3F-140		3F-141		3F-142	
指标名称		渗滤设备系统					
		给水 *DN*50		给水 *DN*65		给水 *DN*80	
项目	单位	指标	费用占比（%）	指标	费用占比（%）	指标	费用占比（%）
指标基价	元	86602.81	100.00	87761.09	100.00	89426.71	100.00
一、建筑安装工程费	元	78912.81	91.12	78871.09	89.87	79476.71	88.87
1. 建筑工程费	元	—	—	—	—	—	—
2. 安装工程费	元	78912.81	91.12	78871.09	89.87	79476.71	88.87
二、设备购置费	元	7690.00	8.88	8890.00	10.13	9950.00	11.13
建筑安装工程费							
直接费 人工费 普工	工日	19.21	—	19.29	—	19.38	—
一般技工	工日	34.32	—	34.26	—	34.75	—
高级技工	工日	6.78	—	6.78	—	6.83	—
人工费小计	元	7334.44	8.47	7333.08	8.36	7416.18	8.29
材料费 电力电缆	m	505.00	—	505.00	—	505.00	—
控制电缆	m	507.50	—	507.50	—	507.50	—
法兰 *DN*65	片	—	—	4.00	—	—	—
法兰 *DN*80	片	—	—	—	—	4.00	—
对夹式蝶阀 *DN*65	个	—	—	1.00	—	—	—
对夹式蝶阀 *DN*80	个	—	—	—	—	1.00	—
球形污水止回阀 *DN*50	个	1.00	—	—	—	—	—
球形污水止回阀 *DN*65	个	—	—	1.00	—	—	—
球形污水止回阀 *DN*80	个	—	—	—	—	1.00	—
浮球液位控制器 / 液位开关	台	1.00	—	1.00	—	1.00	—
自粘性塑料带 20mm × 20m	卷	10.20	—	10.20	—	10.20	—
其他材料费	元	1950.32	—	1714.47	—	1863.71	—
材料费小计	元	49443.82	57.09	49403.97	56.29	49721.21	55.60
机械费 汽车式起重机 8t	台班	0.58	—	0.58	—	0.58	—
汽车式起重机 12t	台班	0.35	—	0.35	—	0.35	—
叉式起重机 5t	台班	0.20	—	0.20	—	0.20	—
载重汽车 5t	台班	1.20	—	1.20	—	1.20	—
载重汽车 8t	台班	0.70	—	0.70	—	0.70	—
其他机械费	元	58.53	—	64.44	—	69.33	—
机械费小计	元	1923.62	2.22	1929.53	2.20	1934.42	2.16
措施费	元	3075.33	3.55	3074.76	3.50	3109.60	3.48
小计	元	61777.21	71.33	61741.34	70.35	62181.41	69.53
综合费	元	17135.60	19.79	17129.75	19.52	17295.30	19.34
合计	元	78912.81	—	78871.09	—	79476.71	—
设备购置费							
设备名称及规格型号	单位	数量					
配电箱	台	1.00	—	1.00	—	1.00	—
自动搅匀潜水排污泵 JYWQ-50-10-1200-1.1	台	1.00	—	—	—	—	—
自动搅匀潜水排污泵 JYWQ-65-25-13-1400-2.2	台	—	—	1.00	—	—	—
自动搅匀潜水排污泵 JYWQ-80-30-9-1400-2.2	台	—	—	—	—	1.00	—
设备合计	元	7690.00	8.88	8890.00	10.13	9950.00	11.13

工作内容：安装；电气接线；无负荷试运转。 **单位**：套

指标编号				3F-143		3F-144	
指标名称				渗滤设备系统			
				给水 *DN*100		给水 *DN*150	
项目			单位	指标	费用占比（%）	指标	费用占比（%）
指标基价			元	90633.01	100.00	96045.20	100.00
一、建筑安装工程费			元	79973.01	88.24	84795.20	88.29
1. 建筑工程费			元	—	—	—	—
2. 安装工程费			元	79973.01	88.24	84795.20	88.29
二、设备购置费			元	10660.00	11.76	11250.00	11.71
建筑安装工程费							
直接费	人工费	普工	工日	19.50	—	21.56	—
		一般技工	工日	35.04	—	41.17	—
		高级技工	工日	6.89	—	8.81	—
		人工费小计	元	7471.92	8.24	8807.26	9.17
	材料费	电力电缆	m	505.00	—	505.00	—
		控制电缆	m	507.50	—	507.50	—
		法兰 *DN*100	片	4.00	—	—	—
		法兰 *DN*150	片	—	—	4.00	—
		球形污水止回阀 *DN*100	个	1.00	—	—	—
		球形污水止回阀 *DN*150	个	—	—	1.00	—
		对夹式蝶阀 *DN*100	个	1.00	—	1.00	—
		浮球液位控制器 / 液位开关	台	1.00	—	1.00	—
		其他材料费	元	2180.72	—	2298.04	—
		材料费小计	元	50009.22	55.18	50571.54	52.65
	机械费	汽车式起重机 8t	台班	0.58	—	0.58	—
		汽车式起重机 12t	台班	0.35	—	0.35	—
		叉式起重机 5t	台班	0.20	—	0.40	—
		载重汽车 4t	台班	0.05	—	0.05	—
		载重汽车 5t	台班	1.20	—	1.21	—
		载重汽车 8t	台班	0.70	—	0.70	—
		吊装机械（综合）	台班	—	—	0.10	—
		其他机械费	元	59.19	—	92.36	—
		机械费小计	元	1943.63	2.14	2134.36	2.22
	措施费		元	3132.97	3.46	3692.88	3.84
	小计		元	62557.74	69.02	65206.04	67.89
综合费			元	17415.27	19.22	19589.16	20.40
合计			元	79973.01	—	84795.20	—
设备购置费							
设备名称及规格型号			单位	数量			
配电箱			台	1.00	—	1.00	—
自动搅匀潜水排污泵 JYWQ-150-150-10-2600-7.5			台	—	—	1.00	—
自动搅匀潜水排污泵 JYWQ-100-50-30-2000-11			台	1.00	—	—	—
设备合计			元	10660.00	11.76	11250.00	11.71

2.3.24 调蓄设备系统

工作内容：安装；电气接线；无负荷试运转。 **单位**：套

指标编号				3F-145		3F-146		3F-147	
指标名称				调蓄设备系统					
				调蓄池 300m³ 以内		调蓄池 500m³ 以内		调蓄池 800m³ 以内	
项目			单位	指标	费用占比（%）	指标	费用占比（%）	指标	费用占比（%）
指标基价			元	83560.72	100.00	85345.53	100.00	92091.85	100.00
一、建筑安装工程费			元	77060.72	92.22	78845.53	92.38	85591.85	92.94
1. 建筑工程费			元	—	—	—	—	—	—
2. 安装工程费			元	77060.72	92.22	78845.53	92.38	85591.85	92.94
二、设备购置费			元	6500.00	7.78	6500.00	7.62	6500.00	7.06
建筑安装工程费									
直接费	人工费	普工	工日	17.59	—	17.57	—	17.78	—
		一般技工	工日	29.67	—	29.62	—	30.19	—
		高级技工	工日	4.97	—	4.96	—	5.05	—
		人工费小计	元	6251.48	7.48	6241.69	7.31	6349.30	6.89
	材料费	电力电缆	m	505.00	—	505.00	—	505.00	—
		控制电缆	m	507.50	—	507.50	—	507.50	—
		电动、电磁阀门 *DN*100	个	1.00	—	—	—	—	—
		电动、电磁阀门 *DN*125	个	—	—	1.00	—	—	—
		电动、电磁阀门 *DN*150	个	—	—	—	—	1.00	—
		阀门 *DN*100	个	2.00	—	—	—	—	—
		阀门 *DN*150	个	—	—	—	—	2.00	—
		闸阀 *DN*125	个	—	—	2.00	—	—	—
		浮标（子）液位计	台	1.00	—	1.00	—	1.00	—
		其他材料费	元	1923.49	—	2021.15	—	2079.64	—
		材料费小计	元	50757.13	60.74	52404.65	61.40	58147.14	63.14
	机械费	汽车式起重机 8t	台班	0.60	—	0.58	—	0.60	—
		汽车式起重机 12t	台班	0.35	—	0.35	—	0.35	—
		载重汽车 4t	台班	0.05	—	0.05	—	0.05	—
		载重汽车 5t	台班	1.20	—	1.21	—	1.21	—
		载重汽车 8t	台班	0.71	—	0.70	—	0.71	—
		吊装机械（综合）	台班	0.08	—	0.08	—	0.14	—
		其他机械费	元	22.11	—	24.40	—	28.24	—
		机械费小计	元	1854.27	2.22	1841.01	2.16	1886.87	2.05
	措施费		元	2621.24	3.14	2617.14	3.07	2662.26	2.89
	小计		元	61484.12	73.58	63104.49	73.94	69045.57	74.97
综合费			元	15576.60	18.64	15741.04	18.44	16546.28	17.97
合计			元	77060.72	—	78845.53	—	85591.85	—
设备购置费									
设备名称及规格型号			单位	数量					
配电箱			台	1.00	—	1.00	—	1.00	—
设备合计			元	6500.00	7.78	6500.00	7.62	6500.00	7.06

2.3.25 净化设备系统

工作内容：安装；电气接线；无负荷试运转。 **单位**：套

指标编号				3F-148		3F-149		3F-150	
指标名称				净化设备系统					
				处理水量 5~25m³/h		处理水量 25~50m³/h		处理水量 50~100m³/h	
项目			单位	指标	费用占比（%）	指标	费用占比（%）	指标	费用占比（%）
指标基价			元	210067.47	100.00	285335.48	100.00	368584.47	100.00
一、建筑安装工程费			元	111537.47	53.10	111835.49	39.13	111984.46	30.38
1. 建筑工程费			元	—	—	—	—	—	—
2. 安装工程费			元	111537.47	53.10	111835.49	39.13	111984.46	30.38
二、设备购置费			元	98530.00	46.90	173500.00	60.87	256600.00	69.62
建筑安装工程费									
直接费	人工费	普工	工日	39.09	—	39.09	—	39.09	—
		一般技工	工日	84.60	—	84.60	—	84.60	—
		高级技工	工日	17.00	—	17.00	—	17.00	—
		人工费小计	元	17445.25	8.30	17445.25	6.12	17445.25	4.73
	材料费	电力电缆	m	505.00	—	505.00	—	505.00	—
		控制电缆	m	507.50	—	507.50	—	507.50	—
		其他材料费	元	3672.68	—	3672.68	—	3672.68	—
		材料费小计	元	49160.18	23.40	49160.18	17.25	49160.18	13.34
	机械费	汽车式起重机 8t	台班	1.16	—	1.23	—	1.26	—
		汽车式起重机 12t	台班	0.35	—	0.35	—	0.35	—
		汽车式起重机 16t	台班	0.41	—	0.45	—	0.47	—
		汽车式起重机 25t	台班	0.30	—	0.33	—	0.35	—
		叉式起重机 5t	台班	0.81	—	0.89	—	0.93	—
		载重汽车 5t	台班	1.87	—	1.94	—	1.98	—
		载重汽车 8t	台班	0.70	—	0.70	—	0.70	—
		载重汽车 10t	台班	0.19	—	0.20	—	0.21	—
		交流弧焊机 32kV·A	台班	2.07	—	2.28	—	2.38	—
		其他机械费	元	317.69	—	346.43	—	360.80	—
		机械费小计	元	4406.92	2.10	4675.38	1.64	4809.61	1.30
	措施费		元	7314.79	3.48	7314.79	2.56	7314.79	1.98
	小计		元	78327.14	37.29	78595.6	27.48	78729.83	21.36
综合费			元	33210.33	15.81	33239.86	11.65	33254.63	9.02
合计			元	111537.47	—	111835.48	—	111984.47	—

续前

设备购置费							
设备名称及规格型号	单位	数量					
管道混合器 *DN*80×1	台	1.00	—	—	—	—	—
罗茨风机 功率（kW）4kW	台	1.00	—	—	—	—	—
风机配备反洗泵 Q=22m^3/h，H=25m，N=4kW	台	1.00	—	1.00	—	1.00	—
反应器 ϕ1200×2m 1.1kW×3	台	1.00	—	—	—	—	—
配电箱	台	1.00	—	1.00	—	1.00	—
罗茨风机 功率（kW） 4kW	台	—	—	1.00	—	1.00	—
增压水泵 4kW	台	2.00	—	—	—	—	—
增压水泵 4.2kW	台	—	—	2.00	—	—	—
增压水泵 8kW	台	—	—	—	—	2.00	—
混凝加药装置 储药罐容积×电机功率=200L×612W	台	—	—	1.00	—	—	—
混凝加药装置 储药罐容积×电机功率=300L×412W	套	1.00	—	—	—	—	—
混凝加药装置 储药罐容积×电机功率=300L×612W	台	—	—	—	—	1.00	—
消毒加药装置 300L×42W	套	1.00	—	—	—	—	—
反应器 ϕ1600×1.6m 1.2kW	台	—	—	1.00	—	—	—
浮动床过滤器 石英砂过滤器 ϕ800×2.48m 2480kg	台	1.00	—	—	—	—	—
浮动床过滤器 石英砂过滤器 ϕ1000×2.2m 3000kg	台	—	—	1.00	—	—	—
浮动床过滤器 石英砂过滤器 ϕ1800×3m 4000kg	台	—	—	—	—	1.00	—
管式混合器管道混合器 *DN*100×1	台	—	—	1.00	—	—	—
反应器 ϕ2000×2m 2.4kW	台	—	—	—	—	1.00	—
管式混合器管道混合器 *DN*150×1	台	—	—	—	—	1.00	—
消毒加药装置 200L×60W	台	—	—	1.00	—	1.00	—
设备合计	元	98530.00	46.90	173500.00	60.87	256600.00	69.70

工作内容：安装；电气接线；无负荷试运转。 **单位**：套

指标编号				3F-151		3F-152	
指标名称				净化设备系统			
				处理水量 100~125m³/h		处理水量 125~150m³/h	
项目			单位	指标	费用占比（%）	指标	费用占比（%）
指标基价			元	453233.47	100.00	659782.46	100.00
一、建筑安装工程费			元	112133.48	24.74	112282.47	17.02
1. 建筑工程费			元	—	—	—	—
2. 安装工程费			元	112133.48	24.74	112282.47	17.02
二、设备购置费			元	341100.00	75.26	547500.00	82.98
建筑安装工程费							
直接费	人工费	普工	工日	39.09	—	39.09	—
		一般技工	工日	84.60	—	84.60	—
		高级技工	工日	17.00	—	17.00	—
		人工费小计	元	17445.25	3.85	17445.25	2.64
	材料费	电力电缆	m	505.00	—	505.00	—
		控制电缆	m	507.50	—	507.50	—
		其他材料费	元	3672.68	—	3672.68	—
		材料费小计	元	49160.18	10.86	49160.18	7.46
	机械费	载重汽车 5t	台班	2.01	—	2.04	—
		载重汽车 8t	台班	0.70	—	0.70	—
		汽车式起重机 8t	台班	1.30	—	1.33	—
		汽车式起重机 12t	台班	0.35	—	0.35	—
		汽车式起重机 25t	台班	0.36	—	0.38	—
		叉式起重机 5t	台班	0.97	—	1.01	—
		交流弧焊机 32kV·A	台班	2.48	—	2.59	—
		汽车式起重机 16t	台班	0.49	—	0.51	—
		其他机械费	元	518.26	—	538.59	—
		机械费小计	元	4943.84	1.09	5078.06	0.77
	措施费		元	7314.79	1.61	7314.79	1.11
	小计		元	78864.06	17.40	78998.28	11.97
综合费			元	33269.4	7.34	33284.16	5.04
合计			元	112133.47	—	112282.46	—
设备购置费							
设备名称及规格型号			单位	数量			
管式混合器管道混合器 $DN200\times1$			台	—	—	1.00	—
混凝加药装置 储药罐容积×电机功率=480L×800W			台	—	—	1.00	—
混凝加药装置 储药罐容积×电机功率=400L×800W			台	1.00	—	1.00	—
消毒加药装置 250L×60W			台	1.00	—	1.00	—
反应器 $\phi2500\times2$m 2.4kW			台	—	—	1.00	—
浮动床过滤器 石英砂过滤器 $\phi1800\times3$m 4000kg			台	1.00	—	—	—
浮动床过滤器 石英砂过滤器 $\phi2000\times3$m 4800kg			台	—	—	1.00	—
管式混合器管道混合器 $DN150\times1$			台	1.00	—	—	—
配电箱			台	1.00	—	1.00	—
增压水泵 8kW			台	2.00	—	2.00	—
罗茨风机 功率≤ 30kW			台	1.00	—	1.00	—
反应器 $\phi2000\times2$m 2.4kW			台	1.00	—	—	—
风机配备反洗泵 Q=32m³/h, H=30m, N=6.2kW			台	1.00	—	1.00	—
设备合计			元	341100.00	75.36	547500.00	83.08

2.3.26 回用设备系统

工作内容：安装；电气接线；无负荷试运转。 **单位**：套

指标编号				3F-153		3F-154		3F-155	
指标名称				回用设备系统 雨水收集回用系统构筑物（m^3以内）					
				100		200		500	
项目			单位	指标	费用占比（%）	指标	费用占比（%）	指标	费用占比（%）
指标基价			元	211686.41	100.00	218486.41	100.00	247149.19	100.00
一、建筑安装工程费			元	118986.41	56.21	118986.41	54.46	126699.19	51.26
1. 建筑工程费			元	—	—	—	—	—	—
2. 安装工程费			元	118986.41	56.21	118986.41	54.46	126699.19	51.26
二、设备购置费			元	92700.00	43.79	99500.00	45.54	120450.00	48.74
建筑安装工程费									
直接费	人工费	普工	工日	35.56	—	35.56	—	39.22	—
		一般技工	工日	86.71	—	86.70	—	97.68	—
		高级技工	工日	17.52	—	17.52	—	21.18	—
		人工费小计	元	17518.25	8.28	17518.25	8.02	19946.82	8.07
	材料费	齿轮、液压、电动阀门	个	1.00	—	1.00	—	1.00	—
		控制电缆	m	507.50	—	507.50	—	507.50	—
		电力电缆	m	505.00	—	505.00	—	505.00	—
		电动蝶阀 *DN*80	个	1.00	—	1.00	—	1.00	—
		浮球液位计 TEK-01	台	2.00	—	2.00	—	2.00	—
		其他材料费	元	3080.14	—	3080.14	—	3313.18	—
		材料费小计	元	57294.64	27.07	57294.64	26.22	57527.68	23.28
	机械费	汽车式起重机 8t	台班	0.81	—	0.81	—	0.81	—
		汽车式起重机 12t	台班	0.35	—	0.35	—	0.35	—
		载重汽车 5t	台班	1.45	—	1.45	—	1.45	—
		载重汽车 8t	台班	0.71	—	0.71	—	0.71	—
		叉式起重机 5t	台班	0.75	—	0.75	—	1.05	—
		吊装机械（综合）	台班	0.27	—	0.27	—	0.27	—
		其他机械费	元	196.16	—	196.16	—	218.89	—
		机械费小计	元	2786.88	1.32	2786.88	1.28	2970.92	1.20
	措施费		元	7345.40	3.47	7345.40	3.36	8363.70	3.38
	小计		元	84945.17	40.13	84945.17	38.88	88809.12	35.93
综合费			元	34041.24	16.08	34041.24	15.58	37890.07	15.33
合计			元	118986.41	—	118986.41	—	126699.19	—

续前

设备购置费							
设备名称及规格型号	单位	数量					
排泥泵 Q=10m^3/h, H=10m, N=0.75kW	台	—	—	2.00	—	1.00	—
排泥泵 0.75kW	台	2.00	—	—	—	—	—
配电箱	台	1.00	—	1.00	—	1.00	—
全自动自清洗过滤器 Q=15m^3/h, N=0.5kW	台	—	—	1.00	—	1.00	—
紫外线消毒系统 DC-ZWX-150, Q=15m^3/h, N=0.15kW	套	—	—	1.00	—	—	—
潜水泵 Q=10m^3/h, H=10m, N=0.75kW	套	—	—	—	—	1.00	—
控制柜 PCI界面、含变频器、成套控制柜	台	1.00	—	1.00	—	1.00	—
弃流装置 DC-XYL-200 DN200	个	1.00	—	1.00	—	1.00	—
复合流过滤装置 DC-FHL-200 DN200	个	1.00	—	1.00	—	1.00	—
紫外线消毒系统 DC-ZWX-150, Q=10m^3/h, P=0.15kW	套	1.00	—	—	—	—	—
潜水泵 Q=10m^3/h, H=10m, P=5.5kW	台	2.00	—	—	—	—	—
二级稳压箱安装	台	1.00	—	1.00	—	1.00	—
稳压装置 含电子设备、压力罐	台	1.00	—	1.00	—	1.00	—
绿化变频供水泵 Q=15m^3/h, H=30m, N=5.5kW	台	—	—	2.00	—	—	—
绿化变频供水泵 H=30m, N=5.5kW	台	2.00	—	—	—	—	—
绿化变频供水泵 Q=30m^3/h, H=30m, N=7.5kW	台	—	—	—	—	4.00	—
潜水泵 Q=10m^3/h, H=10m, N=0.75kW	台	—	—	1.00	—	3.00	—
设备合计	元	92700.00	43.79	99500.00	45.54	120450.00	48.74

2.3.27 排放设备系统

工作内容：安装；电气接线；无负荷试运转。 **单位**：套

指标编号				3F-156		3F-157		3F-158	
指标名称				排放设备系统					
				排放直径 300mm		排放直径 500mm		排放直径 800mm	
项目			单位	指标	费用占比（%）	指标	费用占比（%）	指标	费用占比（%）
指标基价			元	439173.19	100.00	448508.63	100.00	451145.82	100.00
一、建筑安装工程费			元	197673.19	45.01	207008.63	46.15	209645.82	46.47
1. 建筑工程费			元	—	—	—	—	—	—
2. 安装工程费			元	197673.19	45.01	207008.63	46.15	209645.82	46.47
二、设备购置费			元	241500.00	54.99	241500.00	53.85	241500.00	53.53
建筑安装工程费									
直接费	人工费	普工	工日	107.35	—	108.04	—	108.09	—
		一般技工	工日	139.71	—	141.52	—	140.71	—
		高级技工	工日	46.21	—	46.48	—	46.40	—
		人工费小计	元	35890.31	8.17	36234.83	8.08	36117.20	8.01
	材料费	控制电缆	m	507.50	—	507.50	—	507.50	—
		电力电缆	m	505.00	—	505.00	—	505.00	—
		电磁流量计	套	1.00	—	1.00	—	1.00	—
		法兰阀门 *DN*300	个	2.00	—	—	—	—	—
		阀门 *DN*500	个	—	—	2.00	—	—	—
		阀门 *DN*800	个	—	—	—	—	2.00	—
		阀门 *DN*1200	个	—	—	—	—	—	—
		阀门 *DN*1600	个	—	—	—	—	—	—
		阀门 *DN*2000	个	—	—	—	—	—	—
		阀门 *DN*2200	个	—	—	—	—	—	—
		阀门 *DN*2400	个	—	—	—	—	—	—
		其他材料费	元	4379.82	—	4722.22	—	4155.90	—
		材料费小计	元	65367.32	14.88	72709.72	16.21	75143.40	16.66

续前

项目			单位	指标	费用占比（%）	指标	费用占比（%）	指标	费用占比（%）
直接费	机械费	吊装机械（综合）	台班	0.25	—	0.45	—	—	—
		电动双筒快速卷扬机 50kN	台班	3.09	—	3.09	—	3.09	—
		履带式起重机 15t	台班	8.33	—	8.33	—	8.33	—
		汽车式起重机 8t	台班	1.86	—	1.86	—	2.48	—
		汽车式起重机 12t	台班	0.35	—	0.35	—	0.35	—
		汽车式起重机 16t	台班	1.12	—	1.12	—	1.12	—
		电焊条恒温箱	台班	1.86	—	1.86	—	1.86	—
		电焊条烘干箱 80×80×100（cm^3）	台班	1.86	—	1.86	—	1.86	—
		直流弧焊机 20kV·A	台班	18.62	—	18.62	—	18.62	—
		直流弧焊机 32kV·A	台班	2.32	—	2.32	—	2.32	—
		载重汽车 5t	台班	3.10	—	3.20	—	3.06	—
		载重汽车 8t	台班	2.94	—	2.94	—	3.05	—
		其他机械费	元	45.49	—	50.29	—	31.74	—
		机械费小计	元	16193.53	3.69	16334.88	3.64	16593.40	3.68
	措施费		元	15048.81	3.43	15193.26	3.39	15143.94	3.36
	小计		元	132499.97	30.17	140472.69	31.32	142997.94	31.70
综合费			元	65173.22	14.84	66535.94	14.83	66647.88	14.77
合计			元	197673.19	—	207008.63	—	209645.82	—
设备购置费									
设备名称及规格型号			单位	数量					
刮泥机			台	1.00	—	1.00	—	1.00	—
刮砂机			台	1.00	—	1.00	—	1.00	—
配电箱			台	1.00	—	1.00	—	1.00	—
刮吸泥机			台	1.00	—	1.00	—	1.00	—
设备合计			元	241500.00	54.99	241500.00	53.85	241500.00	53.53

工作内容：安装；电气接线；无负荷试运转。 单位：套

指标编号				3F-159		3F-160		3F-161	
指标名称				排放设备系统					
				排放直径 1200mm		排放直径 1600mm		排放直径 2000mm	
项目			单位	指标	费用占比（%）	指标	费用占比（%）	指标	费用占比（%）
指标基价			元	464723.95	100.00	513080.51	100.00	699870.74	100.00
一、建筑安装工程费			元	223223.95	48.03	271580.51	52.93	386870.74	55.28
1. 建筑工程费			元	—	—	—	—	—	—
2. 安装工程费			元	223223.95	48.03	271580.51	52.93	386870.74	55.28
二、设备购置费			元	241500.00	51.97	241500.00	47.07	313000.00	44.72
建筑安装工程费									
直接费	人工费	普工	工日	108.54	—	115.58	—	197.91	—
		一般技工	工日	141.62	—	152.84	—	238.37	—
		高级技工	工日	46.55	—	48.43	—	88.73	—
		人工费小计	元	36301.43	7.81	38697.61	7.54	64380.67	9.20
	材料费	控制电缆	m	507.50	—	710.50	—	812.00	—
		电力电缆	m	505.00	—	707.00	—	808.00	—
		电磁流量计	套	1.00	—	2.00	—	2.00	—
		法兰阀门 *DN*300	个	—	—	—	—	—	—
		阀门 *DN*500	个	—	—	—	—	—	—
		阀门 *DN*800	个	—	—	—	—	—	—
		阀门 *DN*1200	个	2.00	—	—	—	—	—
		阀门 *DN*1600	个	—	—	2.00	—	—	—
		阀门 *DN*2000	个	—	—	—	—	2.00	—
		阀门 *DN*2200	个	—	—	—	—	—	—
		阀门 *DN*2400	个	—	—	—	—	—	—
		其他材料费	元	3949.11	—	5065.25	—	6530.14	—
		材料费小计	元	86456.61	18.6	122147.75	23.81	142710.14	20.39
	机械费	吊装机械（综合）	台班	—	—	—	—	—	—
		电动双筒快速卷扬机 50kN	台班	3.09	—	3.09	—	6.18	—
		载重汽车 5t	台班	3.06	—	3.54	—	5.64	—
		载重汽车 8t	台班	3.23	—	3.67	—	5.89	—
		汽车式起重机 8t	台班	1.86	—	2.06	—	2.25	—
		汽车式起重机 12t	台班	1.25	—	0.49	—	0.56	—
		汽车式起重机 16t	台班	1.12	—	2.55	—	2.23	—
		履带式起重机 15t	台班	8.33	—	8.33	—	16.67	—
		电焊条恒温箱	台班	1.86	—	1.86	—	3.72	—
		直流弧焊机 20kV·A	台班	18.62	—	18.62	—	37.24	—
		直流弧焊机 32kV·A	台班	2.32	—	2.32	—	2.32	—
		电焊条烘干箱 80×80×100（cm^3）	台班	1.86	—	1.86	—	3.72	—
		其他机械费	元	31.74	—	31.74	—	2428.94	—
		机械费小计	元	17017.25	3.66	18446.34	3.60	32677.21	4.67
	措施费		元	15221.19	3.28	16225.91	3.16	26994.81	3.86
	小计		元	154996.48	33.35	195517.61	38.11	266762.83	38.12
综合费			元	68227.46	14.68	76062.90	14.82	120107.91	17.16
合计			元	223223.95	—	271580.51	—	386870.74	—
设备购置费									
设备名称及规格型号			单位	数量					
刮泥机			台	1.00	—	1.00	—	2.00	—
刮砂机			台	1.00	—	1.00	—	1.00	—
配电箱			台	1.00	—	1.00	—	2.00	—
刮吸泥机			台	1.00	—	1.00	—	1.00	—
设备合计			元	241500.00	51.97	241500.00	47.07	313000.00	44.72

工作内容：安装；电气接线；无负荷试运转。 **单位**：套

指标编号				3F-162		3F-163	
指标名称				排放设备系统			
				排放直径 2200mm		排放直径 2400mm	
项目			单位	指标	费用占比（%）	指标	费用占比（%）
指标基价			元	797647.45	100.00	986218.52	100.00
一、建筑安装工程费			元	446147.45	55.93	503218.52	51.03
1. 建筑工程费			元	—	—	—	—
2. 安装工程费			元	446147.45	55.93	503218.52	51.03
二、设备购置费			元	351500.00	44.07	483000.00	48.97
建筑安装工程费							
直接费	人工费	普工	工日	205.18	—	218.41	—
		一般技工	工日	257.43	—	285.94	—
		高级技工	工日	90.24	—	93.53	—
		人工费小计	元	67736.56	8.49	73148.22	7.42
	材料费	控制电缆	m	812.00	—	1015.00	—
		电力电缆	m	808.00	—	1010.00	—
		电磁流量计	套	3.00	—	3.00	—
		法兰阀门 *DN*300	个	—	—	—	—
		阀门 *DN*500	个	—	—	—	—
		阀门 *DN*800	个	—	—	—	—
		阀门 *DN*1200	个	—	—	—	—
		阀门 *DN*1600	个	—	—	—	—
		阀门 *DN*2000	个	—	—	—	—
		阀门 *DN*2200	个	3.00	—	—	—
		阀门 *DN*2400	个	—	—	3.00	—
		其他材料费	元	7495.11	—	8962.62	—
		材料费小计	元	184375.11	23.11	219037.62	22.21
	机械费	吊装机械（综合）	台班	—	—	—	—
		电动双筒快速卷扬机 50kN	台班	6.18	—	6.18	—
		载重汽车 5t	台班	5.64	—	6.12	—
		载重汽车 8t	台班	6.57	—	7.20	—
		汽车式起重机 8t	台班	2.80	—	3.73	—
		汽车式起重机 12t	台班	0.56	—	0.70	—
		汽车式起重机 16t	台班	2.23	—	2.23	—
		履带式起重机 15t	台班	16.67	—	16.67	—
		电焊条恒温箱	台班	3.72	—	3.72	—
		电焊条烘干箱 $80\times80\times100$（cm^3）	台班	3.72	—	3.72	—
		直流弧焊机 20kV·A	台班	37.24	—	37.24	—
		直流弧焊机 32kV·A	台班	3.48	—	4.64	—
		其他机械费	元	4177.19	—	4794.72	—
		机械费小计	元	35389.36	4.44	37588.16	3.81
	措施费		元	28401.94	3.56	30671.05	3.11
	小计		元	315902.97	39.60	360445.05	36.55
综合费			元	130244.48	16.33	142773.47	14.48
合计			元	446147.45	—	503218.52	—
设备购置费							
设备名称及规格型号			单位	数量			
刮泥机			台	2.00	—	2.00	—
刮砂机			台	2.00	—	2.00	—
配电箱			台	1.00	—	2.00	—
刮吸泥机			台	1.00	—	2.00	—
设备合计			元	351500.00	44.07	483000.00	48.97

2.3.28 拆除道路

工作内容：拆除、清理；运输。　　　　**单位**：100m²

指标编号				3F-164		3F-165		3F-166	
指标名称				拆除道路基层				拆除沥青混凝土路面 10cm 以内	
				15cm 以内		增减 5cm			
项目			单位	指标	费用占比（%）	指标	费用占比（%）	指标	费用占比（%）
指标基价			元	2566.92	100.00	895.60	100.00	1804.02	100.00
一、建筑安装工程费			元	2566.92	100.00	895.60	100.00	1804.02	100.00
1. 建筑工程费			元	2566.92	100.00	895.60	100.00	1804.02	100.00
2. 安装工程费			元	—	—	—	—	—	—
二、设备购置费			元	—	—	—	—	—	—
建筑安装工程费									
直接费	人工费	普工	工日	7.42	—	2.45	—	2.77	—
		一般技工	工日	—	—	—	—	1.84	—
		人工费小计	元	620.91	24.19	205.02	22.89	468.86	25.99
	材料费	柴油	kg	13.00	—	7.00	—	—	—
		合金钢钻头	个	0.20	—	0.10	—	—	—
		合金钢钻头 一字型	个	—	—	—	—	0.20	—
		水	m³	1.08	—	0.36	—	0.72	—
		其他材料费	元	2.84	—	1.44	—	1.56	—
		材料费小计	元	106.19	4.14	55.00	6.14	12.73	0.71
	机械费	风镐	台班	1.30	—	0.65	—	—	—
		手持式风动凿岩机	台班	—	—	—	—	1.30	—
		自卸汽车 5t	台班	0.13	—	0.04	—	0.09	—
		自卸汽车 10t	台班	0.64	—	0.21	—	0.43	—
		自卸汽车 12t	台班	0.13	—	0.04	—	0.09	—
		自卸汽车 15t	台班	0.13	—	0.04	—	0.08	—
		内燃空压机 3/7（机）	台班	0.65	—	0.35	—	—	—
		电动空气压缩机 3m³/min	台班	—	—	—	—	0.65	—
		其他机械费	元	156.92	—	52.24	—	89.87	—
		机械费小计	元	1038.86	40.47	358.29	40.01	753.48	41.77
	措施费		元	108.45	4.22	37.90	4.23	76.04	4.22
	小计		元	1874.41	73.02	656.21	73.27	1311.11	72.68
综合费			元	692.51	26.98	239.39	26.73	492.91	27.32
合计			元	2566.92	—	895.60	—	1804.02	—

工作内容:拆除、清理;运输。 **单位**:100m²

指标编号				3F-167		3F-168		3F-169	
指标名称				拆除沥青混凝土路面及基层增减 1cm		拆除钢筋混凝土路面			
						22cm 以内		增减 1cm	
项目			单位	指标	费用占比(%)	指标	费用占比(%)	指标	费用占比(%)
指标基价			元	170.42	100.00	6267.05	100.00	247.70	100.00
一、建筑安装工程费			元	170.42	100.01	6267.05	100.00	247.70	100.00
1. 建筑工程费			元	170.42	100.01	6267.05	100.00	247.70	100.00
2. 安装工程费			元	—	—	—	—	—	—
二、设备购置费			元	—	—	—	—	—	—
建筑安装工程费									
直接费	人工费	普工	工日	0.24	—	12.78	—	0.47	—
		一般技工	工日	0.16	—	8.52	—	0.31	—
		人工费小计	元	40.09	23.53	2166.30	34.57	79.33	32.03
	材料费	合金钢钻头 一字型	个	0.02	—	0.80	—	0.05	—
		水	m^3	0.07	—	1.58	—	0.07	—
		其他材料费	元	0.11	—	5.75	—	0.36	—
		材料费小计	元	1.23	0.72	39.52	0.63	2.24	0.90
	机械费	手持式风动凿岩机	台班	0.13	—	6.50	—	0.24	—
		自卸汽车 5t	台班	0.01	—	0.19	—	0.01	—
		自卸汽车 10t	台班	0.04	—	0.94	—	0.04	—
		自卸汽车 12t	台班	0.01	—	0.19	—	0.01	—
		自卸汽车 15t	台班	0.01	—	0.19	—	0.01	—
		电动空气压缩机 $3m^3/min$	台班	0.07	—	3.25	—	0.12	—
		其他机械费	元	8.99	—	197.73	—	8.98	—
		机械费小计	元	76.12	44.67	1984.79	31.67	85.23	34.41
	措施费		元	7.21	4.23	261.27	4.17	10.36	4.18
	小计		元	124.65	73.15	4451.88	71.04	177.16	71.52
综合费			元	45.77	26.86	1815.17	28.96	70.54	28.48
合计			元	170.42	—	6267.05	—	247.70	—

工作内容：拆除、清理；运输。

指标编号				3F-170		3F-171	
指标名称				拆除路缘石		拆除人行道步道砖	
单位				100m		100m²	
项目			单位	指标	费用占比(%)	指标	费用占比(%)
指标基价			元	1934.97	100.00	1047.78	100.00
一、建筑安装工程费			元	1934.97	100.00	1047.78	100.00
1. 建筑工程费			元	1934.97	100.00	1047.78	100.00
2. 安装工程费			元	—	—	—	—
二、设备购置费			元	—	—	—	—
建筑安装工程费							
直接费	人工费	普工	工日	6.33	—	0.95	—
		一般技工	工日	—	—	1.89	—
		人工费小计	元	529.69	27.37	322.40	30.77
	材料费	水	m^3	0.86	—	0.43	—
		其他材料费	元	—	—	—	—
		材料费小计	元	7.27	0.38	3.63	0.35
	机械费	自卸汽车 10t	台班	0.51	—	0.26	—
		自卸汽车 12t	台班	0.11	—	0.05	—
		自卸汽车 15t	台班	0.10	—	0.05	—
		其他机械费	元	176.96	—	79.08	—
		机械费小计	元	782.78	40.45	381.99	36.46
	措施费		元	81.42	4.21	43.90	4.19
	小计		元	1401.16	72.41	751.92	71.76
综合费			元	533.81	27.59	295.86	28.24
合计			元	1934.97	—	1047.78	—

2.3.29 拆除管道

工作内容：沟槽开挖；管道拆除；管道基础拆除；废渣外运。 **单位**：100m

指标编号				3F-172		3F-173		3F-174	
指标名称				拆除金属管		拆除混凝土管		拆除塑料管	
项目			单位	指标	费用占比（%）	指标	费用占比（%）	指标	费用占比（%）
指标基价			元	10937.86	100.00	23452.51	100.00	11079.02	100.00
一、建筑安装工程费			元	10937.86	100.00	23452.51	100.00	11079.02	100.00
1. 建筑工程费			元	10937.86	100.00	23452.51	100.00	11079.02	100.00
2. 安装工程费			元	—	—	—	—	—	—
二、设备购置费			元	—	—	—	—	—	—
建筑安装工程费									
直接费	人工费	普工	工日	46.19	—	59.42	—	34.46	
		一般技工	工日	7.06	—	19.00	—	13.42	—
		人工费小计	元	4773.82	43.64	7419.86	31.64	4611.38	41.62
	材料费	水	m^3	—	—	3.97	—	—	—
		其他材料费	元	—	—	8.36	—	—	—
		材料费小计	元	—	—	41.76	0.18	—	—
	机械费	履带式液压岩石破碎机 200mm	台班	—	—	1.15	—	—	—
		履带式单斗液压挖掘机 $0.6m^3$	台班	0.09	—	0.35	—	1.34	—
		履带式单斗液压挖掘机 $1m^3$	台班	1.03	—	1.20	—	0.49	—
		自卸汽车 5t	台班	—	—	0.48	—	—	—
		自卸汽车 8t	台班	—	—	0.13	—	2.11	—
		自卸汽车 10t	台班	—	—	2.36	—	—	—
		自卸汽车 12t	台班	—	—	0.49	—	—	—
		自卸汽车 15t	台班	—	—	0.46	—	—	—
		汽车式起重机 8t	台班	—	—	2.29	—	—	—
		汽车式起重机 12t	台班	0.90	—	1.00	—	—	—
		洒水车 4000L	台班	—	—	0.36	—	—	—
		其他机械费	元	112.30	—	745.08	—	195.65	—
		机械费小计	元	2355.42	21.53	9099.78	38.80	3536.01	31.92
	措施费		元	450.61	4.12	840.61	3.58	354.41	3.20
	小计		元	7579.85	69.30	17402.01	74.20	8501.80	76.74
综合费			元	3358.01	30.70	6050.50	25.80	2577.22	23.26
合计			元	10937.86	—	23452.51	—	11079.02	—

2.3.30 拆除构筑物

工作内容： 拆除、清理；运输。 **单位：** 100m^3

指标编号				3F-175		3F-176	
指标名称				拆除钢筋混凝土构筑物		拆除砖、石砌构筑物	
项目			单位	指标	费用占比（%）	指标	费用占比（%）
指标基价			元	56168.22	100.00	21442.05	100.00
一、建筑安装工程费			元	56168.22	100.00	21442.05	100.00
1. 建筑工程费			元	56168.22	100.00	21442.05	100.00
2. 安装工程费			元	—	—	—	—
二、设备购置费			元	—	—	—	—
建筑安装工程费							
直接费	人工费	普工	工日	106.79	—	93.65	—
		一般技工	工日	106.79	—	—	—
		人工费小计	元	22684.33	40.39	7836.63	36.55
	材料费	合金钢钻头 一字型	个	3.00	—	—	—
		水	m^3	7.20	—	7.20	—
		其他材料费	元	23.09	—	—	—
		材料费小计	元	160.32	0.29	60.55	0.28
	机械费	手持式风动凿岩机	台班	86.00	—	—	—
		自卸汽车 5t	台班	0.86	—	0.86	—
		自卸汽车 10t	台班	4.28	—	4.28	—
		自卸汽车 12t	台班	0.88	—	0.88	—
		自卸汽车 15t	台班	0.84	—	0.84	—
		电动空气压缩机 3m^3/min	台班	43.10	—	—	—
		洒水车 4000L	台班	0.65	—	0.65	—
		其他机械费	元	598.29	—	598.29	—
		机械费小计	元	14105.74	25.11	6361.55	29.67
	措施费		元	2323.90	4.14	891.59	4.16
	小计		元	39274.29	69.92	15150.32	70.66
综合费			元	16893.93	30.08	6291.73	29.34
合计			元	56168.22	—	21442.05	—

2.3.31 拆 除 井

工作内容：拆除、清理；运输。 **单位：**座

指标编号				3F-177		3F-178		3F-179	
指标名称				拆除砖砌井		拆除混凝土井		拆除成品井	
项目			单位	指标	费用占比（%）	指标	费用占比（%）	指标	费用占比（%）
指标基价			元	1189.13	100.00	3070.44	100.00	1028.50	100.00
一、建筑安装工程费			元	1189.13	100.00	3070.44	100.00	1028.50	100.00
1. 建筑工程费			元	1189.13	100.00	3070.44	100.00	1028.50	100.00
2. 安装工程费			元	—	—	—	—	—	—
二、设备购置费			元	—	—	—	—	—	—
建筑安装工程费									
直接费	人工费	普工	工日	6.30	—	5.84	—	0.73	—
		一般技工	工日	—	—	5.88	—	0.36	—
		人工费小计	元	527.52	44.36	1244.32	40.53	108.00	10.50
	材料费	柴油	kg	—	—	—	—	14.85	—
		合金钢钻头 一字型	个	—	—	0.16	—	—	—
		水	m^3	0.28	—	0.41	—	0.11	—
		其他材料费	元	—	—	1.24	—	—	—
		材料费小计	元	2.32	0.20	8.78	0.29	101.70	9.89
	机械费	手持式风动凿岩机	台班	—	—	4.61	—	—	—
		自卸汽车 10t	台班	0.16	—	0.24	—	0.23	—
		自卸汽车 15t	台班	0.03	—	0.05	—	0.21	—
		电动空气压缩机 $3m^3/min$	台班	—	—	2.31	—	—	—
		其他机械费	元	82.39	—	121.91	—	118.35	—
		机械费小计	元	243.65	20.49	775.68	25.26	524.05	50.95
	措施费		元	48.94	4.12	125.75	4.10	44.22	4.30
	小计		元	822.43	69.16	2154.53	70.17	777.97	75.64
综合费			元	366.70	30.84	915.91	29.83	250.53	24.36
合计			元	1189.13	—	3070.44	—	1028.50	—

2.4 铺装工程

2.4.1 基层铺装

工作内容：清理路床；基层铺设。 **单位**：$100m^2$

指标编号				4F-001		4F-002	
指标名称				透水水泥稳定碎石基层			
				厚度 20cm		厚度每增减 1cm	
项目			单位	指标	费用占比（%）	指标	费用占比（%）
指标基价			元	5480.38	100.00	228.38	100.00
一、建筑安装工程费			元	5480.38	100.00	228.38	100.00
1. 建筑工程费			元	5480.38	100.00	228.38	100.00
2. 安装工程费			元	—	—	—	—
二、设备购置费			元	—	—	—	—
建筑安装工程费							
直接费	人工费	普工	工日	0.82	—	0.02	—
		一般技工	工日	0.82	—	0.02	—
		人工费小计	元	174.40	3.18	3.82	1.67
	材料费	水泥 P·O 42.5	t	2.27	—	0.11	—
		石屑	m^3	13.96	—	0.70	—
		碎石（综合）	m^3	15.74	—	0.79	—
		其他材料费	元	79.73	—	3.99	—
		材料费小计	元	3232.73	58.99	161.51	70.72
	机械费	水泥稳定碎石拌合站（RB400）功率 92kW/h	台班	0.10	—	—	—
		钢轮振动压路机 18t	台班	0.10	—	—	—
		其他机械费	元	272.08	—	—	—
		机械费小计	元	544.82	9.94	—	—
	措施费		元	254.15	4.64	10.61	4.65
	小计		元	4206.10	76.75	175.94	77.03
综合费			元	1274.28	23.25	52.44	22.96
合计			元	5480.38	—	228.38	—

工作内容：清理路床；基层铺设。 单位：100m²

指标编号				4F-003		4F-004	
指标名称				砾石基层			
				厚度 20cm		厚度每增减 1cm	
项目			单位	指标	费用占比（%）	指标	费用占比（%）
指标基价			元	5122.04	100.00	236.11	100.00
一、建筑安装工程费			元	5122.04	100.00	236.11	100.00
1. 建筑工程费			元	5122.04	100.00	236.11	100.00
2. 安装工程费			元	—	—	—	—
二、设备购置费			元	—	—	—	—
建筑安装工程费							
直接费	人工费	普工	工日	1.54	—	0.08	—
		一般技工	工日	1.54	—	0.08	—
		人工费小计	元	326.70	6.38	16.14	6.84
	材料费	砂子 中粗砂	m^3	2.65	—	0.13	—
		砾石 粒径 5~25	m^3	23.87	—	1.19	—
		其他材料费	元	45.11	—	2.26	—
		材料费小计	元	3052.48	59.59	152.52	64.60
	机械费	平地机 90kW	台班	0.18	—	—	—
		钢轮内燃压路机 15t	台班	0.16	—	—	—
		其他机械费	元	18.36	—	—	—
		机械费小计	元	284.07	5.55	—	—
	措施费		元	236.65	4.62	10.90	4.62
	小计		元	3899.90	76.14	179.56	76.05
综合费			元	1222.14	23.86	56.55	23.95
合计			元	5122.04	—	236.11	—

工作内容：清理路床；基层铺设。 **单位**：100m²

指标编号				4F-005		4F-006	
指标名称				无砂大孔混凝土基层			
				厚度 10cm		厚度每增减 1cm	
项目			单位	指标	费用占比（%）	指标	费用占比（%）
指标基价			元	9562.49	100.00	764.99	100.00
一、建筑安装工程费			元	9562.49	100.00	764.99	100.00
1. 建筑工程费			元	9562.49	100.00	764.99	100.00
2. 安装工程费			元	—	—	—	—
二、设备购置费			元	—	—	—	—
建筑安装工程费							
直接费	人工费	普工	工日	2.56	—	0.20	—
		一般技工	工日	4.75	—	0.38	—
		人工费小计	元	825.13	8.63	66.01	8.63
	材料费	预拌无砂混凝土 C20	m³	10.20	—	0.82	—
		其他材料费	元	229.91	—	18.39	—
		材料费小计	元	5839.91	61.07	467.19	61.07
	机械费	洒水车 4000L	台班	0.53	—	0.04	—
		其他机械费	元	21.70	—	1.73	—
		机械费小计	元	134.16	1.40	10.73	1.40
	措施费		元	440.65	4.61	35.25	4.61
	小计		元	7239.85	75.71	579.18	75.71
综合费			元	2322.64	24.29	185.81	24.29
合计			元	9562.49	—	764.99	—

工作内容： 清理路床；基层铺设。 **单位：** 100m²

指标编号			4F-007		4F-008	
指标名称			透水级配碎石基层			
			厚度20cm		厚度每增减1cm	
项目		单位	指标	费用占比（%）	指标	费用占比（%）
指标基价		元	4065.03	100.00	199.13	100.00
一、建筑安装工程费		元	4065.03	100.00	199.13	100.00
1. 建筑工程费		元	4065.03	100.00	199.13	100.00
2. 安装工程费		元	—	—	—	—
二、设备购置费		元	—	—	—	—
建筑安装工程费						
直接费	人工费	普工	工日	1.63	—	0.08	—
		一般技工	工日	1.63	—	0.08	—
		人工费小计	元	345.82	8.51	16.14	8.11
	材料费	卵石	m^3	—	—	1.19	—
		砂子	m^3	—	—	0.13	—
		碎石（综合）	m^3	26.52	—	—	—
		其他材料费	元	33.46	—	1.86	—
		材料费小计	元	2263.79	55.69	125.64	63.09
	机械费	平地机 90kW	台班	0.18	—	—	—
		钢轮内燃压路机 15t	台班	0.16	—	—	—
		其他机械费	元	12.68	—	—	—
		机械费小计	元	281.66	6.93	—	—
	措施费		元	187.35	4.61	9.18	4.61
	小计		元	3078.62	75.73	150.96	75.81
综合费			元	986.41	24.27	48.17	24.19
合计			元	4065.03	—	199.13	—

工作内容：清理路床；基层铺设。　　　　**单位**：$100m^2$

指标编号				4F-009		4F-010	
指标名称				砂基层			
				厚度 10cm		厚度每增减 1cm	
项目			单位	指标	费用占比（%）	指标	费用占比（%）
指标基价			元	2230.45	100.00	209.66	100.00
一、建筑安装工程费			元	2230.45	100.00	209.66	100.00
1. 建筑工程费			元	2230.45	100.00	209.66	100.00
2. 安装工程费			元	—	—	—	—
二、设备购置费			元	—	—	—	—
建筑安装工程费							
直接费	人工费	普工	工日	0.94	—	0.09	—
		一般技工	工日	1.87	—	0.18	—
		高级技工	工日	0.31	—	0.03	—
		人工费小计	元	379.79	17.03	35.70	17.03
	材料费	砂子	m^3	11.53	—	1.08	—
		其他材料费	元	25.23	—	2.37	—
		材料费小计	元	1166.30	52.29	109.63	52.29
	机械费	其他机械费	元	5.15	—	0.48	—
		机械费小计	元	5.15	0.23	0.48	0.23
	措施费		元	101.77	4.56	9.57	4.56
	小计		元	1653.01	74.11	155.38	74.11
综合费			元	577.44	25.89	54.28	25.89
合计			元	2230.45	—	209.66	—

工作内容：清理路床；基层铺设。 **单位：**100m²

指标编号				4F-011		4F-012	
指标名称				天然级配砂石基层			
				厚度 15cm		厚度每增减 1cm	
项目			单位	指标	费用占比(%)	指标	费用占比(%)
指标基价			元	4298.91	100.00	269.40	100.00
一、建筑安装工程费			元	4298.91	100.00	269.40	100.00
1. 建筑工程费			元	4298.91	100.00	269.40	100.00
2. 安装工程费			元	—	—	—	—
二、设备购置费			元	—	—	—	—
建筑安装工程费							
直接费	人工费	普工	工日	2.02	—	0.13	—
		一般技工	工日	4.04	—	0.25	—
		高级技工	工日	0.67	—	0.04	—
		人工费小计	元	819.17	19.06	51.33	19.05
	材料费	天然级配砂砾	m^3	18.36	—	1.15	—
		其他材料费	元	31.54	—	1.98	—
		材料费小计	元	2142.94	49.85	134.29	49.85
	机械费	电动夯实机 250N·m	台班	0.36	—	0.02	—
		其他机械费	元	—	—	—	—
		机械费小计	元	11.58	0.27	0.73	0.27
	措施费		元	195.68	4.55	12.26	4.55
	小计		元	3169.37	73.72	198.61	73.72
综合费			元	1129.54	26.27	70.79	26.28
合计			元	4298.91	—	269.40	—

2.4.2 面层铺装

工作内容： 面层铺筑。 单位：100m²

指标编号				4F-013		4F-014	
指标名称				透水沥青混凝土面层			
				厚度 9cm		厚度每增减 1cm	
项目			单位	指标	费用占比（%）	指标	费用占比（%）
指标基价			元	16877.48	100.00	1715.24	100.00
一、建筑安装工程费			元	16877.48	100.00	1715.24	100.00
1. 建筑工程费			元	16877.48	100.00	1715.24	100.00
2. 安装工程费			元	—	—	—	—
二、设备购置费			元	—	—	—	—
建筑安装工程费							
直接费	人工费	普工	工日	0.79	—	0.08	—
		一般技工	工日	1.40	—	0.14	—
		人工费小计	元	247.58	1.47	25.07	1.46
	材料费	透水沥青混凝土	m³	8.48	—	0.86	—
		其他材料费	元	165.36	—	16.74	—
		材料费小计	元	11186.08	66.28	1131.93	65.99
	机械费	沥青混凝土摊铺机 8t	台班	0.11	—	0.01	—
		钢轮振动压路机 12t	台班	0.27	—	0.03	—
		钢轮振动压路机 15t	台班	0.22	—	0.02	—
		其他机械费	元	118.48	—	12.21	—
		机械费小计	元	790.42	4.68	85.34	4.98
	措施费		元	784.24	4.65	79.70	4.65
	小计		元	13008.32	77.08	1322.04	77.08
综合费			元	3869.16	22.92	393.20	22.92
合计			元	16877.48	—	1715.24	—

工作内容：面层铺筑。 **单位**：100m²

指标编号				4F-015		4F-016	
指标名称				彩色透水沥青混凝土面层			
				厚度 9cm		厚度每增减 1cm	
项目			单位	指标	费用占比(%)	指标	费用占比(%)
指标基价			元	47046.54	100.00	4768.06	100.00
一、建筑安装工程费			元	47046.54	100.00	4768.06	100.00
1. 建筑工程费			元	47046.54	100.00	4768.06	100.00
2. 安装工程费			元	—	—	—	—
二、设备购置费			元	—	—	—	—
建筑安装工程费							
直接费	人工费	普工	工日	0.79	—	0.08	—
		一般技工	工日	1.40	—	0.14	—
		人工费小计	元	247.58	0.53	25.07	0.53
	材料费	彩色透水沥青混凝土	m^3	8.48	—	0.86	—
		其他材料费	元	489.50	—	49.53	—
		材料费小计	元	33118.96	70.40	3351.32	70.29
	机械费	沥青混凝土摊铺机 8t	台班	0.11	—	0.01	—
		钢轮振动压路机 12t	台班	0.27	—	0.03	—
		钢轮振动压路机 15t	台班	0.22	—	0.02	—
		其他机械费	元	118.48	—	12.21	—
		机械费小计	元	790.42	1.68	85.34	1.79
	措施费		元	2188.47	4.65	221.80	4.65
	小计		元	36345.43	77.25	3683.53	77.25
综合费			元	10701.11	22.75	1084.53	22.75
合计			元	47046.54	—	4768.06	—

工作内容：面层铺筑。　　　　**单位**：100m²

<table>
<tr><td colspan="4">指 标 编 号</td><td colspan="2">4F-017</td><td colspan="2">4F-018</td></tr>
<tr><td colspan="4" rowspan="2">指 标 名 称</td><td colspan="4">普通透水混凝土面层</td></tr>
<tr><td colspan="2">厚度 18cm</td><td colspan="2">厚度每增减 1cm</td></tr>
<tr><td colspan="3">项　　目</td><td>单位</td><td>指标</td><td>费用占比(%)</td><td>指标</td><td>费用占比(%)</td></tr>
<tr><td colspan="3">指标基价</td><td>元</td><td>17212.48</td><td>100.00</td><td>927.55</td><td>100.00</td></tr>
<tr><td colspan="3">一、建筑安装工程费</td><td>元</td><td>17212.48</td><td>100.00</td><td>927.55</td><td>100.00</td></tr>
<tr><td colspan="3">1. 建筑工程费</td><td>元</td><td>17212.48</td><td>100.00</td><td>927.55</td><td>100.00</td></tr>
<tr><td colspan="3">2. 安装工程费</td><td>元</td><td>—</td><td>—</td><td>—</td><td>—</td></tr>
<tr><td colspan="3">二、设备购置费</td><td>元</td><td>—</td><td>—</td><td>—</td><td>—</td></tr>
<tr><td colspan="8">建筑安装工程费</td></tr>
<tr><td rowspan="11">直接费</td><td rowspan="3">人工费</td><td>普工</td><td>工日</td><td>4.60</td><td>—</td><td>0.25</td><td>—</td></tr>
<tr><td>一般技工</td><td>工日</td><td>8.55</td><td>—</td><td>0.46</td><td>—</td></tr>
<tr><td>人工费小计</td><td>元</td><td>1485.23</td><td>8.63</td><td>80.04</td><td>8.63</td></tr>
<tr><td rowspan="3">材料费</td><td>预拌无砂混凝土 C20</td><td>m³</td><td>18.36</td><td>—</td><td>0.99</td><td>—</td></tr>
<tr><td>其他材料费</td><td>元</td><td>413.84</td><td>—</td><td>22.30</td><td>—</td></tr>
<tr><td>材料费小计</td><td>元</td><td>10511.84</td><td>61.07</td><td>566.47</td><td>61.07</td></tr>
<tr><td rowspan="3">机械费</td><td>洒水车 4000L</td><td>台班</td><td>0.95</td><td>—</td><td>0.05</td><td>—</td></tr>
<tr><td>其他机械费</td><td>元</td><td>39.06</td><td>—</td><td>2.10</td><td>—</td></tr>
<tr><td>机械费小计</td><td>元</td><td>241.49</td><td>1.40</td><td>13.01</td><td>1.40</td></tr>
<tr><td colspan="2">措施费</td><td>元</td><td>793.16</td><td>4.61</td><td>42.74</td><td>4.61</td></tr>
<tr><td colspan="2">小计</td><td>元</td><td>13031.72</td><td>75.71</td><td>702.26</td><td>75.71</td></tr>
<tr><td colspan="3">综合费</td><td>元</td><td>4180.76</td><td>24.29</td><td>225.29</td><td>24.29</td></tr>
<tr><td colspan="3">合计</td><td>元</td><td>17212.48</td><td>—</td><td>927.55</td><td>—</td></tr>
</table>

工作内容：面层铺筑。 **单位**：$100m^2$

指标编号				4F-019		4F-020		4F-021	
指标名称				彩色强固透水混凝土面层				混凝土透水砖面层 300×300×60	
				厚度 3cm		厚度每增减 1cm			
项目			单位	指标	费用占比（%）	指标	费用占比（%）	指标	费用占比（%）
指标基价			元	13231.66	100.00	1657.76	100.00	22427.20	100.00
一、建筑安装工程费			元	13231.66	100.00	1657.76	100.00	22427.20	100.00
1. 建筑工程费			元	13231.66	100.00	1657.76	100.00	22427.20	100.00
2. 安装工程费			元	—	—	—	—	—	—
二、设备购置费			元	—	—	—	—	—	—
建筑安装工程费									
直接费	人工费	普工	工日	2.16	—	0.26	—	9.23	—
		一般技工	工日	4.01	—	0.47	—	12.23	—
		人工费小计	元	697.15	5.27	82.51	4.98	2346.61	10.46
	材料费	彩色强固透水混凝土 C25	m^3	3.06	—	1.02	—	—	—
		水乳型丙烯酸酯防水涂料	kg	252.50	—	—	—	—	—
		混凝土透水砖 300×300×60	m^2	—	—	—	—	102.00	—
		聚氨酯防水涂料	kg	29.16	—	—	—	—	—
		预拌抹灰砂浆（干拌）DP M20	m^3	—	—	—	—	2.05	—
		其他材料费	元	738.74	—	22.99	—	204.01	—
		材料费小计	元	8739.96	66.05	1093.99	65.99	13506.93	60.23
	机械费	干混砂浆罐式搅拌机	台班	—	—	—	—	0.08	—
		洒水车 4000L	台班	0.16	—	0.05	—	—	—
		其他机械费	元	19.51	—	2.17	—	—	—
		机械费小计	元	53.25	0.40	13.42	0.81	16.68	0.07
	措施费		元	612.12	4.63	76.72	4.63	1031.25	4.60
	小计		元	10102.48	76.35	1266.64	76.41	16901.47	75.36
综合费			元	3129.18	23.65	391.12	23.59	5525.73	24.64
合计			元	13231.66	—	1657.76	—	22427.20	—

工作内容：面层铺筑。　　　　　　　　　　　　　　　　**单位**：100m²

指标编号				4F-022		4F-023	
指标名称				陶瓷透水砖面层 300×300×55		砂基透水砖面层 300×300×80	
项目			单位	指标	费用占比（%）	指标	费用占比（%）
指标基价			元	43503.49	100.00	54777.09	100.00
一、建筑安装工程费			元	43503.49	100.00	54777.09	100.00
1. 建筑工程费			元	43503.49	100.00	54777.09	100.00
2. 安装工程费			元	—	—	—	—
二、设备购置费			元	—	—	—	—
建筑安装工程费							
直接费	人工费	普工	工日	9.23	—	9.23	—
		一般技工	工日	12.23	—	12.23	—
		人工费小计	元	2346.61	5.39	2346.61	4.28
	材料费	中砂透水支撑剂 PZG	m^3	—	—	2.05	—
		砂基透水砖 300×300×80	m^2	—	—	102.00	—
		陶瓷透水砖 300×300×55	m^2	102.00	—	—	—
		其他材料费	元	1493.37	—	551.57	—
		材料费小计	元	28829.37	66.27	37025.27	67.59
	机械费	干混砂浆罐式搅拌机	台班	0.08	—	0.08	—
		其他机械费	元	—	—	—	—
		机械费小计	元	16.68	0.04	16.68	0.03
	措施费		元	2012.25	4.63	2536.99	4.63
	小计		元	33204.91	76.33	41925.55	76.54
综合费			元	10298.58	23.67	12851.54	23.46
合计			元	43503.49	—	54777.09	—

工作内容：面层铺筑。 **单位：**100m²

<table>
<tr><td colspan="3">指 标 编 号</td><td colspan="2">4F-024</td><td colspan="2">4F-025</td></tr>
<tr><td colspan="3">指 标 名 称</td><td colspan="2">透水嵌草砖面层 6cm 透水植草砖</td><td colspan="2">卵石散铺面层</td></tr>
<tr><td colspan="2">项 目</td><td>单位</td><td>指标</td><td>费用占比（%）</td><td>指标</td><td>费用占比（%）</td></tr>
<tr><td colspan="2">指标基价</td><td>元</td><td>11853.73</td><td>100.00</td><td>6134.57</td><td>100.00</td></tr>
<tr><td colspan="2">一、建筑安装工程费</td><td>元</td><td>11853.73</td><td>100.00</td><td>6134.57</td><td>100.00</td></tr>
<tr><td colspan="2">1. 建筑工程费</td><td>元</td><td>11853.73</td><td>100.00</td><td>6134.57</td><td>100.00</td></tr>
<tr><td colspan="2">2. 安装工程费</td><td>元</td><td>—</td><td>—</td><td>—</td><td>—</td></tr>
<tr><td colspan="2">二、设备购置费</td><td>元</td><td>—</td><td>—</td><td>—</td><td>—</td></tr>
<tr><td colspan="7">建筑安装工程费</td></tr>
<tr><td rowspan="13">直接费</td><td rowspan="3">人工费</td><td>普工</td><td>工日</td><td>6.20</td><td>—</td><td>10.80</td><td>—</td></tr>
<tr><td>一般技工</td><td>工日</td><td>8.22</td><td>—</td><td>13.21</td><td>—</td></tr>
<tr><td>人工费小计</td><td>元</td><td>1576.51</td><td>13.30</td><td>2604.20</td><td>42.45</td></tr>
<tr><td rowspan="5">材料费</td><td>透水植草砖 6cm</td><td>m^2</td><td>102.00</td><td>—</td><td>—</td><td>—</td></tr>
<tr><td>卵石</td><td>t</td><td>—</td><td>—</td><td>1.50</td><td>—</td></tr>
<tr><td>砂子 中粗砂</td><td>m^3</td><td>0.20</td><td>—</td><td>—</td><td>—</td></tr>
<tr><td>其他材料费</td><td>元</td><td>99.75</td><td>—</td><td>1232.52</td><td>—</td></tr>
<tr><td>材料费小计</td><td>元</td><td>6749.35</td><td>56.94</td><td>1325.52</td><td>21.61</td></tr>
<tr><td rowspan="3">机械费</td><td>灰浆搅拌机 200L</td><td>台班</td><td>—</td><td>—</td><td>0.33</td><td>—</td></tr>
<tr><td>其他机械费</td><td>元</td><td>—</td><td>—</td><td>—</td><td>—</td></tr>
<tr><td>机械费小计</td><td>元</td><td>—</td><td>—</td><td>48.09</td><td>0.78</td></tr>
<tr><td colspan="2">措施费</td><td>元</td><td>543.25</td><td>4.58</td><td>271.51</td><td>4.43</td></tr>
<tr><td colspan="2">小计</td><td>元</td><td>8869.11</td><td>74.82</td><td>4249.32</td><td>69.27</td></tr>
<tr><td colspan="3">综合费</td><td>元</td><td>2984.62</td><td>25.18</td><td>1885.25</td><td>30.73</td></tr>
<tr><td colspan="3">合计</td><td>元</td><td>11853.73</td><td>—</td><td>6134.57</td><td>—</td></tr>
</table>

2.4.3 铺装附属工程

工作内容：成品砌筑。 **单位**：100m

指标编号				4F-026		4F-027		4F-028	
指标名称				成品混凝土路缘石安装		成品花岗石植树框安装		成品混凝土植树框安装	
项目			单位	指标	费用占比（%）	指标	费用占比（%）	指标	费用占比（%）
指标基价			元	7296.61	100.00	13275.92	100.00	4890.97	100.00
一、建筑安装工程费			元	7296.61	100.00	13275.92	100.00	4890.97	100.00
1. 建筑工程费			元	7296.61	100.00	13275.92	100.00	4890.97	100.00
2. 安装工程费			元	—	—	—	—	—	—
二、设备购置费			元	—	—	—	—	—	—
建筑安装工程费									
直接费	人工费	普工	工日	4.10	—	1.30	—	1.30	—
		一般技工	工日	6.19	—	1.73	—	1.73	—
		高级技工	工日	0.79	—	—	—	—	—
		人工费小计	元	1292.86	17.72	331.29	2.50	331.29	6.77
	材料费	混凝土植树框 1250×80×160	m	—	—	—	—	102.00	—
		混凝土缘石 100×300×495	m	101.00	—	—	—	—	—
		花岗石植树框 120×200×1240	m	—	—	102.00	—	—	—
		其他材料费	元	382.11	—	152.20	—	62.11	—
		材料费小计	元	3728.24	51.10	9258.76	69.74	3162.91	64.67
	机械费	其他机械费	元	44.23	0.61	0.22	—	0.22	—
		机械费小计	元	44.23	0.61	0.22	—	0.22	—
	措施费		元	332.66	4.56	616.15	4.64	225.87	4.62
	小计		元	5397.99	73.98	10206.42	76.88	3720.29	76.06
综合费			元	1898.62	26.02	3069.50	23.12	1170.68	23.94
合计			元	7296.61	—	13275.92	—	4890.97	—

2.5 环境绿化工程

2.5.1 绿 化 工 程

工作内容：1. 种植土回填：土方开挖、运输、回填、平整。

2. 成片栽植：基层土改良、植物栽植、养护。

3. 铺种草卷：基层土改良、草卷铺种、养护。

指 标 编 号				5F-001		5F-002		5F-003	
指 标 名 称				种植土回填		成片栽植		铺种草卷	
单 位				$100m^3$		$100m^2$		$100m^2$	
项 目			单位	指标	费用占比（%）	指标	费用占比（%）	指标	费用占比（%）
指标基价			元	7348.79	100.00	13861.40	100.00	4266.12	100.00
一、建筑工程费用			元	7348.79	100.00	13861.40	100.00	4266.12	100.00
1. 建筑工程费			元	7348.79	100.00	13861.40	100.00	4266.12	100.00
2. 安装工程费			元	—	—	—	—	—	—
二、设备购置费			元	—	—	—	—	—	—
建筑安装工程费									
直接费	人工费	普工	工日	3.86	—	5.04	—	1.53	—
		一般技工	工日	7.72	—	10.08	—	3.06	—
		高级技工	工日	1.29	—	1.68	—	0.51	—
		人工费小计	元	1564.52	21.29	2043.85	14.74	620.46	14.54
	材料费	金边黄杨 株高或蓬径：H=40cm，P=25~30cm	m^2	—	—	86.7	—	—	—
		花叶络石 株高或蓬径：H=20~25cm，藤长≥25cm	m^2	—	—	15.6	—	—	—
		草卷	m^2	—	—	—	—	106.00	—
		种植土	m^3	105.00	—	—	—	—	—
		其他材料	元	—	—	629.30	—	448.22	—
		材料费小计	元	3675.00	50.01	8535.80	61.58	2568.22	60.2
	机械费	剪草机	台班	—	—	—	—	0.35	—
		其他机械费	元	—	—	104	—	65.00	—
		机械费小计	元	—	—	104	0.75	107.00	2.51
	措施费		元	182.74	2.49	238.72	1.72	72.47	1.70
	小计		元	5422.26	73.78	10922.37	78.80	3368.15	78.95
综合费			元	1926.53	26.22	2939.03	21.20	897.97	21.05
合计			元	7348.79	—	13861.40	—	4266.12	—

工作内容：1. 一般种植屋面：屋面清理；排水层铺设；过滤层铺设；柔性保护层铺设；耐根穿刺防水层铺设；垂直运输；植物栽植、养护。

2. 容器种植屋面：屋面清理；过滤层铺设；柔性保护层；耐根穿刺防水层；垂直运输；容器放置。

3. 花草栽植：基层土改良；植物栽植、养护。

单位：100m²

指标编号				5F-004		5F-005		5F-006	
指标名称				一般种植屋面		容器种植屋面		花草栽植	
项目			单位	指标	费用占比（%）	指标	费用占比（%）	指标	费用占比（%）
指标基价			元	40217.19	100.00	33188.16	100.00	4314.37	100.00
一、建筑工程费用			元	40217.19	100.00	33188.16	100.00	4314.37	100.00
1. 建筑工程费			元	40217.19	100.00	32855.16	100.00	4314.37	100.00
2. 安装工程费			元	—	—	—	—	—	—
二、设备购置费			元	—	—	—	—	—	—
建筑安装工程费									
直接费	人工费	普工	工日	6.65	—	3.83	—	1.79	—
		一般技工	工日	12.94	—	7.29	—	3.59	—
		高级技工	工日	4.95	—	4.01	—	0.60	—
		人工费小计	元	3177.89	7.90	2033.33	5.68	727.51	16.86
	材料费	种植屋面耐根穿刺防水卷材 0.8mm	m²	115.64	—	115.64	—	—	—
		平式种植容器	m²	—	—	102.00	—	—	—
		凹凸型排水板	m²	107.00	—	—	—	—	—
		小灌木 49 株 /m²	m²	102	—	—	—	—	—
		陶粒	m³	18.27	—	18.27	—	—	—
		花卉 金娃娃萱草 高 10~15cm	m²	—	—	—	—	104	—
		水	m³	—	—	—	—	33.50	—
		其他材料	元	4145.19	—	2052.40	—	87.51	—
		材料费小计	元	29957.58	74.49	25274.79	70.64	2449.24	56.77
	机械费	剪草机	台班	0.35	—	—	—	—	—
		喷药车	台班	—	—	—	—	0.12	—
		其他机械费	元	934.90	—	875.60	—	19.90	—
		机械费小计	元	976.90	2.43	875.60	2.45	67.90	1.57
	措施费		元	371.18	0.92	237.49	0.66	84.97	1.97
	小计		元	34483.55	85.74	28421.21	79.43	3329.62	77.17
综合费			元	5733.64	14.26	4766.95	13.32	984.75	22.82
合计			元	40217.19	—	33188.16	—	4314.37	—

2.5.2 植 草 沟

工作内容： 1. 转输型植草沟：土方开挖、外运、夯实；种植土回填；消能渠铺设；撒播草籽、养护。

2. 干式植草沟：土方开挖、外运、夯实；排水层铺设；土工布铺设；排水管包土工布铺设；消能渠铺设；种植土回填；撒播草籽、养护。

3. 湿式植草沟：沟槽土石方开挖、外运、夯实；排水层铺设；土工布铺设；收集管包土工布铺设；消能渠铺设；填料层铺设；碎石散铺；撒播草籽、养护。

单位：$100m^2$

指标编号				5F-007		5F-008		5F-009	
指标名称				转输型植草沟		干式植草沟		湿式植草沟	
项目			单位	指标	费用占比（%）	指标	费用占比（%）	指标	费用占比（%）
指标基价			元	6587.57	100.00	17162.24	100.00	30463.53	100.00
一、建筑安装工程费			元	6587.57	100.00	17162.24	100.00	30463.53	100.00
1. 建筑工程费			元	6587.57	100.00	17162.24	100.00	30463.53	100.00
2. 安装工程费			元	—	—	—	—	—	—
二、设备购置费			元	—	—	—	—	—	—
建筑安装工程费									
直接费	人工费	普工	工日	6.53	—	10.00	—	14.91	—
		一般技工	工日	5.57	—	11.02	—	16.51	—
		高级技工	工日	0.92	—	2.15	—	2.89	—
		人工费小计	元	1441.84	21.89	2666.89	15.54	3930.16	12.90
	材料费	碎石（综合）	m^3	—	—	14.32	—	44.37	—
		砂子 中粗砂	m^3	—	—	1.32	—	27.07	—
		土工布	m^2	—	—	154.05	—	287.36	—
		种植土	m^3	25.46	—	25.59	—	—	—
		草籽	kg	0.29	—	0.29	—	0.29	—
		透水管	m	—	—	50.00	—	50.00	—
		水	m^3	37.36	—	36.73	—	37.65	—
		其他材料费	元	131.22	—	640.29	—	1245.94	—
		材料费小计	元	1346.88	20.45	7328.50	42.70	15056.46	49.42
	机械费	履带式单斗液压挖掘机 $1m^3$	台班	0.08	—	0.09	—	0.14	—
		轮胎式装载机 $1.5m^3$	台班	0.08	—	0.10	—	0.15	—
		自卸汽车 10t	台班	1.85	—	2.18	—	3.23	—
		剪草机	台班	0.36	—	0.36	—	0.36	—
		喷药车	台班	0.12	—	0.12	—	0.12	—
		其他机械费	元	56.54	—	227.64	—	384.96	—
		机械费小计	元	1752.93	26.61	2203.60	12.84	3276.00	10.75
	措施费		元	181.08	2.75	570.83	3.33	926.79	3.04
	小计		元	4722.73	71.69	12769.82	74.41	23189.41	76.12
综合费			元	1864.84	28.31	4392.42	25.59	7274.12	23.88
合计			元	6587.57	—	17162.24	—	30463.53	—

2.5.3 景 观 石

工作内容：起重设备准备；景石吊装就位；景石固定。　　　　单位：t

<table>
<tr><td colspan="3">指 标 编 号</td><td colspan="3">5F-010</td></tr>
<tr><td colspan="3">指 标 名 称</td><td colspan="3">景观石（小品）</td></tr>
<tr><td colspan="3">项　　目</td><td>单位</td><td>指标</td><td>费用占比（%）</td></tr>
<tr><td colspan="3">指标基价</td><td>元</td><td>2466.55</td><td>100.00</td></tr>
<tr><td colspan="3">一、建筑安装工程费</td><td>元</td><td>2466.55</td><td>100.00</td></tr>
<tr><td colspan="3">1. 建筑工程费</td><td>元</td><td>2466.55</td><td>100.00</td></tr>
<tr><td colspan="3">2. 安装工程费</td><td>元</td><td>—</td><td>—</td></tr>
<tr><td colspan="3">二、设备购置费</td><td>元</td><td>—</td><td>—</td></tr>
<tr><td colspan="6">建筑安装工程费</td></tr>
<tr><td rowspan="12">直接费</td><td rowspan="4">人工费</td><td>普工</td><td>工日</td><td>1.03</td><td>—</td></tr>
<tr><td>一般技工</td><td>工日</td><td>2.06</td><td>—</td></tr>
<tr><td>高级技工</td><td>工日</td><td>0.34</td><td>—</td></tr>
<tr><td>人工费小计</td><td>元</td><td>417.53</td><td>16.93</td></tr>
<tr><td rowspan="3">材料费</td><td>景石 天然</td><td>t</td><td>1.01</td><td>—</td></tr>
<tr><td>其他材料费</td><td>元</td><td>38.66</td><td>—</td></tr>
<tr><td>材料费小计</td><td>元</td><td>1250.66</td><td>50.71</td></tr>
<tr><td rowspan="3">机械费</td><td>汽车起重机 20t</td><td>台班</td><td>0.05</td><td>—</td></tr>
<tr><td>其他机械费</td><td>元</td><td>11.42</td><td>—</td></tr>
<tr><td>机械费小计</td><td>元</td><td>62.02</td><td>2.51</td></tr>
<tr><td colspan="2">措施费</td><td>元</td><td>105.18</td><td>4.26</td></tr>
<tr><td colspan="2">小计</td><td>元</td><td>1835.39</td><td>74.41</td></tr>
<tr><td colspan="3">综合费</td><td>元</td><td>631.16</td><td>25.59</td></tr>
<tr><td colspan="3">合计</td><td>元</td><td>2466.55</td><td>—</td></tr>
</table>

2.5.4 护（驳）岸

工作内容： 1. 木桩护（驳）岸：木桩加工、刷防护材料；打木桩。

2. 干铺石材护（驳）岸：基层夯实；模板制作、安装；垫层混凝土浇筑；防水层；石材干铺、勾缝。

3. 干砌石材护（驳）岸：土方开挖、回填、外运、夯实；垫层混凝土浇筑；石材摆砌。

指标编号				5F-011		5F-012		5F-013	
指标名称				木桩护（驳）岸		干铺石材护（驳）岸		干砌石材护（驳）岸	
单位				100m		$100m^2$		$100m^3$	
项目			单位	指标	费用占比（%）	指标	费用占比（%）	指标	费用占比（%）
指标基价			元	179722.23	100.00	13999.17	100.00	56767.78	100.00
一、建筑安装工程费			元	179722.23	100.00	13999.17	100.00	56767.78	100.00
1. 建筑工程费			元	179722.23	100.00	13999.17	100.00	56767.78	100.00
2. 安装工程费			元	—	—	—	—	—	—
二、设备购置费			元	—	—	—	—	—	—
建筑安装工程费									
直接费	人工费	普工	工日	53.41	—	7.15	—	59.81	—
		一般技工	工日	106.82	—	8.51	—	62.71	—
		高级技工	工日	17.80	—	0.96	—	6.40	—
		人工费小计	元	21659.75	12.05	1877.46	13.41	14314.67	25.22
	材料费	碎石（综合）	m^3	—	—	11.93	—	—	—
		片石	m^3	—	—	7.50	—	—	—
		块石	m^3	—	—	—	—	115.00	—
		预拌混凝土 C15	m^3	—	—	10.25	—	20.20	—
		复合模板	m^2	—	—	0.99	—	16.45	—
		防腐杉木桩	m^3	37.09	—	—	—	—	—
		板枋材	m^3	—	—	0.03	—	0.48	—
		土工布	m^2	—	—	111.52	—	—	—
		其他材料费	元	1557.83	—	255.89	—	342.46	—
		材料费小计	元	105413.33	58.65	8026.21	57.33	20019.92	35.27
	机械费	履带式单斗液压挖掘机 $1m^3$	台班	—	—	—	—	0.28	—
		轮胎式装载机 $1.5m^3$	台班	—	—	—	—	0.25	—
		自卸汽车 10t	台班	—	—	—	—	5.57	—
		其他机械费	元	625.96	—	104.51	—	61.28	—
		机械费小计	元	625.96	0.35	104.51	0.75	4937.68	8.70
	措施费		元	7711.33	4.29	554.64	3.96	2191.50	3.86
	小计		元	135410.37	75.34	10562.82	75.45	41463.77	73.04
综合费			元	44311.86	24.66	3436.35	24.55	15304.01	26.96
合计			元	179722.23	—	13999.17	—	56767.78	—

工作内容： 1. 石笼护（驳）岸：土方开挖、回填、外运；基层夯实；碎石垫层；石笼网安砌、固定；石材填筑；草籽撒播、养护。

2. 植草砖护（驳）岸：基层夯实；土工布铺设；垫层铺设；植草砖安砌；植被栽植、养护。

3. 生态袋护（驳）岸：填料装袋；生态袋堆砌固定。

指标编号				5F-014		5F-015		5F-016	
指标名称				石笼护（驳）岸		植草砖护（驳）岸		生态袋护（驳）岸	
单位				$100m^3$		$100m^2$		$100m^3$	
项目			单位	指标	费用占比（%）	指标	费用占比（%）	指标	费用占比（%）
指标基价			元	70824.92	100.00	74080.66	100.00	50030.90	100.00
一、建筑安装工程费			元	70824.92	100.00	74080.66	100.00	50030.90	100.00
1. 建筑工程费			元	70824.92	100.00	74080.66	100.00	50030.90	100.00
2. 安装工程费			元	—	—	—	—	—	—
二、设备购置费			元	—	—	—	—	—	—
建筑安装工程费									
直接费	人工费	普工	工日	88.21	—	12.25	—	57.90	—
		一般技工	工日	44.04	—	16.07	—	115.80	—
		高级技工	工日	0.45	—	1.10	—	19.30	—
		人工费小计	元	13136.79	18.55	3307.28	4.46	23479.99	46.93
	材料费	砂子 中粗砂	m^3	—	—	11.55	—	—	—
		碎石（综合）	m^3	6.63	—	—	—	—	—
		片石	m^3	102.00	—	—	—	—	—
		格宾网	m^2	690.00	—	—	—	—	—
		土工布	m^2	—	—	111.52	—	—	—
		种植土	m^3	—	—	—	—	105.00	—
		草卷	m^2	—	—	104.00	—	—	—
		砂基透水植草砖 250×250×80	m^2	—	—	102.00	—	—	—
		生态袋 810×430	个	—	—	—	—	2118.00	—
		水	m^3	35.18	—	33.63	—	—	—
		其他材料费	元	138.34	—	866.74	—	339.15	—
		材料费小计	元	31891.77	45.03	50370.56	67.99	8250.15	16.49
	机械费	履带式单斗液压挖掘机 $1m^3$	台班	0.22	—	—	—	—	—
		轮胎式装载机 $1.5m^3$	台班	0.23	—	—	—	—	—
		自卸汽车 10t	台班	5.11	—	—	—	—	—
		其他机械费	元	195.68	—	153.36	—	574.00	—
		机械费小计	元	4617.17	6.52	153.36	0.21	574.00	1.15
	措施费		元	2834.46	4.00	3090.34	4.17	2052.26	4.10
	小计		元	52480.19	74.10	56921.54	76.84	34356.40	68.67
综合费			元	18344.73	25.90	17159.12	23.16	15674.50	31.33
合计			元	70824.92	—	74080.66	—	50030.90	—

工作内容： 1. 生态混凝土护（驳）岸：基层夯实；土工布铺设；模板制作、安装；混凝土浇筑；钢丝网挂铺；喷播营养覆土、养护。

2. 植被护（驳）岸：种植土回填；植被栽植、养护。

3. 混凝土护脚、压脚：土方开挖、回填、外运；模板制作、安装；混凝土浇筑。

指标编号				5F-017		5F-018		5F-019	
指标名称				生态混凝土护（驳）岸		植被护（驳）岸		混凝土护脚、压脚	
单位				$100m^2$		$100m^2$		$100m^3$	
项目			单位	指标	费用占比（%）	指标	费用占比（%）	指标	费用占比（%）
指标基价			元	21506.77	100.00	6066.54	100.00	127740.53	100.00
一、建筑安装工程费			元	21506.77	100.00	6066.54	100.00	127740.53	100.00
1. 建筑工程费			元	21506.77	100.00	6066.54	100.00	127740.53	100.00
2. 安装工程费			元	—	—	—	—	—	—
二、设备购置费			元	—	—	—	—	—	—
建筑安装工程费									
直接费	人工费	普工	工日	16.82	—	2.91	—	139.39	—
		一般技工	工日	16.74	—	5.81	—	136.10	—
		高级技工	工日	3.29	—	0.97	—	0.65	—
		人工费小计	元	4199.05	19.52	1178.87	19.43	29310.38	22.95
	材料费	碎石（综合）	m^3	—	—	—	—	13.54	—
		木模板	m^3	0.08	—	—	—	2.00	—
		零星卡具	kg	—	—	—	—	803.34	—
		钢模板	kg	—	—	—	—	393.34	—
		预拌混凝土 C20	m^3	—	—	—	—	101.50	—
		生态混凝土	m^3	10.10	—	—	—	—	—
		种植土	m^3	13.36	—	31.50	—	—	—
		草卷	m^2	—	—	106.00	—	—	—
		无纺布	m^2	109.60	—	—	—	—	—
		土工布	m^2	111.52	—	—	—	—	—
		水	m^3	46.01	—	36.46	—	56.44	—
		其他材料费	元	1161.97	—	126.27	—	4005.29	—
		材料费小计	元	9590.84	44.59	3125.40	51.52	53279.01	41.71
	机械费	履带式单斗液压挖掘机 $1m^3$	台班	—	—	—	—	0.20	—
		轮胎式装载机 $1.5m^3$	台班	—	—	—	—	0.25	—
		载重汽车 5t	台班	0.35	—	—	—	—	—
		自卸汽车 10t	台班	—	—	—	—	5.57	—
		履带式起重机 15t	台班	0.21	—	—	—	—	—
		其他机械费	元	643.82	—	120.50	—	1094.41	—
		机械费小计	元	969.90	4.51	120.50	1.99	5864.89	4.59
	措施费		元	860.87	4.00	137.69	2.27	5228.22	4.09
	小计		元	15620.66	72.63	4562.46	75.21	93682.50	73.34
综合费			元	5886.11	27.37	1504.08	24.79	34058.03	26.66
合计			元	21506.77	—	6066.54	—	127740.53	—

2.5.5 消能渠

工作内容：土方开挖、外运；土工布铺贴；卵石填铺。　　　　**单位**：100m

指标编号				5F-020	
指标名称				消能渠	
项目			单位	指标	费用占比（%）
指标基价			元	29473.06	100.00
一、建筑安装工程费			元	29473.06	100.00
1. 建筑工程费			元	29473.06	100.00
2. 安装工程费			元	—	—
二、设备购置费			元	—	—
建筑安装工程费					
直接费	人工费	普工	工日	22.30	—
		一般技工	工日	10.61	—
		高级技工	工日	2.78	—
		人工费小计	元	3767.36	12.78
	材料费	级配卵石 粒径 70~100	m^3	67.32	—
		土工布	m^2	297.59	—
		其他材料费	元	1165.75	—
		材料费小计	元	15037.04	51.02
	机械费	轮胎式装载机 1.5m^3	台班	0.11	—
		履带式单斗液压挖掘机 1m^3	台班	0.10	—
		自卸汽车 10t	台班	2.32	—
		其他机械费	元	208.10	—
		机械费小计	元	2217.87	7.53
	措施费		元	1186.69	4.03
	小计		元	22208.96	75.35
综合费			元	7264.10	24.65
合计			元	29473.06	—

2.5.6 垫 层

工作内容：垫层铺筑。 **单位**：$10m^3$

指标编号				5F-021		5F-022	
指标名称				砂垫层		碎(砾)石垫层	
项目			单位	指标	费用占比(%)	指标	费用占比(%)
指标基价			元	1760.42	100.00	1951.00	100.00
一、建筑安装工程费			元	1760.42	100.00	1951.00	100.00
1. 建筑工程费			元	1760.42	100.00	1951.00	100.00
2. 安装工程费			元	—	—	—	—
二、设备购置费			元	—	—	—	—
建筑安装工程费							
直接费	人工费	普工	工日	0.60	—	0.84	—
		一般技工	工日	1.40	—	1.96	—
		人工费小计	元	230.44	13.09	322.62	16.54
	材料费	砂子 中粗砂	m^3	11.35	—	1.10	—
		碎石(综合)	m^3	—	—	11.93	—
		其他材料费	元	17.90	—	18.71	—
		材料费小计	元	1141.85	64.86	1130.72	57.96
	机械费	其他机械费	元	10.26	—	19.54	—
		机械费小计	元	10.26	0.58	19.54	1.00
	措施费		元	26.92	1.53	37.68	1.93
	小计		元	1409.47	80.06	1510.56	77.43
综合费			元	350.95	19.94	440.44	22.58
合计			元	1760.42	—	1951.00	—

2.5.7 成品塑料溢流井

工作内容：土方开挖、回填、外运；井筒、井圈、截污框、井盖安装。 **单位**：座

<table>
<tr><td colspan="4">指标编号</td><td colspan="2">5F-023</td><td colspan="2">5F-024</td></tr>
<tr><td colspan="4" rowspan="2">指标名称</td><td colspan="4">成品塑料溢流井</td></tr>
<tr><td colspan="2">D=600</td><td colspan="2">D=900</td></tr>
<tr><td colspan="3">项目</td><td>单位</td><td>指标</td><td>费用占比（%）</td><td>指标</td><td>费用占比（%）</td></tr>
<tr><td colspan="3">指标基价</td><td>元</td><td>1443.02</td><td>100.00</td><td>2156.81</td><td>100.00</td></tr>
<tr><td colspan="3">一、建筑安装工程费</td><td>元</td><td>1443.02</td><td>100.00</td><td>2156.81</td><td>100.00</td></tr>
<tr><td colspan="3">1. 建筑工程费</td><td>元</td><td>1443.02</td><td>100.00</td><td>2156.81</td><td>100.00</td></tr>
<tr><td colspan="3">2. 安装工程费</td><td>元</td><td>—</td><td>—</td><td>—</td><td>—</td></tr>
<tr><td colspan="3">二、设备购置费</td><td>元</td><td>—</td><td>—</td><td>—</td><td>—</td></tr>
<tr><td colspan="8">建筑安装工程费</td></tr>
<tr><td rowspan="11">直接费</td><td rowspan="3">人工费</td><td>普工</td><td>工日</td><td>0.09</td><td>—</td><td>0.09</td><td>—</td></tr>
<tr><td>一般技工</td><td>工日</td><td>0.12</td><td>—</td><td>0.12</td><td>—</td></tr>
<tr><td>人工费小计</td><td>元</td><td>23.01</td><td>1.59</td><td>23.19</td><td>1.08</td></tr>
<tr><td rowspan="4">材料费</td><td>塑料溢流井 D=600</td><td>套</td><td>1.00</td><td>—</td><td>—</td><td>—</td></tr>
<tr><td>塑料溢流井 D=900</td><td>套</td><td>—</td><td>—</td><td>1.00</td><td>—</td></tr>
<tr><td>其他材料费</td><td>元</td><td>20.04</td><td>—</td><td>30.10</td><td>—</td></tr>
<tr><td>材料费小计</td><td>元</td><td>1020.04</td><td>70.69</td><td>1530.10</td><td>70.94</td></tr>
<tr><td rowspan="3">机械费</td><td>履带式单斗机械挖掘机 1.5m^3</td><td>台班</td><td>0.00</td><td>—</td><td>0.00</td><td>—</td></tr>
<tr><td>其他机械费</td><td>元</td><td>9.14</td><td>—</td><td>20.58</td><td>—</td></tr>
<tr><td>机械费小计</td><td>元</td><td>10.39</td><td>0.72</td><td>23.38</td><td>1.08</td></tr>
<tr><td colspan="2">措施费</td><td>元</td><td>62.69</td><td>4.34</td><td>93.72</td><td>4.35</td></tr>
<tr><td colspan="2">小计</td><td>元</td><td>1116.13</td><td>77.35</td><td>1670.39</td><td>77.45</td></tr>
<tr><td colspan="3">综合费</td><td>元</td><td>326.89</td><td>22.65</td><td>486.42</td><td>22.55</td></tr>
<tr><td colspan="3">合计</td><td>元</td><td>1443.02</td><td>—</td><td>2156.81</td><td>—</td></tr>
</table>

附　　录

附录一　综合指标套用分项指标明细表

综合指标编号	分项指标编号	分 项 名 称	单位	数量
1Z-001	1F-002	机械开挖土方	$1000m^3$	1.000
	1F-008	回填方	$1000m^3$	0.600
	1F-012	机械运输土方每增减 1km（增 19km）	$1000m^3$	0.400
1Z-002	1F-006	机械爆破开挖石方	$1000m^3$	1.000
	1F-008	回填方	$1000m^3$	0.600
	1F-013	机械运输石方每增减 1km（增 19km）	$1000m^3$	0.400
1Z-003	1F-007	机械非爆破开挖石方	$1000m^3$	1.000
	1F-008	回填方	$1000m^3$	0.600
	1F-013	机械运输石方每增减 1km（增 19km）	$1000m^3$	0.400
1Z-004	1F-001	人工开挖土方	$1000m^3$	1.000
	1F-009	人工运输土方	$1000m^3$	0.600
	1F-012	机械运输土方每增减 1km（增 19km）	$1000m^3$	0.400
1Z-005	1F-005	人工非爆破开挖石方	$1000m^3$	1.000
	1F-011	人工运输石方	$1000m^3$	0.600
	1F-013	机械运输石方每增减 1km（增 19km）	$1000m^3$	0.400
1Z-006	1F-008	回填方	$1000m^3$	1.000
1Z-007	1F-012	土方增运 1km	$1000m^3$	1.000
1Z-008	1F-013	石方增运 1km	$1000m^3$	1.000
2Z-001	2F-007	塑料管道安装 *DN*300	100m	0.320
	2F-008	塑料管道安装 *DN*500	100m	0.087
	2F-009	塑料管道安装 *DN*800	100m	0.036
	2F-010	塑料管道安装 *DN*1200	100m	0.064
	2F-011	塑料管道安装 *DN*1600	100m	0.179
	2F-088	砌筑检查井 断面积 $2.0m^2$ 以内，井深 3m 以内	座	0.660
2Z-002	2F-007	塑料管道安装 *DN*300	100m	0.229
	2F-008	塑料管道安装 *DN*500	100m	0.062
	2F-009	塑料管道安装 *DN*800	100m	0.026
	2F-010	塑料管道安装 *DN*1200	100m	0.045
	2F-011	塑料管道安装 *DN*1600	100m	0.128
	2F-088	砌筑检查井 断面积 $2.0m^2$ 以内，井深 3m 以内	座	0.480
2Z-003	2F-007	塑料管道安装 *DN*300	100m	0.163
	2F-008	塑料管道安装 *DN*500	100m	0.038
	2F-009	塑料管道安装 *DN*800	100m	0.016

续表

综合指标编号	分项指标编号	分项名称	单位	数量
2Z-003	2F-010	塑料管道安装 *DN*1200	100m	0.028
	2F-011	塑料管道安装 *DN*1600	100m	0.078
	2F-088	砌筑检查井 断面积 2.0m^2 以内,井深 3m 以内	座	0.340
2Z-004	2F-023	钢筋混凝土管道安装 *DN*800	100m	0.272
	2F-024	钢筋混凝土管道安装 *DN*1200	100m	0.074
	2F-025	钢筋混凝土管道安装 *DN*1350	100m	0.072
	2F-026	钢筋混凝土管道安装 *DN*1650	100m	0.031
	2F-027	钢筋混凝土管道安装 *DN*2000	100m	0.031
	2F-028	钢筋混凝土管道安装 *DN*2200	100m	0.054
	2F-029	钢筋混凝土管道安装 *DN*2400	100m	0.152
	2F-088	砌筑检查井 断面积 2.0m^2 以内,井深 3m 以内	座	0.660
2Z-005	2F-023	钢筋混凝土管道安装 *DN*800	100m	0.194
	2F-024	钢筋混凝土管道安装 *DN*1200	100m	0.053
	2F-025	钢筋混凝土管道安装 *DN*1350	100m	0.052
	2F-026	钢筋混凝土管道安装 *DN*1650	100m	0.022
	2F-027	钢筋混凝土管道安装 *DN*2000	100m	0.022
	2F-028	钢筋混凝土管道安装 *DN*2200	100m	0.039
	2F-029	钢筋混凝土管道安装 *DN*2400	100m	0.109
	2F-088	砌筑检查井 断面积 2.0m^2 以内,井深 3m 以内	座	0.480
2Z-006	2F-023	钢筋混凝土管道安装 *DN*800	100m	0.139
	2F-024	钢筋混凝土管道安装 *DN*1200	100m	0.038
	2F-025	钢筋混凝土管道安装 *DN*1350	100m	0.037
	2F-026	钢筋混凝土管道安装 *DN*1650	100m	0.016
	2F-027	钢筋混凝土管道安装 *DN*2000	100m	0.016
	2F-028	钢筋混凝土管道安装 *DN*2200	100m	0.028
	2F-029	钢筋混凝土管道安装 *DN*2400	100m	0.078
	2F-088	砌筑检查井 断面积 2.0m^2 以内,井深 3m 以内	座	0.340
2Z-007	2F-033	混凝土顶管 *DN*800	100m	1.000
	2F-070	顶管工作井 *D*=3.5m,*H*=6m	座	2.000
	2F-071	顶管接收井 *D*=3m,*H*=6m	座	1.000
2Z-008	2F-034	混凝土顶管 *DN*1000	100m	1.000
	2F-070	顶管工作井 *D*=3.5m,*H*=6m	座	2.000
	2F-071	顶管接收井 *D*=3m,*H*=6m	座	1.000
2Z-009	2F-035	混凝土顶管 *DN*1200	100m	1.000
	2F-068	顶管工作井 *D*=4m,*H*=8m	座	2.000
	2F-069	顶管接收井 *D*=3m,*H*=8m	座	1.000

续表

综合指标编号	分项指标编号	分 项 名 称	单位	数量
2Z-010	2F-036	混凝土顶管 $DN1350$	100m	1.000
	2F-068	顶管工作井 D=4m,H=8m	座	2.000
	2F-069	顶管接收井 D=3m,H=8m	座	1.000
2Z-011	2F-037	混凝土顶管 $DN1500$	100m	1.000
	2F-068	顶管工作井 D=4m,H=8m	座	2.000
	2F-069	顶管接收井 D=3m,H=8m	座	1.000
2Z-012	2F-038	混凝土顶管 $DN1650$	100m	1.000
	2F-066	顶管工作井 D=5m,H=10m	座	2.000
	2F-067	顶管接收井 D=3.5m,H=10m	座	2.000
2Z-013	2F-039	混凝土顶管 $DN1800$	100m	1.000
	2F-066	顶管工作井 D=5m,H=10m	座	2.000
	2F-067	顶管接收井 D=3.5m,H=10m	座	2.000
2Z-014	2F-040	混凝土顶管 $DN2000$	100m	1.000
	2F-066	顶管工作井 D=5m,H=10m	座	2.000
	2F-067	顶管接收井 D=3.5m,H=10m	座	2.000
2Z-015	2F-041	混凝土顶管 $DN2200$	100m	1.000
	2F-066	顶管工作井 D=5m,H=10m	座	2.000
	2F-067	顶管接收井 D=3.5m,H=10m	座	2.000
2Z-016	2F-042	混凝土顶管 $DN2400$	100m	1.000
	2F-066	顶管工作井 D=5m,H=10m	座	2.000
	2F-067	顶管接收井 D=3.5m,H=10m	座	2.000
2Z-017	2F-043	钢管顶管 $DN800$	100m	1.000
	2F-070	顶管工作井 D=3.5m,H=6m	座	2.000
	2F-071	顶管接收井 D=3m,H=6m	座	1.000
2Z-018	2F-044	钢管顶管 $DN1000$	100m	1.000
	2F-070	顶管工作井 D=3.5m,H=6m	座	2.000
	2F-071	顶管接收井 D=3m,H=6m	座	1.000
2Z-019	2F-045	钢管顶管 $DN1200$	100m	1.000
	2F-068	顶管工作井 D=4m,H=8m	座	2.000
	2F-069	顶管接收井 D=3m,H=8m	座	1.000
2Z-020	2F-046	钢管顶管 $DN1350$	100m	1.000
	2F-068	顶管工作井 D=4m,H=8m	座	2.000
	2F-069	顶管接收井 D=3m,H=8m	座	1.000
2Z-021	2F-047	钢管顶管 $DN1500$	100m	1.000
	2F-068	顶管工作井 D=4m,H=8m	座	2.000
	2F-069	顶管接收井 D=3m,H=8m	座	1.000

续表

综合指标编号	分项指标编号	分 项 名 称	单位	数量
2Z-022	2F-048	钢管顶管 DN1650	100m	1.000
	2F-066	顶管工作井 D=5m, H=10m	座	2.000
	2F-067	顶管接收井 D=3.5m, H=10m	座	2.000
2Z-023	2F-049	钢管顶管 DN1800	100m	1.000
	2F-066	顶管工作井 D=5m, H=10m	座	2.000
	2F-067	顶管接收井 D=3.5m, H=10m	座	2.000
2Z-024	2F-050	钢管顶管 DN2000	100m	1.000
	2F-066	顶管工作井 D=5m, H=10m	座	2.000
	2F-067	顶管接收井 D=3.5m, H=10m	座	2.000
2Z-025	2F-051	钢管顶管 DN2200	100m	1.000
	2F-066	顶管工作井 D=5m, H=10m	座	2.000
	2F-067	顶管接收井 D=3.5m, H=10m	座	2.000
2Z-026	2F-052	钢管顶管 DN2400	100m	1.000
	2F-066	顶管工作井 D=5m, H=10m	座	2.000
	2F-067	顶管接收井 D=3.5m, H=10m	座	2.000
2Z-027	2F-053	钢管顶管 DN2600	100m	1.000
	2F-066	顶管工作井 D=5m, H=10m	座	2.000
	2F-067	顶管接收井 D=3.5m, H=10m	座	2.000
3Z-001	3F-001	玻璃钢成品池 容积 10m^3	容积 10m^3	1.000
3Z-002	3F-002	玻璃钢成品池 容积 50m^3	容积 10m^3	5.000
3Z-003	3F-003	玻璃钢成品池 容积 100m^3	容积 10m^3	10.000
3Z-004	3F-004	钢筋混凝土预制拼装池 容积 50m^3	容积 10m^3	5.000
3Z-005	3F-005	钢筋混凝土预制拼装池 容积 100m^3	容积 10m^3	10.000
3Z-006	3F-006	钢筋混凝土预制拼装池 容积 150m^3	容积 10m^3	15.000
3Z-007	3F-007	钢筋混凝土预制拼装池 容积 200m^3	容积 10m^3	20.000
3Z-008	3F-008	钢筋混凝土预制拼装池 容积 300m^3	容积 10m^3	30.000
3Z-009	3F-009	钢筋混凝土预制拼装池 容积 400m^3	容积 10m^3	40.000
3Z-010	3F-010	成品集水樽 容积 1.25m^3	容积 m^3	1.250
3Z-011	3F-011	成品集水樽 容积 3.5m^3	容积 m^3	3.500
3Z-012	3F-012	钢筋混凝土水池 容积 50m^3	容积 10m^3	5.000
3Z-013	3F-013	钢筋混凝土水池 容积 100m^3	容积 10m^3	10.000
3Z-014	3F-014	钢筋混凝土水池 容积 150m^3	容积 10m^3	15.000
3Z-015	3F-015	钢筋混凝土水池 容积 200m^3	容积 10m^3	20.000
3Z-016	3F-016	钢筋混凝土水池 容积 300m^3	容积 10m^3	30.000
3Z-017	3F-017	钢筋混凝土水池 容积 400m^3	容积 10m^3	40.000
3Z-018	3F-018	钢筋混凝土水池 容积 500m^3	容积 10m^3	50.000
3Z-019	3F-019	钢筋混凝土水池 容积 800m^3	容积 10m^3	80.000

续表

综合指标编号	分项指标编号	分 项 名 称	单位	数量
3Z-020	3F-020	钢筋混凝土水池 容积 1000m^3	容积 10m^3	100.000
3Z-021	3F-021	钢筋混凝土水池 容积 1500m^3	容积 10m^3	150.000
3Z-022	3F-022	钢筋混凝土水池 容积 2000m^3	容积 10m^3	200.000
3Z-023	3F-023	钢筋混凝土水池 容积 3000m^3	容积 10m^3	300.000
3Z-024	3F-024	钢筋混凝土水池 容积 4000m^3	容积 10m^3	400.000
3Z-025	3F-025	砖砌水池 容积 100m^3	容积 10m^3	10.000
3Z-026	3F-026	砖砌水池 容积 200m^3	容积 10m^3	20.000
3Z-027	3F-027	砖砌水池 容积 300m^3	容积 10m^3	30.000
3Z-028	3F-028	块石砌筑水池 容积 100m^3	容积 10m^3	10.000
3Z-029	3F-029	块石砌筑水池 容积 200m^3	容积 10m^3	20.000
3Z-030	3F-030	块石砌筑水池 容积 300m^3	容积 10m^3	30.000
3Z-031	3F-031	条石砌筑水池 容积 100m^3	容积 10m^3	10.000
3Z-032	3F-032	条石砌筑水池 容积 200m^3	容积 10m^3	20.000
3Z-033	3F-033	条石砌筑水池 容积 300m^3	容积 10m^3	30.000
3Z-034	3F-034	硅砂模块调蓄池 容积 100m^3	容积 10m^3	10.000
3Z-035	3F-035	硅砂模块调蓄池 容积 200m^3	容积 10m^3	20.000
3Z-036	3F-036	硅砂模块调蓄池 容积 500m^3	容积 10m^3	50.000
3Z-037	3F-037	硅砂模块调蓄池 容积 1000m^3	容积 10m^3	100.000
3Z-038	3F-038	PP 模块调蓄池 容积 100m^3	容积 10m^3	10.000
3Z-039	3F-039	PP 模块调蓄池 容积 200m^3	容积 10m^3	20.000
3Z-040	3F-040	PP 模块调蓄池 容积 500m^3	容积 10m^3	50.000
3Z-041	3F-041	PP 模块调蓄池 容积 1000m^3	容积 10m^3	100.000
3Z-042	3F-064	雨水水平潜流湿地（500m^2 以内）	100m^2	1.000
3Z-043	3F-065	雨水水平潜流湿地（1000m^2 以内）	100m^2	1.000
3Z-044	3F-066	雨水垂直潜流湿地（500m^2 以内）	100m^2	1.000
3Z-045	3F-067	雨水垂直潜流湿地（1000m^2 以内）	100m^2	1.000
3Z-046	3F-068	湿塘（1000m^2 以内）	100m^2	1.000
3Z-047	3F-069	湿塘（5000m^2 以内）	100m^2	1.000
3Z-048	3F-070	调节塘（500m^2 以内）	100m^2	1.000
3Z-049	3F-071	调节塘（1000m^2 以内）	100m^2	1.000
3Z-050	3F-072	渗透塘	100m^2	1.000
3Z-055	3F-084	盾构机安装、拆除 $D \leq 6$m	台	0.001
	3F-086	土压平衡盾构掘进 $D \leq 6$m	m	1.000
	3F-090	管片制作 $D \leq 6$m，环宽 1.5m	环	0.667
	3F-092	洞口处理 $D \leq 6$m	处	0.001
3Z-057	3F-084	盾构机安装、拆除 $D \leq 6$m	台	0.001
	3F-088	泥水平衡盾构掘进 $D \leq 6$m	m	1.000
	3F-090	管片制作 $D \leq 6$m，环宽 1.5m	环	0.667
	3F-092	洞口处理 $D \leq 6$m	处	0.001

续表

综合指标编号	分项指标编号	分 项 名 称	单位	数量
3Z-059	3F-094	结构防水层 卷材防水	$100m^2$	1.423
	3F-095	结构防水层 涂膜防水	$100m^2$	103.865
	3F-104	灌注桩	$100m^3$	17.780
	3F-105	旋喷桩	$100m^3$	2.355
	3F-106	工作井、入流井开挖 极软岩	$100m^3$	53.276
	3F-108	工作井、入流井开挖 较软岩	$100m^3$	187.320
	3F-111	钢筋混凝土底板	$100m^3$	17.967
	3F-116	钢筋混凝土柱	$100m^3$	0.388
	3F-118	钢筋混凝土地梁	$100m^3$	4.041
	3F-121	钢筋混凝土盖板	$100m^3$	2.973
	3F-122	钢筋混凝土走道板	$100m^3$	0.504
	3F-119	钢筋混凝土楼梯	$100m^3$	0.345
	3F-124	钢筋混凝土支撑	$100m^3$	5.168
	3F-128	钢筋网制作、安装	t	18.222
	3F-129	抗渗喷射混凝土	$100m^3$	0.975
	3F-130	水位观察孔	孔	10.000
	3F-132	土体水平位移监测孔	孔	4.000
	3F-133	墙体位移监测孔	孔	7.000
	3F-134	地表桩监测孔	只	23.000
	3F-135	混凝土构件变形监测孔	只	30.000
	3F-137	混凝土构件界面土压力监测孔	只	4.000
	3F-138	混凝土支撑轴力监测孔	端面	30.000
	3F-139	地面监测	组日	120.000
3Z-061	3F-094	结构防水层 卷材防水	$100m^2$	3.790
	3F-095	结构防水层 涂膜防水	$100m^2$	77.480
	3F-104	灌注桩	$100m^3$	12.346
	3F-105	旋喷桩	$100m^3$	7.979
	3F-106	工作井、入流井开挖 极软岩	$100m^3$	64.894
	3F-108	工作井、入流井开挖 较软岩	$100m^3$	3.981
	3F-109	工作井、入流井开挖 较硬岩	$100m^3$	12.791
	3F-110	工作井、入流井开挖 坚硬岩	$100m^3$	0.646
	3F-111	钢筋混凝土底板	$100m^3$	4.531
	3F-116	钢筋混凝土柱	$100m^3$	0.003
	3F-118	钢筋混凝土地梁	$100m^3$	0.806
	3F-121	钢筋混凝土盖板	$100m^3$	2.329
	3F-122	钢筋混凝土走道板	$100m^3$	0.331
	3F-119	钢筋混凝土楼梯	$100m^3$	0.282

续表

综合指标编号	分项指标编号	分 项 名 称	单位	数量
3Z-061	3F-124	钢筋混凝土支撑	$100m^3$	1.566
	3F-128	钢筋网制作、安装	t	6.710
	3F-129	抗渗喷射混凝土	$100m^3$	0.349
	3F-130	水位观察孔	孔	9.000
	3F-131	土体分层沉降监测孔	孔	9.000
	3F-132	土体水平位移监测孔	孔	4.000
	3F-133	墙体位移监测孔	孔	7.000
	3F-134	地表桩监测孔	只	7.000
	3F-135	混凝土构件变形监测孔	只	8.000
	3F-136	建筑物倾斜监测孔	只	2.000
	3F-137	混凝土构件界面土压力监测孔	只	4.000
	3F-138	混凝土支撑轴力监测孔	端面	16.000
	3F-139	地面监测	组日	120.000
4Z-001	4F-001	透水水泥稳定碎石基层 厚度 20cm	$100m^2$	1.100
	4F-002	透水水泥稳定碎石基层 厚度每增减 1cm（增 25cm）	$100m^2$	1.100
	4F-007	透水级配碎石基层 厚度 20cm	$100m^2$	1.000
	4F-008	透水级配碎石基层 厚度每增减 1cm（减 5cm）	$100m^2$	1.000
	4F-013	透水沥青混凝土面层 厚度 9cm	$100m^2$	1.000
	4F-014	透水沥青混凝土面层 厚度每增减 1cm（增 13cm）	$100m^2$	1.000
	4F-007	透水级配碎石基层 厚度 20cm	$100m^2$	0.200
	4F-008	透水级配碎石基层 厚度每增减 1cm（增 10cm）	$100m^2$	0.200
	4F-009	砂基层 厚度 10cm	$100m^2$	0.060
	4F-010	砂基层 厚度每增减 1cm（减 7cm）	$100m^2$	0.060
	4F-021	混凝土透水砖面层 300×300×60	$100m^2$	0.200
	4F-007	透水级配碎石基层 厚度 20cm	$100m^2$	0.233
	4F-008	透水级配碎石基层 厚度每增减 1cm（减 5cm）	$100m^2$	0.233
	4F-005	无砂大孔混凝土基层 厚度 10cm	$100m^2$	0.233
	4F-006	无砂大孔混凝土基层 厚度每增减 1cm（减 2cm）	$100m^2$	0.233
	4F-013	透水沥青混凝土面层 厚度 9cm	$100m^2$	0.233
	4F-014	透水沥青混凝土面层 厚度每增减 1cm（增 1cm）	$100m^2$	0.233
	4F-026	成品混凝土路缘石安装	100m	0.200
	5F-001	种植土回填	$100m^3$	0.267
	5F-002	成片栽植	$100m^2$	0.267
	4F-028	成品混凝土植树框安装	100m	0.048
4Z-002	4F-001	透水水泥稳定碎石基层 厚度 20cm	$100m^2$	1.100
	4F-002	透水水泥稳定碎石基层 厚度每增减 1cm（增 5cm）	$100m^2$	1.100
	4F-001	透水水泥稳定碎石基层 厚度 20cm	$100m^2$	1.050

续表

综合指标编号	分项指标编号	分项名称	单位	数量
4Z-002	4F-002	透水水泥稳定碎石基层 厚度每增减 1cm（增 5cm）	100m^2	1.050
	4F-013	透水沥青混凝土面层 厚度 9cm	100m^2	1.000
	4F-014	透水沥青混凝土面层 厚度每增减 1cm（增 7cm）	100m^2	1.000
	4F-007	透水级配碎石基层 厚度 20cm	100m^2	0.286
	4F-008	透水级配碎石基层 厚度每增减 1cm（增 10cm）	100m^2	0.286
	4F-009	砂基层 厚度 10cm	100m^2	0.286
	4F-010	砂基层 厚度每增减 1cm（减 7cm）	100m^2	0.286
	4F-021	混凝土透水砖面层 300×300×60	100m^2	0.286
	4F-026	成品混凝土路缘石安装	100m	0.400
	5F-001	种植土回填	100m^3	0.143
	5F-002	成片栽植	100m^2	0.143
	4F-028	成品混凝土植树框安装	100m	0.068
4Z-003	4F-001	透水水泥稳定碎石基层 厚度 20cm	100m^2	1.100
	4F-002	透水水泥稳定碎石基层 厚度每增减 1cm（增 5cm）	100m^2	1.100
	4F-001	透水水泥稳定碎石基层 厚度 20cm	100m^2	1.050
	4F-013	透水沥青混凝土面层 厚度 9cm	100m^2	1.000
	4F-014	透水沥青混凝土面层 厚度每增减 1cm（增 3cm）	100m^2	1.000
	4F-007	透水级配碎石基层 厚度 20cm	100m^2	0.500
	4F-008	透水级配碎石基层 厚度每增减 1cm（增 10cm）	100m^2	0.500
	4F-009	砂基层 厚度 10cm	100m^2	0.500
	4F-010	砂基层 厚度每增减 1cm（减 7cm）	100m^2	0.500
	4F-021	混凝土透水砖面层 300×300×60	100m^2	0.500
	4F-026	成品混凝土路缘石安装	100m	0.206
4Z-004	4F-001	透水水泥稳定碎石基层 厚度 20cm	100m^2	1.100
	4F-002	透水水泥稳定碎石基层 厚度每增减 1cm（减 5cm）	100m^2	1.100
	4F-001	透水水泥稳定碎石基层 厚度 20cm	100m^2	1.050
	4F-002	透水水泥稳定碎石基层 厚度每增减 1cm（减 5cm）	100m^2	1.050
	4F-013	透水沥青混凝土面层 厚度 9cm	100m^2	1.000
	4F-014	透水沥青混凝土面层 厚度每增减 1cm（减 1cm）	100m^2	1.000
	4F-007	透水级配碎石基层 厚度 20cm	100m^2	1.143
	4F-008	透水级配碎石基层 厚度每增减 1cm（增 10cm）	100m^2	1.143
	4F-009	砂基层 厚度 10cm	100m^2	1.143
	4F-010	砂基层 厚度每增减 1cm（减 7cm）	100m^2	1.143
	4F-021	混凝土透水砖面层 300×300×60	100m^2	1.143
	4F-026	成品混凝土路缘石安装	100m	0.406
4Z-005	4F-001	透水水泥稳定碎石基层 厚度 20cm	100m^2	1.100
	4F-002	透水水泥稳定碎石基层 厚度每增减 1cm（增 25cm）	100m^2	1.100

续表

综合指标编号	分项指标编号	分项名称	单位	数量
4Z-005	4F-007	透水级配碎石基层 厚度20cm	$100m^2$	1.000
	4F-008	透水级配碎石基层 厚度每增减1cm（减5cm）	$100m^2$	1.000
	4F-015	彩色透水沥青混凝土面层 厚度9cm	$100m^2$	1.000
	4F-016	彩色透水沥青混凝土面层 厚度每增减1cm（增13cm）	$100m^2$	1.000
	4F-007	透水级配碎石基层 厚度20cm	$100m^2$	0.200
	4F-008	透水级配碎石基层 厚度每增减1cm（增10cm）	$100m^2$	0.200
	4F-009	砂基层 厚度10cm	$100m^2$	0.060
	4F-010	砂基层 厚度每增减1cm（减7cm）	$100m^2$	0.060
	4F-021	混凝土透水砖面层 300×300×60	$100m^2$	0.200
	4F-007	透水级配碎石基层 厚度20cm	$100m^2$	0.233
	4F-008	透水级配碎石基层 厚度每增减1cm（减5cm）	$100m^2$	0.233
	4F-005	无砂大孔混凝土基层 厚度10cm	$100m^2$	0.233
	4F-006	无砂大孔混凝土基层 厚度每增减1cm（减2cm）	$100m^2$	0.233
	4F-015	彩色透水沥青混凝土面层 厚度9cm	$100m^2$	0.233
	4F-016	彩色透水沥青混凝土面层 厚度每增减1cm（增1cm）	$100m^2$	0.233
	4F-026	成品混凝土路缘石安装	100m	0.200
	5F-001	种植土回填	$100m^3$	0.267
	5F-002	成片栽植	$100m^2$	0.267
	4F-028	成品混凝土植树框安装	100m	0.048
4Z-006	4F-001	透水水泥稳定碎石基层 厚度20cm	$100m^2$	1.100
	4F-002	透水水泥稳定碎石基层 厚度每增减1cm（增5cm）	$100m^2$	1.100
	4F-001	透水水泥稳定碎石基层 厚度20cm	$100m^2$	1.050
	4F-002	透水水泥稳定碎石基层 厚度每增减1cm（增5cm）	$100m^2$	1.050
	4F-015	彩色透水沥青混凝土面层 厚度9cm	$100m^2$	1.000
	4F-016	彩色透水沥青混凝土面层 厚度每增减1cm（增7cm）	$100m^2$	1.000
	4F-007	透水级配碎石基层 厚度20cm	$100m^2$	0.286
	4F-008	透水级配碎石基层 厚度每增减1cm（增10cm）	$100m^2$	0.286
	4F-009	砂基层 厚度10cm	$100m^2$	0.286
	4F-010	砂基层 厚度每增减1cm（减7cm）	$100m^2$	0.286
	4F-021	混凝土透水砖面层 300×300×60	$100m^2$	0.286
	4F-026	成品混凝土路缘石安装	100m	0.400
	5F-001	种植土回填	$100m^3$	0.143
	5F-002	成片栽植	$100m^2$	1.429
	4F-028	成品混凝土植树框安装	100m	0.068

续表

综合指标编号	分项指标编号	分 项 名 称	单位	数量
4Z-007	4F-001	透水水泥稳定碎石基层 厚度 20cm	$100m^2$	1.100
	4F-002	透水水泥稳定碎石基层 厚度每增减 1cm（增 5cm）	$100m^2$	1.100
	4F-001	透水水泥稳定碎石基层 厚度 20cm	$100m^2$	1.050
	4F-015	彩色透水沥青混凝土面层 厚度 9cm	$100m^2$	1.000
	4F-016	彩色透水沥青混凝土面层 厚度每增减 1cm（增 3cm）	$100m^2$	1.000
	4F-007	透水级配碎石基层 厚度 20cm	$100m^2$	0.500
	4F-008	透水级配碎石基层 厚度每增减 1cm（增 10cm）	$100m^2$	0.500
	4F-009	砂基层 厚度 10cm	$100m^2$	0.500
	4F-010	砂基层 厚度每增减 1cm（减 7cm）	$100m^2$	0.500
	4F-021	混凝土透水砖面层 300×300×60	$100m^2$	0.500
	4F-026	成品混凝土路缘石安装	100m	0.206
4Z-008	4F-001	透水水泥稳定碎石基层 厚度 20cm	$100m^2$	1.100
	4F-002	透水水泥稳定碎石基层 厚度每增减 1cm（减 5cm）	$100m^2$	1.100
	4F-001	透水水泥稳定碎石基层 厚度 20cm	$100m^2$	1.050
	4F-002	透水水泥稳定碎石基层 厚度每增减 1cm（减 5cm）	$100m^2$	1.050
	4F-015	彩色透水沥青混凝土面层 厚度 9cm	$100m^2$	1.000
	4F-016	彩色透水沥青混凝土面层 厚度每增减 1cm（减 1cm）	$100m^2$	1.000
	4F-007	透水级配碎石基层 厚度 20cm	$100m^2$	1.143
	4F-008	透水级配碎石基层 厚度每增减 1cm（增 10cm）	$100m^2$	1.143
	4F-009	砂基层 厚度 10cm	$100m^2$	1.143
	4F-010	砂基层 厚度每增减 1cm（减 7cm）	$100m^2$	1.143
	4F-021	混凝土透水砖面层 300×300×60	$100m^2$	1.143
	4F-026	成品混凝土路缘石安装	100m	0.406
4Z-009	4F-007	透水级配碎石基层 厚度 20cm	$100m^2$	1.100
	4F-008	透水级配碎石基层 厚度每增减 1cm（增 10cm）	$100m^2$	1.100
	4F-005	无砂大孔混凝土基层 厚度 10cm	$100m^2$	1.000
	4F-006	无砂大孔混凝土基层 厚度每增减 1cm（增 18cm）	$100m^2$	1.000
	4F-007	透水级配碎石基层 厚度 20cm	$100m^2$	0.200
	4F-008	透水级配碎石基层 厚度每增减 1cm（减 5cm）	$100m^2$	0.200
	4F-009	砂基层 厚度 10cm	$100m^2$	0.200
	4F-010	砂基层 厚度每增减 1cm（减 7cm）	$100m^2$	0.200
	4F-007	透水级配碎石基层 厚度 20cm	$100m^2$	0.233
	4F-008	透水级配碎石基层 厚度每增减 1cm（减 5cm）	$100m^2$	0.233
	4F-005	无砂大孔混凝土基层 厚度 10cm	$100m^2$	0.233
	4F-006	无砂大孔混凝土基层 厚度每增减 1cm（增 5cm）	$100m^2$	0.233
	4F-026	成品混凝土路缘石安装	100m	0.200

续表

综合指标编号	分项指标编号	分项名称	单位	数量
4Z-009	5F-001	种植土回填	$100m^3$	0.267
	5F-002	成片栽植	$100m^2$	0.267
	4F-028	成品混凝土植树框安装	100m	0.048
4Z-010	4F-007	透水级配碎石基层 厚度 20cm	$100m^2$	1.100
	4F-008	透水级配碎石基层 厚度每增减 1cm（增 10cm）	$100m^2$	1.100
	4F-005	无砂大孔混凝土基层 厚度 10cm	$100m^2$	1.000
	4F-006	无砂大孔混凝土基层 厚度每增减 1cm（增 14cm）	$100m^2$	1.000
	4F-007	透水级配碎石基层 厚度 20cm	$100m^2$	0.286
	4F-008	透水级配碎石基层 厚度每增减 1cm（增 10cm）	$100m^2$	0.286
	4F-009	砂基层 厚度 10cm	$100m^2$	0.286
	4F-010	砂基层 厚度每增减 1cm（减 7cm）	$100m^2$	0.286
	4F-021	混凝土透水砖面层 300×300×60	$100m^2$	0.286
	4F-026	成品混凝土路缘石安装	100m	0.400
	5F-001	种植土回填	$100m^3$	0.143
	5F-002	成片栽植	$100m^2$	0.143
	4F-028	成品混凝土植树框安装	100m	0.068
4Z-011	4F-007	透水级配碎石基层 厚度 20cm	$100m^2$	1.100
	4F-008	透水级配碎石基层 厚度每增减 1cm（增 10cm）	$100m^2$	1.100
	4F-005	无砂大孔混凝土基层 厚度 10cm	$100m^2$	1.000
	4F-006	无砂大孔混凝土基层 厚度每增减 1cm（增 10cm）	$100m^2$	1.000
	4F-009	砂基层 厚度 10cm	$100m^2$	0.500
	4F-010	砂基层 厚度每增减 1cm（减 7cm）	$100m^2$	0.500
	4F-021	混凝土透水砖面层 300×300×60	$100m^2$	0.500
	4F-026	成品混凝土路缘石安装	100m	0.064
4Z-012	4F-007	透水级配碎石基层 厚度 20cm	$100m^2$	1.100
	4F-005	无砂大孔混凝土基层 厚度 10cm	$100m^2$	1.000
	4F-006	无砂大孔混凝土基层 厚度每增减 1cm（增 8cm）	$100m^2$	1.000
	4F-009	砂基层 厚度 10cm	$100m^2$	1.143
	4F-010	砂基层 厚度每增减 1cm（减 7cm）	$100m^2$	1.143
	4F-021	混凝土透水砖面层 300×300×60	$100m^2$	1.143
	4F-026	成品混凝土路缘石安装	100m	0.168
4Z-013	4F-003	砾石基层 厚度 20cm	$100m^2$	1.000
	4F-005	无砂大孔混凝土基层 厚度 10cm	$100m^2$	1.000
	4F-006	无砂大孔混凝土基层 厚度每增减 1cm（增 5cm）	$100m^2$	1.000
	4F-013	透水沥青混凝土面层 厚度 9cm	$100m^2$	1.000
	4F-014	透水沥青混凝土面层 厚度每增减 1cm（减 3cm）	$100m^2$	1.000
	4F-026	成品混凝土路缘石安装	100m	0.700

续表

综合指标编号	分项指标编号	分 项 名 称	单位	数量
4Z-014	4F-003	砾石基层 厚度 20cm	$100m^2$	1.000
	4F-005	无砂大孔混凝土基层 厚度 10cm	$100m^2$	1.000
	4F-006	无砂大孔混凝土基层 厚度每增减 1cm（增 5cm）	$100m^2$	1.000
	4F-015	彩色透水沥青混凝土面层 厚度 9cm	$100m^2$	1.000
	4F-016	彩色透水沥青混凝土面层 厚度每增减 1cm（减 3cm）	$100m^2$	1.000
	4F-026	成品混凝土路缘石安装	100m	0.700
4Z-015	4F-011	天然级配砂石基层 厚度 15cm	$100m^2$	1.000
	4F-012	天然级配砂石基层 厚度每增减 1cm（增 15cm）	$100m^2$	1.000
	4F-017	普通透水混凝土面层 厚度 18cm	$100m^2$	1.000
	4F-026	成品混凝土路缘石安装	100m	0.700
4Z-016	4F-011	天然级配砂石基层 厚度 15cm	$100m^2$	1.000
	4F-012	天然级配砂石基层 厚度每增减 1cm（增 15cm）	$100m^2$	1.000
	4F-009	砂基层 厚度 10cm	$100m^2$	1.000
	4F-010	砂基层 厚度每增减 1cm（减 7cm）	$100m^2$	1.000
	4F-005	无砂大孔混凝土基层 厚度 10cm	$100m^2$	1.000
	4F-006	无砂大孔混凝土基层 厚度每增减 1cm（增 9cm）	$100m^2$	1.000
	4F-019	彩色强固透水混凝土面层 厚度 3cm	$100m^2$	1.000
	4F-026	成品混凝土路缘石安装	100m	0.700
4Z-017	4F-007	透水级配碎石基层 厚度 20cm	$100m^2$	1.000
	4F-008	透水级配碎石基层 厚度每增减 1cm（减 10cm）	$100m^2$	1.000
	4F-001	透水水泥稳定碎石基层 厚度 20cm	$100m^2$	1.000
	4F-002	透水水泥稳定碎石基层 厚度每增减 1cm（减 5cm）	$100m^2$	1.000
	4F-021	混凝土透水砖面层 300×300×80	$100m^2$	1.000
	4F-026	成品混凝土路缘石安装	100m	0.700
4Z-018	4F-007	透水级配碎石基层 厚度 20cm	$100m^2$	1.000
	4F-008	透水级配碎石基层 厚度每增减 1cm（减 10cm）	$100m^2$	1.000
	4F-005	无砂大孔混凝土基层 厚度 10cm	$100m^2$	1.000
	4F-006	无砂大孔混凝土基层 厚度每增减 1cm（增 9cm）	$100m^2$	1.000
	4F-022	陶瓷透水砖面层 300×300×55	$100m^2$	1.000
	4F-026	成品混凝土路缘石安装	100m	0.700
4Z-019	4F-011	天然级配砂石基层 厚度 15cm	$100m^2$	1.000
	4F-012	天然级配砂石基层 厚度每增减 1cm（增 15cm）	$100m^2$	1.000
	4F-005	无砂大孔混凝土基层 厚度 10cm	$100m^2$	1.000
	4F-009	砂基层 厚度 10cm	$100m^2$	1.000
	4F-010	砂基层 厚度每增减 1cm（减 7cm）	$100m^2$	1.000
	4F-024	透水嵌草砖面层 6cm 透水植草砖	$100m^2$	1.000
	4F-026	成品混凝土路缘石安装	100m	0.700

续表

综合指标编号	分项指标编号	分项名称	单位	数量
4Z-020	4F-003	砾石基层 厚度 20cm	$100m^2$	1.000
	4F-004	砾石基层 厚度每增减 1cm（减 5cm）	$100m^2$	1.000
	4F-005	无砂大孔混凝土基层 厚度 10cm	$100m^2$	1.000
	4F-013	透水沥青混凝土面层 厚度 9cm	$100m^2$	1.000
	4F-014	透水沥青混凝土面层 厚度每增减 1cm（减 3cm）	$100m^2$	1.000
	4F-026	成品混凝土路缘石安装	100m	0.700
4Z-021	4F-003	砾石基层 厚度 20cm	$100m^2$	1.000
	4F-004	砾石基层 厚度每增减 1cm（减 5cm）	$100m^2$	1.000
	4F-005	无砂大孔混凝土基层 厚度 10cm	$100m^2$	1.000
	4F-015	彩色透水沥青混凝土面层 厚度 9cm	$100m^2$	1.000
	4F-016	彩色透水沥青混凝土面层 厚度每增减 1cm（减 3cm）	$100m^2$	1.000
	4F-026	成品混凝土路缘石安装	100m	0.700
4Z-022	4F-011	天然级配砂石基层 厚度 15cm	$100m^2$	1.000
	4F-017	普通透水混凝土面层 厚度 18cm	$100m^2$	1.000
	4F-018	普通透水混凝土面层 厚度每增减 1cm（减 12cm）	$100m^2$	1.000
	4F-026	成品混凝土路缘石安装	100m	0.700
4Z-023	4F-011	天然级配砂石基层 厚度 15cm	$100m^2$	1.000
	4F-009	砂基层 厚度 10cm	$100m^2$	1.000
	4F-010	砂基层 厚度每增减 1cm（减 7cm）	$100m^2$	1.000
	4F-005	无砂大孔混凝土基层 厚度 10cm	$100m^2$	1.000
	4F-006	无砂大孔混凝土基层 厚度每增减 1cm（减 5cm）	$100m^2$	1.000
	4F-019	彩色强固透水混凝土面层 厚度 3cm	$100m^2$	1.000
	4F-026	成品混凝土路缘石安装	100m	0.700
4Z-024	4F-011	天然级配砂石基层 厚度 15cm	$100m^2$	1.000
	4F-012	天然级配砂石基层 厚度每增减 1cm（增 15cm）	$100m^2$	1.000
	4F-021	混凝土透水砖面层 300×300×60	$100m^2$	1.000
	4F-026	成品混凝土路缘石安装	100m	0.700
4Z-025	4F-007	透水级配碎石基层 厚度 20cm	$100m^2$	1.000
	4F-009	砂基层 厚度 10cm	$100m^2$	1.000
	4F-010	砂基层 厚度每增减 1cm（减 7cm）	$100m^2$	1.000
	4F-022	陶瓷透水砖面层 300×300×55	$100m^2$	1.000
	4F-026	成品混凝土路缘石安装	100m	0.700
4Z-026	4F-007	透水级配碎石基层 厚度 20cm	$100m^2$	1.000
	4F-008	透水级配碎石基层 厚度每增减 1cm（减 5cm）	$100m^2$	1.000
	4F-009	砂基层 厚度 10cm	$100m^2$	1.000
	4F-010	砂基层 厚度每增减 1cm（减 5cm）	$100m^2$	1.000
	4F-024	透水嵌草砖面层 6cm 透水植草砖	$100m^2$	1.000
	4F-026	成品混凝土路缘石安装	100m	0.700

续表

综合指标编号	分项指标编号	分 项 名 称	单位	数量
4Z-027	4F-007	透水级配碎石基层 厚度 20cm	100m^2	1.000
	4F-005	无砂大孔混凝土基层 厚度 10cm	100m^2	1.000
	4F-006	无砂大孔混凝土基层 厚度每增减 1cm（增 10cm）	100m^2	1.000
	4F-023	砂基透水砖面层 300×300×80	100m^2	1.000
	4F-026	成品混凝土路缘石安装	100m	0.700
4Z-028	4F-025	卵石	100m^2	1.000
5Z-001	5F-004	一般种植屋面	100m^2	1.000
5Z-002	5F-005	容器种植屋面	100m^2	1.000
5Z-003	1F-002	机械开挖土方	1000m^3	0.080
	1F-012	机械运输土方每增减 1km	1000m^3	1.520
	5F-001	种植土回填	100m^3	0.300
	5F-003	铺种草卷	100m^2	1.000
	5F-020	消能渠	100m	0.730
	5F-021	砂垫层	10m^3	1.000
	5F-022	碎（砾）石垫层	10m^3	2.000
	5F-024	成品塑料溢流井 *D*=900	座	1.000
5Z-004	1F-002	机械开挖土方	1000m^3	0.050
	1F-012	机械运输土方每增减 1km	1000m^3	0.950
	5F-001	种植土回填	100m^3	0.300
	5F-003	铺种草卷	100m^2	1.000
	5F-020	消能渠	100m	0.730
	5F-024	成品塑料溢流井 *D*=900	座	1.000
5Z-005	1F-002	机械开挖土方	1000m^3	0.135
	1F-012	机械运输土方每增减 1km	1000m^3	2.565
	5F-001	种植土回填	100m^3	0.379
	5F-002	成片栽植（金边黄杨 株高或蓬径：*H*=40cm，*P*=25~30cm）	100m^2	0.850
	5F-002	成片栽植（花叶络石 株高或蓬径：*H*=20~25cm，藤长≥25cm）	100m^2	0.150
	5F-021	砂垫层	10m^3	1.999
	5F-022	碎（砾）石垫层	10m^3	0.900
5Z-006	1F-002	机械开挖土方	1000m^3	0.135
	1F-012	机械运输土方每增减 1km	1000m^3	2.565
	5F-001	种植土回填	100m^3	0.440
	5F-002	成片栽植（金边黄杨 株高或蓬径：*H*=40cm，*P*=25~30cm）	100m^2	0.850
	5F-002	成片栽植（花叶络石 株高或蓬径：*H*=20~25cm，藤长≥25cm）	100m^2	0.150
	5F-021	砂垫层	10m^3	2.749
	5F-022	碎（砾）石垫层	10m^3	1.450

续表

综合指标编号	分项指标编号	分 项 名 称	单位	数量
5Z-007	1F-002	机械开挖土方	$1000m^3$	0.135
	1F-012	机械运输土方每增减 1km	$1000m^3$	2.565
	5F-001	种植土回填	$100m^3$	0.470
	5F-002	成片栽植（金边黄杨 株高或蓬径：*H*=40cm，*P*=25~30cm）	$100m^2$	0.850
	5F-002	成片栽植（花叶络石 株高或蓬径：*H*=20~25cm，藤长≥ 25cm）	$100m^2$	0.150
	5F-021	砂垫层	$10m^3$	3.125
	5F-022	碎（砾）石垫层	$10m^3$	1.725
5Z-008	1F-002	机械开挖土方	$1000m^3$	0.135
	1F-012	机械运输土方每增减 1km	$1000m^3$	2.565
	5F-001	种植土回填	$100m^3$	0.380
	5F-002	成片栽植（金边黄杨 株高或蓬径：*H*=40cm，*P*=25~30cm）	$100m^2$	0.850
	5F-002	成片栽植（花叶络石 株高或蓬径：*H*=20~25cm，藤长≥ 25cm）	$100m^2$	0.150
	5F-021	砂垫层	$10m^3$	1.976
	5F-022	碎（砾）石垫层	$10m^3$	0.887
	5F-024	成品塑料溢流井 *D*=900	座	1.000
5Z-009	1F-002	机械开挖土方	$1000m^3$	0.135
	1F-012	机械运输土方每增减 1km	$1000m^3$	2.565
	5F-001	种植土回填	$100m^3$	0.440
	5F-002	成片栽植（金边黄杨 株高或蓬径：*H*=40cm，*P*=25~30cm）	$100m^2$	0.850
	5F-002	成片栽植（花叶络石 株高或蓬径：*H*=20~25cm，藤长≥ 25cm）	$100m^2$	0.150
	5F-021	砂垫层	$10m^3$	2.749
	5F-022	碎（砾）石垫层	$10m^3$	1.450
	5F-024	成品塑料溢流井 *D*=900	座	1.000
5Z-010	1F-002	机械开挖土方	$1000m^3$	0.135
	1F-012	机械运输土方每增减 1km	$1000m^3$	2.565
	5F-001	种植土回填	$100m^3$	0.467
	5F-002	成片栽植（金边黄杨 株高或蓬径：*H*=40cm，*P*=25~30cm）	$100m^2$	0.850
	5F-002	成片栽植（花叶络石 株高或蓬径：*H*=20~25cm，藤长≥ 25cm）	$100m^2$	0.150
	5F-021	砂垫层	$10m^3$	3.102
	5F-022	碎（砾）石垫层	$10m^3$	1.712
	5F-024	成品塑料溢流井 *D*=900	座	1.000

续表

综合指标编号	分项指标编号	分 项 名 称	单位	数量
5Z-011	1F-002	机械开挖土方	$1000m^3$	0.135
	1F-012	机械运输土方每增减 1km	$1000m^3$	2.565
	5F-001	种植土回填	$100m^3$	0.376
	5F-002	成片栽植(金边黄杨 株高或蓬径:H=40cm,P=25~30cm)	$100m^2$	0.850
	5F-002	成片栽植(花叶络石 株高或蓬径:H=20~25cm,藤长≥ 25cm)	$100m^2$	0.150
	5F-021	砂垫层	$10m^3$	1.976
	5F-022	碎(砾)石垫层	$10m^3$	0.900
	5F-024	成品塑料溢流井 D=900	座	1.000
5Z-012	1F-002	机械开挖土方	$1000m^3$	0.135
	1F-012	机械运输土方每增减 1km	$1000m^3$	2.565
	5F-001	种植土回填	$100m^3$	0.440
	5F-002	成片栽植(金边黄杨 株高或蓬径:H=40cm,P=25~30cm)	$100m^2$	0.850
	5F-002	成片栽植(花叶络石 株高或蓬径:H=20~25cm,藤长≥ 25cm)	$100m^2$	0.150
	5F-021	砂垫层	$10m^3$	2.749
	5F-022	碎(砾)石垫层	$10m^3$	1.450
	5F-024	成品塑料溢流井 D=900	座	1.000
5Z-013	1F-002	机械开挖土方	$1000m^3$	0.135
	1F-012	机械运输土方每增减 1km	$1000m^3$	2.565
	5F-001	种植土回填	$100m^3$	0.467
	5F-002	成片栽植(金边黄杨 株高或蓬径:H=40cm,P=25~30cm)	$100m^2$	0.850
	5F-002	成片栽植(花叶络石 株高或蓬径:H=20~25cm,藤长≥ 25cm)	$100m^2$	0.150
	5F-021	砂垫层	$10m^3$	3.102
	5F-022	碎(砾)石垫层	$10m^3$	1.725
	5F-024	成品塑料溢流井 D=900	座	1.000
5Z-014	5F-001	种植土回填	$100m^3$	0.400
	5F-002	成片栽植(红花继木色带)	$100m^2$	0.500
	5F-006	花草栽植	$100m^2$	0.500
	5F-010	景观石(小品)	t	10.000
	5F-020	消能渠	100m	0.500
5Z-015	5F-013	干砌石材护(驳)岸	$100m^3$	0.500
	5F-002	成片栽植	$100m^2$	2.000
	5F-003	铺种草卷	$100m^2$	3.350

续表

综合指标编号	分项指标编号	分 项 名 称	单位	数量
5Z-016	5F-011	木桩护（驳）岸	100m	1.000
	5F-018	植被护岸	$100m^2$	2.000
	5F-013	干砌石材护（驳）岸	$100m^3$	0.300
5Z-017	1F-002	机械开挖土方	$1000m^3$	0.178
	1F-012	机械运输土方每增减 1km	$1000m^3$	3.382
	4F-023	砂基透水砖面层 300×300×80	$100m^2$	5.000
	4F-026	成品混凝土路缘石安装	100m	2.000
	5F-014	石笼护（驳）岸	$100m^3$	16.000
	5F-017	生态混凝土护（驳）岸	$100m^2$	3.770
	5F-018	植被护岸	$100m^2$	11.850
	5F-022	碎（砾）石层	$10m^3$	10.000

附录二　主要材料、设备、机械台班单价取定表

序号	材料名称及规格型号	单位	单价（元）
1	普工	工日	83.68
2	一般技工	工日	128.74
3	高级技工	工日	193.10
4	HDPE 双壁波纹管 *DN*300	m	98.40
5	HDPE 双壁波纹管 *DN*500	m	237.00
6	HDPE 双壁波纹管 *DN*800	m	533.46
7	HDPE 双壁波纹管 *DN*1200	m	1136.35
8	HDPE 双壁波纹管 *DN*1600	m	1836.54
9	玻璃钢夹砂管 *DN*300	m	146.56
10	玻璃钢夹砂管 *DN*500	m	262.26
11	玻璃钢夹砂管 *DN*800	m	549.98
12	玻璃钢夹砂管 *DN*1200	m	1054.46
13	玻璃钢夹砂管 *DN*1400	m	1337.55
14	玻璃钢夹砂管 *DN*1600	m	1836.62
15	玻璃钢夹砂管 *DN*2000	m	2492.29
16	玻璃钢夹砂管 *DN*2200	m	3148.72
17	玻璃钢夹砂管 *DN*2400	m	4250.24
18	穿孔收集管 *D*=150	m	60.00
19	穿孔收集管 *D*=200	m	85.00
20	穿孔收集管 *D*=300	m	180.00

续表

序号	材料名称及规格型号	单位	单价（元）
21	地下水平导向钢管 DN100	m	50.35
22	地下水平导向钢管 DN200	m	140.53
23	地下水平导向钢管 DN300	m	275.35
24	地下水平导向钢管 DN500	m	512.36
25	地下水平导向钢管 DN600	m	616.92
26	地下水平导向钢管 DN800	m	826.08
27	钢板卷管 DN300	m	275.35
28	钢板卷管 DN400	m	407.80
29	钢板卷管 DN500	m	512.36
30	钢板卷管 DN800	m	826.08
31	钢板卷管 DN1500	m	1558.03
32	钢管 D60×3.5	m	18.98
33	钢管 DN100	m	50.35
34	钢管 DN200	m	82.09
35	钢管顶管 DN800	m	940.00
36	钢管顶管 DN1000	m	1100.00
37	钢管顶管 DN1200	m	1500.00
38	钢管顶管 DN1350	m	1700.00
39	钢管顶管 DN1600	m	2200.00
40	钢管顶管 DN1800	m	2600.00
41	钢管顶管 DN2000	m	3000.00
42	钢管顶管 DN2200	m	3300.00
43	钢管顶管 DN2400	m	3700.00
44	钢管顶管 DN2600	m	4000.00
45	钢筋混凝土管 DN800	m	320.00
46	钢筋混凝土管 DN1200	m	670.00
47	钢筋混凝土管 DN1350	m	990.00
48	钢筋混凝土管 DN1650	m	1350.00
49	钢筋混凝土管 DN2000	m	2050.00
50	钢筋混凝土管 DN2200	m	2460.00
51	钢筋混凝土管 DN2400	m	2940.00
52	挤压顶进钢管 DN150	m	50.00
53	挤压顶进钢管 DN200	m	70.00
54	挤压顶进钢管 DN300	m	150.00
55	挤压顶进钢管 DN400	m	200.00
56	挤压顶进钢管 DN500	m	330.00
57	挤压顶进钢管 DN600	m	400.00

续表

序号	材料名称及规格型号	单位	单价（元）
58	挤压顶进铸铁管 *DN*150	m	55.00
59	挤压顶进铸铁管 *DN*200	m	80.00
60	挤压顶进铸铁管 *DN*300	m	170.00
61	挤压顶进铸铁管 *DN*400	m	230.00
62	挤压顶进铸铁管 *DN*500	m	340.00
63	挤压顶进铸铁管 *DN*600	m	420.00
64	加强钢筋混凝土顶管 *DN*800	m	690.00
65	加强钢筋混凝土顶管 *DN*1000	m	760.00
66	加强钢筋混凝土顶管 *DN*1200	m	1100.00
67	加强钢筋混凝土顶管 *DN*1350	m	1230.00
68	加强钢筋混凝土顶管 *DN*1500	m	1500.00
69	加强钢筋混凝土顶管 *DN*1650	m	1700.00
70	加强钢筋混凝土顶管 *DN*1800	m	2140.00
71	加强钢筋混凝土顶管 *DN*2000	m	2460.00
72	加强钢筋混凝土顶管 *DN*2200	m	3150.00
73	加强钢筋混凝土顶管 *DN*2400	m	3670.00
74	塑料给水管	m	13.00
75	塑料给水管 *DN*100	m	49.60
76	塑料给水管 *DN*200	m	177.00
77	无缝钢管 $D70\times3$	m	18.39
78	无缝钢管 $D102\times4$	m	34.99
79	预应力混凝土管 *DN*300	m	76.00
80	预应力混凝土管 *DN*500	m	130.00
81	标准砖 240×115×53	千块	500.00
82	条石	m^3	150.00
83	毛料石	m^3	120.00
84	毛石（综合）	m^3	80.00
85	片石	m^3	100.00
86	块石	m^3	100.00
87	级配卵石	m^3	108.80
88	选净卵石	kg	0.07
89	碎石 5~32	t	58.00
90	碎石（综合）	m^3	84.10
91	级配砂石	t	50.00
92	砾石 40	m^3	115.00
93	砂	m^3	85.00
94	砂子 中粗砂	m^3	99.00

续表

序号	材料名称及规格型号	单位	单价（元）
95	水	m^3	8.41
96	水泥 52.5	kg	0.48
97	水泥 P·O 42.5	kg	0.45
98	M7.5 水泥砂浆	m^3	470.00
99	干混砌筑砂浆 DM M10	m^3	480.00
100	砌筑水泥砂浆 M5.0	m^3	470.00
101	电	kW·h	0.84
102	电磁流量计	套	4700.00
103	电动、电磁阀门 *DN*100	个	1460.00
104	电动、电磁阀门 *DN*125	个	2100.00
105	电动、电磁阀门 *DN*150	个	3500.00
106	电动蝶阀 *DN*80	个	1627.00
107	电动闸门 ϕ1400	座	50000.00
108	电动闸门 ϕ1600	座	70000.00
109	电动闸门 ϕ1800	座	85000.00
110	电话线	m	0.20
111	电雷管	个	1.00
112	电力电缆 ZA-YJV-0.5/1，3×120+70	m	20.30
113	电力电缆 ZA-YJV-0.5/1，3×150+70	m	23.00
114	电力电缆 ZA-YJV-0.5/1，3×185+95	m	35.00
115	电力电缆 ZA-YJV-10，3×95	m	21.00
116	电力电缆 ZA-YJV22-1，4×16 及以下	m	4.50
117	电力电缆 ZA-YJV22-1，5×16 及以下	m	8.80
118	电力电缆 YJV-ZA-1 5×4	m	2.20
119	控制电缆	m	15.00
120	控制电缆 阻燃，各种规格	m	2.50
121	控制电缆 kVV-ZA 12×1.5	m	2.80
122	控制电缆 kVV-ZA 7×2.5	m	2.20
123	浮球液位计 TEK-01	台	1800.00
124	浮球液位控制器 / 液位开关	台	1100.00
125	6cm 透水植草砖	m^2	65.00
126	PP 模块	m^3	490.00
127	SBS 改性沥青防水卷材 3mm	m^2	34.00
128	SBS 改性沥青防水卷材 4mm	m^2	38.00
129	ϕ600 成品检查井	套	124.79
130	凹凸型排水板	m^2	110.00
131	板枋材	m^3	1990.00

续表

序号	材料名称及规格型号	单位	单价（元）
132	玻璃钢清水箱 $2m^3$	台	1800.00
133	玻璃钢清水箱 $10m^3$	台	9000.00
134	玻璃钢清水箱 $20m^3$	台	18000.00
135	玻璃钢蓄水箱 $50m^3$	台	45000.00
136	玻璃钢蓄水箱 $100m^3$	台	90000.00
137	不锈钢法兰	t	30000.00
138	不锈钢管配件	t	20000.00
139	彩色透水沥青混凝土	m^3	3846.00
140	柴油	kg	6.79
141	齿轮、液压、电动阀门	个	3500.00
142	刀片 $D1500$	片	1282.05
143	对夹式蝶阀 $DN65$	个	410.00
144	对夹式蝶阀 $DN80$	个	450.00
145	对夹式蝶阀 $DN100$	个	575.00
146	阀门 $DN100$	个	903.07
147	阀门 $DN150$	个	3500.00
148	阀门 $DN500$	个	8900.00
149	阀门 $DN800$	个	10400.00
150	阀门 $DN1600$	个	22000.00
151	阀门 $DN2000$	个	27000.00
152	阀门 $DN2200$	个	30000.00
153	阀门 $DN2400$	个	35000.00
154	法兰 $DN65$	片	35.00
155	法兰 $DN80$	片	50.00
156	法兰 $DN100$	片	65.00
157	法兰 $DN150$	片	70.00
158	法兰阀门 $DN300$	个	5400.00
159	防腐木	m^3	4500.00
160	浮标（子）液位计	台	80.00
161	浮箱拍门 $DN1400$	座	17800.00
162	浮箱拍门 $DN1600$	座	25000.00
163	复合模板	m^2	38.47
164	钢板 $\delta3\sim10$	kg	3.16
165	钢板内套环	个	228.00
166	钢板外套环	个	230.00
167	钢法兰	t	5000.00
168	钢管配件	t	4000.00

续表

序号	材料名称及规格型号	单位	单价（元）
169	钢筋	kg	3.44
170	钢筋网片	t	2991.45
171	钢筋应力计	个	196.00
172	钢模板	kg	4.53
173	型钢（综合）	t	3040.00
174	中厚钢板 δ15 以内	kg	3.16
175	中厚钢板（综合）	t	3160.00
176	钢筋混凝土预制拼装池体（50m^3）	套	27500.00
177	钢筋混凝土预制拼装池体（100m^3）	套	55000.00
178	钢筋混凝土预制拼装池体（150m^3）	套	82500.00
179	钢筋混凝土预制拼装池体（200m^3）	套	110000.00
180	钢筋混凝土预制拼装池体（300m^3）	套	165000.00
181	钢筋混凝土预制拼装池体（400m^3）	套	220000.00
182	高密度聚乙烯土工膜 δ1.5	m^2	30.00
183	格宾网	m^2	30.00
184	管片连接螺栓	kg	6.54
185	合金钢钻头	个	30.00
186	环圈钢板	t	3160.00
187	环氧水泥改性聚合物防水防腐涂料	kg	25.00
188	黄（杂）石	t	300.00
189	混凝土边石 120×200×1000	m	16.00
190	混凝土透水砖 300×300×60	m^2	120.00
191	混凝土透水砖 300×300×80	m^2	150.00
192	混凝土缘石 100×300×495	m	33.13
193	混凝土缘石 100×300×495	m	14.20
194	混凝土缘石 150×360×1000	m	33.13
195	混凝土植树框 1250×80×160	m	30.40
196	集水樽（容积 1.25m^3）	个	1200.00
197	集水樽（容积 3.5m^3）	个	3000.00
198	接头箱	kg	5.00
199	截污框	个	80.00
200	景石 天然	t	1200.00
201	聚氨酯防水涂料	kg	17.00
202	聚氨酯甲乙料	kg	16.45
203	可发性聚氨酯泡沫塑料	kg	12.82
204	帘布橡胶条	kg	14.28
205	零星卡具	kg	6.67

续表

序号	材料名称及规格型号	单位	单价（元）
206	六角螺栓带螺母 M12 × 200	kg	6.00
207	路灯 10M NG400W	座	6500.00
208	氯丁橡胶条	kg	13.80
209	锚杆铁件	kg	3.85
210	锚固药卷	kg	1.45
211	母线槽 2000A	m	3200.00
212	母线槽 4000A	m	8250.00
213	母线槽 5000A	m	12000.00
214	木模板	m^3	1990.00
215	防腐杉木桩	m^3	2800.00
216	膨润土 200 目	kg	20.00
217	轻型铸铁井盖井座 *D*=700	套	850.00
218	球形污水止回阀 *DN*50	个	600.00
219	球形污水止回阀 *DN*65	个	246.00
220	球形污水止回阀 *DN*80	个	314.00
221	球形污水止回阀 *DN*100	个	406.00
222	球形污水止回阀 *DN*150	个	831.00
223	容器屋面	m^2	150.00
224	柔性防水套管安装 *DN*50	个	201.00
225	砂基模块	m^3	1200.00
226	砂基透水植草砖 250 × 250 × 80	m^2	432.00
227	砂基透水砖 300 × 300 × 80	m^2	336.00
228	渗管 UPVC–*DN*200，孔率 1%~3%	m	83.90
229	生态袋 810 × 430	个	2.00
230	生态混凝土	m^3	437.00
231	室内照明灯具	套	300.00
232	双法橡胶接头 *DN*150，L_a=180	个	1500.00
233	双法橡胶接头 *DN*200（橡胶）	个	80.00
234	素水泥浆	m^3	480.00
235	塑料溢流井 *D*=600	套	1000.00
236	塑料溢流井 *D*=900	套	1500.00
237	陶瓷透水砖 300 × 300 × 55	m^2	268.00
238	陶粒	m^3	256.41
239	庭院灯 杆高 3m NG70W	座	3500.00
240	透水管	m	15.00
241	透水沥青混凝土	m^3	1299.00
242	土工布	m^2	22.00

续表

序号	材料名称及规格型号	单位	单价（元）
243	无纺布	m^2	5.00
244	硝铵 2#	kg	4.00
245	移动式机械格栅 *B*=2200mm，*b*=70mm	台	300000.00
246	C20 混凝土预制植草砖 8cm	m^2	85.00
247	C20 预拌无砂混凝土	m^3	550.00
248	C25 彩色强固透水混凝土	m^3	1050.00
249	C25 预拌无砂混凝土	m^3	550.00
250	无砂混凝土	m^3	300.00
251	喷射混凝土	m^3	650.00
252	水下混凝土 C25	m^3	390.00
253	预拌混凝土 C10	m^3	330.00
254	预拌混凝土 C15	m^3	340.00
255	预拌混凝土 C20	m^3	360.00
256	预拌混凝土 C30	m^3	390.00
257	预拌混凝土 C55	m^3	490.00
258	预拌混凝土 C60	m^3	504.84
259	预拌水下混凝土 C20	m^3	390.00
260	预拌水下混凝土 C25	m^3	390.00
261	预拌水下混凝土 C30	m^3	410.00
262	预拌无砂混凝土 C20	m^3	550.00
263	防水混凝土 C30 抗渗等级 P6	m^3	410.00
264	砌块	m^3	340.00
265	闸阀 *DN*125	个	1358.00
266	闸阀 *DN*150，*L*=280，PN10	个	2500.00
267	直线电话	个	1000.00
268	止回阀	个	1680.00
269	止回阀 *DN*150，*L*=480，PN10	个	2000.00
270	中空注浆锚杆	m	14.10
271	种植屋面耐根穿刺防水卷材 0.8mm	m^2	28.00
272	铸铁井盖、井座 ϕ600 重型	套	444.96
273	铸铁井盖、井座 ϕ800 重型	套	598.42
274	铸铁平箅	套	104.91
275	自粘性塑料带 20mm × 20m	卷	30.00
276	法桐胸径：10~12cm	棵	867.00
277	法桐胸径：8~8.9cm	棵	561.00
278	花叶络石 株高或蓬径：*H*=20~25cm，藤长≥ 25cm	m^2	90.00

续表

序号	材料名称及规格型号	单位	单价（元）
279	金边黄杨 株高或蓬径：H=40cm，P=25~30cm	m^2	75.00
280	红花继木色带	m^2	50.00
281	花卉 金娃娃萱草 高 10~15cm	m^2	20.00
282	小灌木 49 株 /m^2	m^2	60.00
283	水生植物	株	6.00
284	水生植物 16 株 /m^2	m^2	96.00
285	草卷	m^2	15.00
286	草籽	kg	35.39
287	种植土	m^3	35.00
288	10kV 高压开关柜	面	200000.00
289	6kV 电容补偿柜	面	100000.00
290	6kV 高压开关柜	面	150000.00
291	变压器 800kV·A	台	270000.00
292	超声波液位差计 L=0~12m	套	25000.00
293	超声波液位计 L=0~12m	套	20000.00
294	除臭设备 4245m^3/h 1.5kW	台	297150.00
295	除臭设备 80000m^3/h	台	6400000.00
296	粗格栅 E=40mm B=3.6m 4.5kW	台	320000.00
297	粗格栅 B=2.1m	台	300000.00
298	导电缆式电极	套	8000.00
299	低压电容器柜	台	50000.00
300	低压开关柜 抽出式	台	100000.00
301	低压开关柜 固定分隔式	台	80000.00
302	电磁流量计	套	15000.00
303	电动单轨吊车 T=1t，H=8.4m，N=0.75kW	台	12960.00
304	电动方闸门 4.8m×2.8m 2.2kW	座	296920.00
305	电动方闸门 4m×1.5m 2.2kW	座	128000.00
306	电动流量控制闸 1.6m×1.6m 1.5kW 304 材质（含流量测控系统）	座	116800.00
307	电动平板闸 2.0m×1.5m 0.75kW	座	70000.00
308	电动闸门 $B×H$=2400×2400，P=7.5kW	座	115000.00
309	电动闸门 $B×H$=3000×2500，P=10kW	座	150000.00
310	电动闸门 $B×H$=2200×2200	座	175000.00
311	电动闸门 $B×H$=2500×2500	座	90000.00
312	电动闸门 $B×H$=2500×2500，P=7.5kW	座	100000.00
313	电动闸门 $B×H$=2800×2500	座	100000.00
314	电动闸门 ϕ1800，P=3.7kW	座	85000.00

续表

序号	材料名称及规格型号	单位	单价（元）
315	电动铸铁方闸门 2000×2000	座	85000.00
316	电动铸铁圆闸门 *DN*1500	座	47000.00
317	电动铸铁圆闸门 *DN*800	座	25000.00
318	电缆密封装置	个	5000.00
319	电业计量屏 电业规格	套	10000.00
320	电业计量屏 电业规格	套	10000.00
321	叠梁闸 2.5m×1.5m	座	56250.00
322	二级稳压箱安装	台	6000.00
323	反应器 ϕ1200×2m 1.1kW×3	台	38000.00
324	反应器 ϕ1600×1.6m 1.2kW	台	52000.00
325	反应器 ϕ2000×2m 2.4kW	台	98000.00
326	反应器 ϕ2500×2m 2.4kW	台	160000.00
327	放空泵 22kW	台	250000.00
328	分线箱（电流 A）≤300	台	500.00
329	风机配备反洗泵 Q=22m^3/h，H=25m，N=4kW	台	2800.00
330	风机配备反洗泵 Q=32m^3/h，H=30m，N=6.2kW	台	4500.00
331	浮动床过滤器 石英砂过滤器 ϕ800×2.48m 2480kg	台	4500.00
332	浮动床过滤器 石英砂过滤器 ϕ1000×2.2m 3000kg	台	8800.00
333	浮动床过滤器 石英砂过滤器 ϕ1800×3m 4000kg	台	22000.00
334	浮动床过滤器 石英砂过滤器 ϕ2000×3m 4800kg	台	43000.00
335	浮球开关	台	1500.00
336	复合流过滤装置 DC-FHL-200 *DN*200	个	16800.00
337	干式变压器 100kV·A 10/0.4kV	台	80000.00
338	干式变压器 2000kV·A 10/6.3kV	台	300000.00
339	高压开关柜 10kV，金属铠装中置式	台	120000.00
340	工业电视监控控制系统	套	100000.00
341	工业计算机	台	25000.00
342	刮泥机	台	65000.00
343	刮砂机	台	45000.00
344	刮吸泥机	台	125000.00
345	管道混合器 *DN*80×1	台	930.00
346	管式混合器管道混合器 *DN*100×1	台	3200.00
347	管式混合器管道混合器 *DN*150×1	台	6500.00
348	管式混合器管道混合器 *DN*200×1	台	9900.00
349	回用泵 Q=100m^3/h，H=30m，P=10.0kW	台	3500.00
350	回用泵 Q=10m^3/h，H=30m，P=1.1kW	台	1200.00
351	回用泵 Q=25m^3/h，H=30m，P=3.0kW	台	1650.00

续表

序号	材料名称及规格型号	单位	单价（元）
352	回用泵 Q=50m^3/h，H=30m，P=6.0kW	台	2500.00
353	混流式通风机	台	6500.00
354	混凝加药装置 储药罐容积 × 电机功率 =200L × 612W	台	35000.00
355	混凝加药装置 储药罐容积 × 电机功率 =300L × 412W	套	22000.00
356	混凝加药装置 储药罐容积 × 电机功率 =300L × 612W	台	43000.00
357	混凝加药装置 储药罐容积 × 电机功率 =400L × 800W	台	87000.00
358	混凝加药装置 储药罐容积 × 电机功率 =480L × 800W	台	120000.00
359	机械格栅 B=2600，b=70mm，P=4kW	台	350000.00
360	机械格栅 B=800，b=20mm，P=3kW	台	110000.00
361	激光打印机 A3、A4	台	4000.00
362	检修叠梁闸 1.7m × 4.4m	座	111800.00
363	控制柜 PCI 界面、含变频器、成套控制柜	台	20000.00
364	扩音对讲话站 室外普通式	台	10000.00
365	离心风机	台	35000.00
366	立柜式分体空调	台	12000.00
367	罗茨风机 功率≤30kW	台	9000.00
368	罗茨风机 功率 4kW	台	4200.00
369	螺旋输送机 DN400，L=7m	台	40000.00
370	螺旋压榨机 DN300，L=2m	台	50000.00
371	绿化变频供水泵 H=30m，N=5.5kW	台	8300.00
372	绿化变频供水泵 Q=30m^3/h，H=30m，N=7.5kW	台	9500.00
373	绿化变频供水泵 Q=15m^3/h，H=30m，N=5.5kW	台	8300.00
374	模拟屏	台	80000.00
375	模拟屏 屏宽≤2m	台	50000.00
376	排泥泵 Q=10m^3/h，H=10m，N=0.75kW	台	1450.00
377	排泥泵 0.75kW	台	1450.00
378	排泥泵 Q=12.5m^3/h，H=12.5m，P=1.1kW	台	1450.00
379	排泥泵 Q=22m^3/h，H=10m，P=1.1kW	台	2000.00
380	排泥泵 Q=25m^3/h，H=12.5m，P=1.5kW	台	2700.00
381	排泥泵 Q=30m^3/h，H=15m，P=3.0kW	台	3250.00
382	排泥泵 Q=30m^3/h，H=8m，P=2.2kW	台	2450.00
383	排泥泵 Q=40m^3/h，H=15m，P=4kW	台	2650.00
384	排泥泵 Q=50m^3/h，H=10m，P=6kW	台	2850.00
385	排泥泵 Q=80m^3/h，H=18m，P=7.5kW	台	4550.00
386	排泥泵 Q=100m^3/h，H=11m，P=7.5kW	台	2610.00
387	排泥泵 Q=150m^3/h，H=10m，P=7.5kW	台	4100.00
388	排泥泵 Q=200m^3/h，H=10m，P=15kW	台	4300.00

续表

序号	材料名称及规格型号	单位	单价（元）
389	排泥泵 Q=100m^3/h，H=30m，P=10.0kW	台	5200.00
390	排泥泵 Q=10m^3/h，H=10m，P=0.75kW	台	1730.00
391	排泥泵 Q=25m^3/h，H=10m，P=0.75kW	台	2700.00
392	排泥泵 Q=25m^3/h，H=30m，P=3.0kW	台	2980.00
393	排泥泵 Q=50m^3/h，H=10m，P=3.0kW	台	3400.00
394	排泥泵 Q=50m^3/h，H=30m，P=6.0kW	台	3800.00
395	配电箱	台	6500.00
396	电动双梁桥式起重机 10t	台	120000.00
397	弃流装置 DC-XYL-200 DN200	个	3600.00
398	潜水泵 Q=10m^3/h，H=10m，N=0.75kW	台	1600.00
399	潜水泵 Q=10m^3/h，H=10m，N=5.5kW	台	2350.00
400	潜水泵 Q=80m^3/h，H=9.9m	台	60000.00
401	潜水泵 Q=10m^3/h，H=30m，N=1.1kW	台	855.00
402	潜水泵 Q=25m^3/h，H=30m，N=1.1kW	台	1211.00
403	潜水泵 Q=50m^3/h，H=30m，N=6.0kW	台	1950.00
404	潜水轴流泵 Q=2.7m^3/s，H=8.3m，P=350kW（最低 6.7m，最高 11.3m）	台	1520000.00
405	潜水轴流泵 Q=3.0m^3/h，H=5.8m	台	1400000.00
406	潜污泵 Q=100m^3/h，H=30m，P=10kW	台	5200.00
407	潜污泵 Q=10m^3/h，H=22m，P=1.5kW	台	855.00
408	潜污泵 Q=150m^3/h，H=35m，P=37kW	台	5250.00
409	潜污泵 Q=15m^3/h，H=26m，P=3.0kW	台	1050.00
410	潜污泵 Q=177m^3/h，H=10m，P=15kW	台	129000.00
411	潜污泵 Q=200m^3/h，H=30m，P=37kW	台	5400.00
412	潜污泵 Q=20m^3/h，H=25m，P=3.0kW	台	1200.00
413	潜污泵 Q=25L/s，H=7.5m，P=3kW	台	12500.00
414	潜污泵 Q=30m^3/h，H=26m，P=4.0kW	台	1350.00
415	潜污泵 Q=3m^3/h，H=15m，P=1.0kW	台	650.00
416	潜污泵 Q=40m^3/h，H=26m，P=4.0kW	台	1550.00
417	潜污泵 Q=50m^3/h，H=29m，P=7.5kW	台	3250.00
418	潜污泵 Q=80m^3/h，H=36m，P=18.5kW	台	4850.00
419	潜污泵 Q=82m^3/h，H=10m，P=5.5kW	台	68000.00
420	球型摄像机 室内	台	10000.00
421	球型摄像机 室外	台	20000.00
422	全自动自清洗过滤器 Q=15m^3/h N=0.5kW	台	8700.00
423	变压器 1600kV·A，10/0.4kV	台	449000.00
424	软启动柜 300kW	台	180000.00
425	三相不间断电源≤100kV·A	台	10000.00

续表

序号	材料名称及规格型号	单位	单价（元）
426	砂水分离器 15L/s 0.75kW	台	18000.00
427	设备重量（t 以内）3.0	台	1700000.00
428	手动闸阀 *DN*150	个	880.00
429	数字硬盘录像机 带环路 >16	台	10000.00
430	双电源自切箱 AC380V，50kV·A	台	100000.00
431	水泵远程终端控制器，带显示面板、调制解调器、软件程序，带 I/O 扩展模块及附件 YB	台	300000.00
432	稳压装置 含电子设备、压力罐	台	13000.00
433	吸砂泵 12L/s 10m 3.0kW	台	28000.00
434	消毒加药装置 200L×60W	台	54000.00
435	消毒加药装置 250L×60W	台	88000.00
436	消毒加药装置 300L×42W	套	16000.00
437	旋流沉砂池成套设备 D=5.5m	台	75000.00
438	旋流沉砂池成套设备 D=7.32m	台	600000.00
439	液位计 普通型	套	950.00
440	移动式（渠道宽 m 以内）3 深（m 以内）5 移动式机械格栅渠宽 2200mm，b=70mm，P=5.0kW	台	350000.00
441	应急电源箱（EPS）YJ–6kW	台	5000.00
442	应急电源箱（EPS）180min	台	42000.00
443	雨量计	套	10000.00
444	雨水泵 500kW	台	4500000.00
445	增压水泵 4.2kW	台	3500.00
446	增压水泵 4kW	台	1800.00
447	增压水泵 8kW	台	9800.00
448	闸阀 公称直径（mm 以内）300	个	7297.00
449	站用变压器柜 50kV·A，10/0.4kV	台	63000.00
450	照明配电箱 KXM	台	3500.00
451	直流屏 DC110V，20Ah	台	100000.00
452	直流屏 DC110V，65Ah	台	100000.00
453	植物液除臭设备	台	150000.00
454	中央信号屏 800×600×2200	台	30000.00
455	轴流排风机 Q=3000m^3/h，P=300Pa，N=0.75kW	台	7200.00
456	轴流排风机 Q=8600m^3/h，P=400Pa，N=2.2kW	台	12000.00
457	轴流排风机 Q=58700m^3/h，P=600Pa，N=22kW	台	50000.00
458	轴流通风机 0.25kW	台	2500.00
459	紫外线消毒系统 DC–ZWX–150 Q=10m^3/h N=0.15kW	套	2600.00
460	紫外线消毒系统 DC–ZWX–150 Q=15m^3/h N=0.15kW	套	3800.00

续表

序号	材料名称及规格型号	单位	单价（元）
461	自动搅匀潜水排污泵 JYWQ-100-50-30-2000-11	台	4160.00
462	自动搅匀潜水排污泵 JYWQ-150-150-10-2600-7.5	台	4750.00
463	自动搅匀潜水排污泵 JYWQ-50-10-1200-1.1	台	1190.00
464	自动搅匀潜水排污泵 JYWQ-65-25-13-1400-2.2	台	2390.00
465	自动搅匀潜水排污泵 JYWQ-80-30-9-1400-2.2	台	3450.00
466	综合自动化系统	系统	9500000.00
467	综合自动化系统（65m^3/s）	系统	11500000.00
468	综合自动化系统（入流竖井 $D \leqslant 10$m 以内，$h \leqslant 40$m）	系统	1200000.00
469	叉式起重机 5t	台班	537.70
470	单卧轴式混凝土搅拌机 250L	台班	229.97
471	单卧轴式砂浆搅拌机 250L	台班	222.35
472	单重管旋喷机	台班	543.23
473	刀盘式泥水平衡顶管掘进机 2200mm	台班	1556.97
474	刀盘式泥水平衡顶管掘进机 2400mm	台班	1803.48
475	刀盘式泥水平衡盾构机 ϕ6000	台班	19071.00
476	刀盘式土压平衡盾构掘进机 7000mm	台班	4554.51
477	刀盘式泥水平衡盾构掘进机 12000mm	台班	15596.01
478	刀盘式土压平衡盾构掘进机 11500mm	台班	14825.14
479	导杆式液压抓斗成槽机	台班	4955.68
480	电动单筒慢速卷扬机 300kN	台班	697.40
481	电动多级离心清水泵 150mm 180m 以下	台班	352.89
482	电动灌浆机	台班	30.30
483	电动空气压缩机 3m^3/min	台班	153.74
484	电动空气压缩机 10m^3/min	台班	483.50
485	电动空气压缩机 20m^3/min	台班	677.68
486	电动双筒慢速卷扬机 30kN	台班	189.40
487	电动双筒快速卷扬机 50kN	台班	289.85
488	电动双筒慢速卷扬机 100kN	台班	318.07
489	吊装机械	台班	452.86
490	风镐	台班	12.10
491	钢轮振动压路机 12t	台班	950.37
492	钢轮振动压路机 15t	台班	1284.31
493	钢轮振动压路机 18t	台班	1491.63
494	高压油泵 50MPa	台班	145.30
495	工程地质液压钻机	台班	686.64
496	夯实机电动 20~62N·m	台班	26.47
497	混凝土湿喷机 5m^3/h	台班	336.19

续表

序号	材料名称及规格型号	单位	单价（元）
498	混凝土输送泵车 75m^3/h	台班	1816.89
499	挤压法顶管设备 1000mm	台班	188.02
500	剪草机	台班	120.00
501	交流弧焊机 32kV·A	台班	112.67
502	立式油压千斤顶 200t	台班	12.01
503	立式油压千斤顶 300t	台班	17.55
504	沥青混凝土摊铺机 8t	台班	1271.26
505	沥青混凝土摊铺机 12t	台班	1590.81
506	轮胎式装载机 1.5m^3	台班	798.22
507	轮胎式装载机 3m^3	台班	1296.09
508	轮胎式起重机 16t	台班	865.17
509	轮胎压路机 26t	台班	1105.23
510	履带式单斗液压挖掘机 0.6m^3	台班	890.63
511	履带式单斗液压挖掘机 1m^3	台班	1324.07
512	履带式单斗机械挖掘机 1.5m^3	台班	1484.16
513	履带式起重机 10t	台班	665.35
514	履带式起重机 15t	台班	811.06
515	履带式起重机 25t	台班	898.18
516	履带式起重机 50t	台班	1601.48
517	履带式起重机 60t	台班	1704.53
518	履带式起重机 100t	台班	3591.80
519	履带式起重机 150t	台班	4947.64
520	履带式起重机 300t	台班	7682.36
521	吊装机械 6t	台班	452.86
522	履带式推土机 90kW	台班	1095.74
523	履带式推土机 105kW	台班	1156.02
524	履带式旋挖钻机 2000mm	台班	4083.22
525	履带式液压岩石破碎机 200mm	台班	446.10
526	履带式液压岩石破碎机 300mm	台班	483.67
527	门式起重机 5t	台班	328.21
528	门式起重机 10t	台班	433.67
529	内燃空压机	台班	70.85
530	泥浆制作循环设备	台班	1394.85
531	喷药车	台班	400.00
532	平板拖车组 20t	台班	1150.21
533	平地机 90kW	台班	852.38
534	气腿式风动凿岩机	台班	15.42

续表

序号	材料名称及规格型号	单位	单价（元）
535	汽车起重机 5t	台班	313.70
536	汽车式起重机 8t	台班	780.19
537	汽车式起重机 12t	台班	891.90
538	汽车式起重机 16t	台班	1020.20
539	汽车式起重机 20t	台班	1107.50
540	汽车式起重机 25t	台班	1173.76
541	汽车式起重机 32t	台班	1377.22
542	汽车式起重机 40t	台班	1695.14
543	汽车式起重机 50t	台班	2784.53
544	汽车式起重机 60t	台班	3329.04
545	汽车式起重机 75t	台班	3599.03
546	汽车式起重机 125t	台班	9362.24
547	人工挖土法顶管设备 1200mm	台班	171.54
548	人工挖土法顶管设备 1650mm	台班	226.36
549	人工挖土法顶管设备 2000mm	台班	277.49
550	人工挖土法顶管设备 2460mm	台班	279.93
551	洒水车 4000L	台班	456.11
552	手持式风动凿岩机	台班	13.00
553	水平定向钻机（小型）	台班	4673.80
554	水平定向钻机（中型）	台班	5430.70
555	水平定向钻机（大型）	台班	6099.03
556	铣槽机	台班	15000.00
557	小翻斗车（综合）	台班	131.31
558	小型工程车	台班	343.00
559	遥控顶管掘进机 800mm	台班	1649.52
560	遥控顶管掘进机 1200mm	台班	1785.59
561	遥控顶管掘进机 1650mm	台班	2073.74
562	遥控顶管掘进机 1800mm	台班	2265.42
563	油泵车	台班	1011.37
564	载重汽车 5t	台班	487.01
565	载重汽车 6t	台班	508.70
566	载重汽车 8t	台班	579.06
567	载重汽车 10t	台班	641.08
568	载重汽车 12t	台班	795.07

续表

序号	材料名称及规格型号	单位	单价（元）
569	直流弧焊机 32kV·A	台班	117.05
570	轴流通风机 7.5kW	台班	52.83
571	轴流通风机 30kW	台班	181.27
572	轴流通风机 100kW	台班	566.02
573	抓铲挖掘机 $1m^3$	台班	822.90
574	自卸汽车 5t	台班	486.34
575	自卸汽车 8t	台班	712.82
576	自卸汽车 10t	台班	772.14
577	自卸汽车 12t	台班	950.24
578	自卸汽车 15t	台班	1076.87

附录三 应用案例

一、综合指标应用案例

某城市计划新建渗透型下沉式绿地规划建设面积 7800㎡。绿地植物配置要求：60% 铺种草皮，40% 栽植 0.8m 内灌木，灌木品种红花继木与金边黄杨各占一半。

投资估算编制期人工及除税主要材料、机械市场价格见下表，下表中未列的主要材料及机械与本指标一致。

投资估算编制期人工及除税主要材料、机械市场价格

序号	名称	单位	价格（元）
1	普工	工日	96.00
2	一般技工	工日	120.00
3	高级技工	工日	180.00
4	中粗砂	m^3	80.00
5	碎石	m^3	70.00
6	级配卵石	m^3	95.00
7	红花继木	m^2	60.00
8	自卸汽车 15T	台班	1100.00

工程所在地措施费费率为 4%，综合费费率为 35%，工程建设其他费费率 13%，基本预备费费率 8%，计算该项目建设下沉式绿地投资估算费用。

1. 综合指标消耗量调整。

本工程套用综合指标 5Z-003 下沉式绿地（可渗透型），因本工程与综合指标植被栽植存在差异，使用分项指标进行调整。调整后综合指标分项指标及含量明细见下表。

调整后综合指标分项指标及含量

分项指标编号	指标名称	单位	综合指标原始含量	调整后综合指标含量
1F-002	机械开挖土方	$1000m^3$	0.08	0.08
1F-012	机械运输土方每增减 1km	$1000m^3$	1.52	1.52
5F-001	种植土回填	$100m^3$	0.30	0.30
5F-002	成片栽植	$100m^2$	—	0.40
5F-003	铺种草卷	$100m^2$	1.00	0.60
5F-020	消能渠	m	72.76	72.76
5F-021	砂垫层	$10m^3$	1.00	1.00
5F-022	碎（砾）石垫层	$10m^3$	2.00	2.00
5F-024	成品塑料溢流井（D=900）	座	1.00	1.00

2. 人工、材料、机械费调整。

（1）人工费调整。

调整后的人工费 = 调整后指标人工工日数 × 调整后的人工单价

调整后综合指标人工费计算见下表：

调整后综合指标人工费

工种	单位	单价（元）	数量	合价（元）
普工	工日	96.00	26.05	2500.80
一般技工	工日	120.00	24.10	2892.00
高级技工	工日	180.00	5.16	928.80
合计	元	—	—	6321.60

（2）材料费调整。

调整后的主要材料费 = 调整后指标主要材料消耗量 × 调整后的材料价格

调整后主要材料费计算见下表：

调整后主要材料费

材 料 名 称	单位	单价（元）	数量	合价（元）
草卷	m^2	15.00	63.60	954.00
级配卵石	m^3	95.00	53.37	5070.15
土工布	m^2	22.00	241.93	5322.46
透水管	m	15.00	33.33	499.95
红花继木	m^2	60.00	20.40	1224.00
金边黄杨	m^2	75.00	20.40	1530.00
碎石（综合）	m^3	70.00	23.86	1670.20
水	m^3	8.41	56.79	477.60
塑料溢流井 D=900	套	1500.00	1.00	1500.00
种植土	m^3	35.00	42.00	1470.00
砂子、中粗砂	m^3	15.00	13.55	203.25
合计	元	—	—	19921.61

调整后的其他材料费 = 指标其他材料费 × 调整后的主要材料费 ÷（指标材料费小计 – 指标其他材料费）=1072.43 × 19921.61 ÷（20636.72–1072.43）=1092.02（元）

调整后材料费合计 =19921.61+1092.02=21013.63（元）

（3）机械费调整。

调整后的主要机械费 = 指标主要台班消耗量 × 调整后的机械台班价格

调整后主要机械台班费计算见下表：

调整后主要机械台班费

机械台班名称	单位	单价（元）	数量	合价（元）
履带式单斗机械挖掘机 1.5m^3	台班	1484.16	0.16	237.47
轮胎式装载机 3m^3	台班	1296.09	0.13	168.49
自卸汽车 5t	台班	486.34	1.05	510.66
自卸汽车 8t	台班	712.82	0.27	192.46
自卸汽车 10t	台班	772.14	1.69	1304.92
自卸汽车 12t	台班	950.24	1.08	1026.26
自卸汽车 15t	台班	1100.00	1.59	1749.00
自卸汽车 18t	台班	1139.78	0.38	433.12
自卸汽车 20t	台班	1241.80	0.11	136.60
喷药车	台班	400.00	0.12	48.00
合计	元	—	—	5806.97

调整后的其他机械费 = 指标其他机械费 × 调整后的主要机械费 ÷（指标机械费小计 – 指标其他机械费）=929.95 × 5806.97 ÷（6686.48–929.95）=938.10（元）

调整后机械费合计 =5806.97+938.10=6745.07（元）

3. 措施费调整：

调整后的措施费 =（调整后的人工费 + 调整后的材料费 + 调整后的机械费）× 调整后的措施费率 =（6321.60+21013.63+6745.07）× 4%=1363.21（元）

调整后的直接费 = 调整后的人工费 + 调整后的材料费 + 调整后的机械费 + 调整后的措施费 =6321.60+21013.63+6745.07+1363.21=35443.51（元）

4. 综合费调整：

调整后的综合费 = 调整后直接费 × 综合费用费率 =35443.51 × 35%=12405.23（元）

5. 建筑安装工程费调整：

调整后的建筑安装工程费 = 调整后的直接费 + 调整后的综合费 =35443.51+12405.23=47848.74（元）

6. 估算总投资费用计算：

（1）设备购置费：无。

（2）工程建设其他费用：

调整后的工程建设其他费用 =（调整后的建筑安装工程费 + 调整后的设备工器具购置费）× 工程建设其他费用费率 =（47848.74+0）× 13%=6220.34（元）

（3）基本预备费：

调整后的基本预备费 =（调整后的建筑安装工程费 + 调整后的设备工器具购置费 + 调整后的工程建设其他费用）× 基本预备费费率 =（47848.74+0+6220.34）× 8%=4325.53（元）

（4）调整后指标基价 = 调整后的建筑安装工程费 + 调整后的设备购置费 + 调整后的工程建设其他费用 + 调整后的基本预备费 =47848.74+0+6220.34+4325.53=58394.61（元）

（5）该工程下沉式绿地总投资费用 = 综合指标 5Z-003 下凹绿地（可渗透型）调整后指标基价 × 绿地面积 ÷100=58394.61×7800÷100=4554779.58（元）

二、分项指标应用案例

某城市计划新建硅砂模块调蓄池，蓄水量 500m^3。考虑为全土方，机械开挖回填，无防寒设施。

投资估算编制期人工及除税主要材料、机械市场价格见下表，下表中未列的主要材料及机械与本指标一致。

投资估算编制期人工及除税主要材料、机械市场价格

序号	名称	单位	价格（元）
1	普工	工日	96.00
2	一般技工	工日	120.00
3	高级技工	工日	180.00
4	砂基模块	m^3	1500.00
5	防水混凝土 C30 抗渗等级 P6	m^3	345.00
6	钢筋	t	3838.00
7	预拌混凝土 C25	m^3	316.00
8	自卸汽车 15t	台班	1200.00

工程所在地措施费费率为 5%，综合费费率为 30%，计算该项目建设中硅砂模块调蓄池投资估算费用。

1. 人工、材料、机械费调整：

本工程套用分项指标 3F-036 硅砂模块调蓄池（容积 500m^3）。

（1）人工费调整：

调整后的人工费 = 指标人工工日数 × 调整后的人工单价

调整后人工费计算见下表：

调整后人工费

工种	单位	数量	单价（元）	合价（元）
普工	工日	6.62	96.00	635.52
一般技工	工日	8.72	120.00	1046.40
高级技工	工日	0.39	180.00	70.20
合计	—	—	—	1752.12

（2）材料费调整：

调整后的主要材料费 = 指标主要材料消耗量 × 调整后的材料价格

调整后主要材料费计算见下表：

调整后主要材料费

材 料 名 称	单位	数量	单价（元）	合价（元）
砂基模块	m^3	11.72	1500.00	17580.00
防水混凝土 C30 抗渗等级 P6	m^3	2.38	345.00	821.10
钢筋	t	0.13	3838.00	498.94
预拌混凝土 C25	m^3	0.92	316.00	290.72
合计	—	—	—	19190.76

调整后的其他材料费 = 指标其他材料费 × 调整后的主要材料费 ÷（指标材料费小计 – 指标其他材料费）=1974.74×19190.76÷（17798.07–1974.74）=2394.99（元）

调整后材料费 =19190.76+2394.99=21585.75（元）

（3）机械费调整：

调整后的主要机械费 = 指标主要台班消耗量 × 调整后的机械台班价格

调整后主要机械台班费计算见下表：

调整后主要机械台班费

机 械 名 称	单位	数量	单价（元）	合价（元）
自卸汽车 15t	台班	0.48	1200.00	576.00
吊装机械（综合）	台班	0.28	452.86	126.80
履带式单斗液压挖掘机 $1m^3$	台班	0.05	1324.07	66.20
合计	—	—	—	769.00

调整后的其他机械费 = 指标其他机械费 × 调整后的主要机械费 ÷（指标机械费小计 – 指标其他机械费）=175.49×769.00÷（886.20–175.49）=189.88（元）

调整后机械台班费 =769.00+189.88=958.88（元）

2. 措施费调整：

调整后的措施费 =（调整后的人工费 + 调整后的材料费 + 调整后的机械费）× 调整后的措施费率
=（1752.12+21585.75+958.88）×5%=1214.84（元）

3. 直接费调整：

调整后的直接费 = 调整后的人工费 + 调整后的材料费 + 调整后的机械费 + 调整后的措施费
=1752.12+21585.75+958.88+1214.84=25511.59（元）

4. 综合费调整：

调整后的综合费 = 调整后的直接费 × 调整后的综合费用费率 =25511.59×30%=7653.48（元）

5. 建筑安装工程费调整：

调整后的建筑安装工程费 = 调整后的直接费 + 调整后的综合费

调整后建筑安装工程费 =25511.59+7653.48=33164.07（元）

6. 估算工程费用计算：

（1）设备市场价格未变化，不做调整。设备工器具购置费 252.00 元。

（2）调整后的指标基价：

调整后的指标基价 = 调整后的建筑安装工程费 + 调整后的设备工器具购置费
=33165.07+252.00=33417.07（元）

（3）该工程硅砂模块调蓄池调整后的估算工程费用 = 分项指标 3F–036 硅砂模块调蓄池（容积 $500m^3$），调整后指标基价 × 蓄水量 ÷10=33417.07×500÷10=1670853.50（元）

主　管　单　位:重庆市建设工程造价管理总站
主　编　单　位:重庆市市政设计研究院
参　编　单　位:重庆悦来投资集团有限公司
重庆一凡工程造价咨询有限公司
重庆全成恒浩建设工程咨询有限公司
中煤科工集团重庆设计研究院有限公司
广东中量工程投资咨询有限公司
上海市政工程设计研究总院(集团)有限公司
编　制　人　员:张　琦　杨万洪　刘　洁　刘绍均　王鹏程　孙　彬　梁汉之　蒯世钐
戴恒三　申小莉　母克勤　范　彪　游志奎　王小飞　胡明媚　池煜春
陈金海　杨中彬　庹雪松　王　梅　汤建勇　陆勇雄　郑永鹏　李素珍
傅　煜　娄　进　邱成英　李　莎　丁　伟　叶发春　吕　静
审　查　专　家:胡传海　王海宏　胡晓丽　董士波　王中和　唐亚丽　庞宗琨　胡再祥
冯桂华　许淑云　杨国平　高雄映　原　波　杨晓春　傅徽楠　项卫东
软件操作人员:杨　浩　张福伦